Bread

Bread

Bread

201個Q&A

+史上最完整的Step by Step教學

+約680張圖解全收錄

學作麵包の頂級入門書

辻調理師集團學校

前言

曾經，在首次參與的家庭麵包食譜書中寫道「最近有關烘焙麵包的電視節目與周刊特集等愈來愈多了」。至今十五年的時光流逝，隨著網路普及，麵包相關知識大幅增加，不只日本，甚至可從全世界取得所需資訊。但在資訊有助於製作麵包的同時，面對琳琅滿目的訊息，也讓人搞不清楚究竟什麼才是正確方法。

然而，即使時代改變，對於正在閱讀本書的您而言，最大的願望是否仍在於達成「想要自己作好吃的麵包！」、「想讓家人和好友品嚐美味麵包！」這兩個目標呢？身為專業者的我們，及在本校學作麵包的學生們，其實也抱持同樣的想法。我們經常告訴學生：「作麵包沒有捷徑，只有從一次又一次的實際操作中逐漸領悟箇中道理。」我想將這個訊息傳遞給在家烘焙麵包的各位。

本書是由配方篇及Q&A篇組成。配方篇中介紹五款可稱為基礎中的基礎的麵包，以及由這五款麵團所衍生的九道輕鬆變化款。要作出美味麵包，首先就是反覆製作基本麵包以精進手藝。請按捺住想要嘗試各式麵包的心情，先鎖定一款麵包全心投入，並在過程中思考「為什麼會失敗？」、「為什麼作不出自己想要的麵包？」這點很重要，在如願作出美味麵包的那一刻，自然也能輕鬆上手烘焙其他款麵包了。

Q&A篇是本書最大的特色，收錄了許多烘焙麵包時會碰到的疑問。其中科學性的部分，由木村万紀子小姐以專業立場進行審查，盡可能提供簡單易懂又詳細的說明。當您感到困惑不解時，相信會有很大的幫助。

最後藉此機會衷心感謝，用心地將看似無差異的麵團狀態拍攝得令人一目了然的攝影師エレファント・タカ與武部信也先生、惠賜此次出版機會的池田書店、編輯童夢先生。此外，也向伊藤快幸教授及宮崎裕行助理教授等辻麵包學院的成員，及參與原稿與圖片整理校對的辻静雄料理教育研究所的近藤乃里子小姐致上最高謝意。

梶原慶春　浅田和宏

目錄

鹽Q&A

脫脂奶粉Q&A

砂糖Q&A

油脂Q&A

蛋Q&A

麥芽精Q&A

堅果與乾果Q&A

工具Q&A

實際操作

準備工作Q&A

揉麵（攪拌）Q&A

本書使用方法

- 本書中介紹的麵包是在室溫約20至25℃、濕度50至70%的環境下製作。
- 所謂烘培百分比是將麵粉的分量當成100%，其他材料的分量相對於麵粉各是多少百分比。
  詳情請參閱Q71（➡P.150）。
- 本書的配方是一般家庭也容易製作的分量。
- 若無特別說明，砂糖就是指白砂糖。
- 奶油使用無鹽（不加食鹽）奶油。
- 雞蛋使用M號。
- 手粉使用高筋麵粉。
- 發酵、醒麵和最後發酵的時間均是大約標準，請視麵團狀態作調整。
- 本書在發酵麵包時是以瀝水籃代替發酵器。另可利用烤箱的發酵功能或其他工具。
  詳情請參閱Q58（➡P.145）。
- 請先將烤箱預熱至指定溫度。
- 烘烤時建議以烤箱所附的烤盤大小作為一次的烘烤量，將麵團分批烘烤。
- 烤出的麵包因烤箱不同而有些差異，書中圖片僅提供參考之用，請依配方所記載的時間調整溫度。

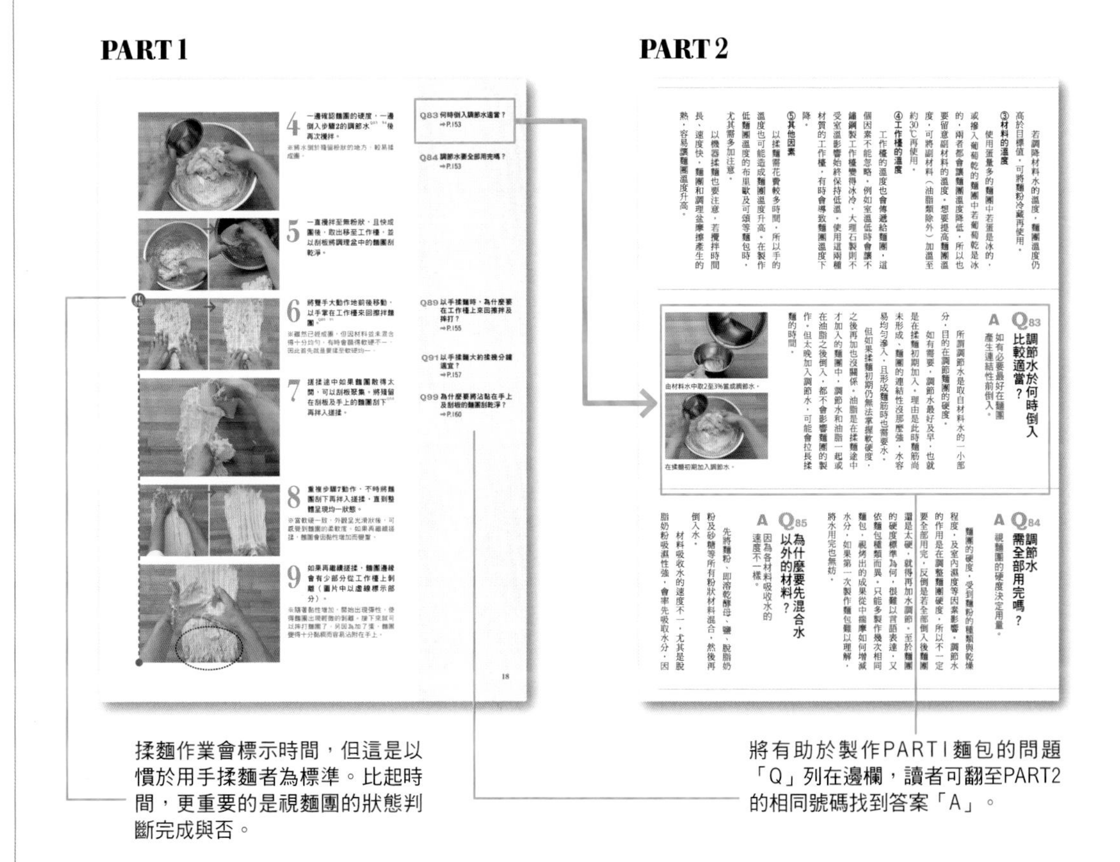

製作麵包的材料

不論製作何種麵包，都必須用到麵粉、酵母、鹽及水，其他則再視需要準備。另外，本書各款麵包使用的揉入餡料或裝飾頂層配料，也會一併作介紹。請選定想製作的麵包，備齊材料吧！

麵團の材料

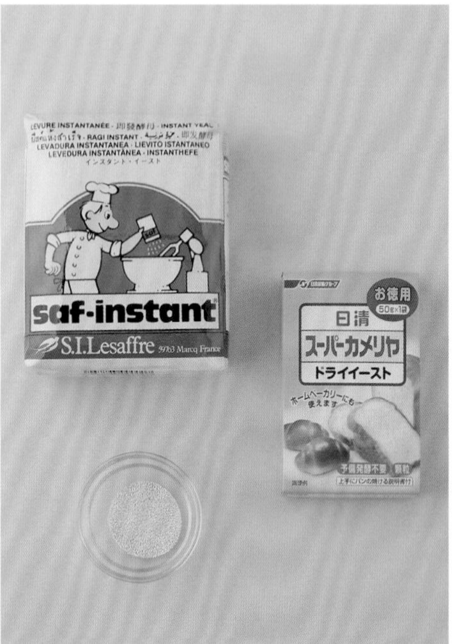

即溶乾酵母

可直接加入麵粉內的顆粒狀酵母，也稱為即溶酵母。有的會標示為乾酵母，但原本乾酵母是指比即溶酵母更大的圓狀顆粒，使用前需要預先發酵。請確認包裝上的使用說明，不要弄錯了。開封的即溶酵母，請密封後冷藏保存，並盡早使用完畢。

*酵母的詳細說明 ➡P.128

麵粉　高筋麵粉（上）・法國麵包專用粉（下）

麵粉包含高筋及低筋等種類，製作麵包最常用的是高筋麵粉。烘焙材料行販售的品牌相當多，不論是國產或進口的。愈是簡單的麵包，麵粉對風味的影響愈大。高筋麵粉也可當手粉使用。所謂法國麵包用粉也稱為法國麵包專用粉，是日本製造商為製作出美味的法國麵包而研發，有眾多品牌可供選擇。

*麵粉的詳細說明 ➡P.122

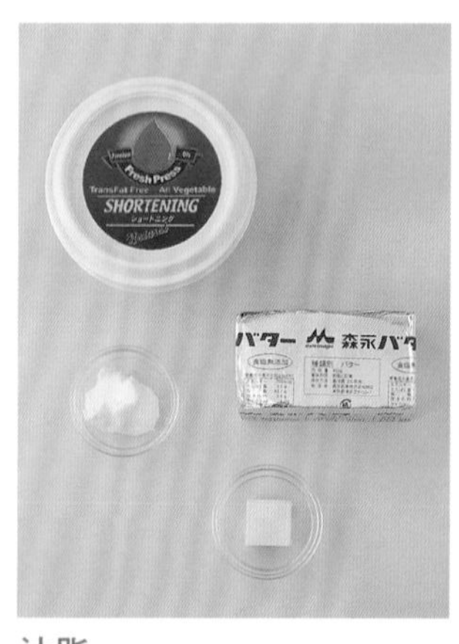

油脂
奶油（右）・雪白油（左）

奶油和雪白油（shortening）是製作麵包最常使用的油脂。奶油具獨特風味，雪白油則無味、無臭。希望麵包味香又具風味時可使用奶油，不想有香味就選用雪白油。在調理盆或烤盤內抹油，通常是使用雪白油。

*油脂的詳細說明 ➡P.138

水

日本的自來水可直接用來製作麵包，使用礦泉水也可以，但硬度過高的水並不適合。

*水的詳細說明 ➡P.127

鹽

使用一般市售的鹽製作麵包不會有什麼問題，但不建議顆粒太大的，以免殘留在搓揉後的麵團內。鈉含量極少，或添加了美味成分、維他命及鈣等化學營養劑的鹽，會對麵團造成影響，請避免使用。

*鹽的詳細說明 ➡P.134

揉入麵團的餡料&頂層配料

堅果
杏仁果（上）、核桃（下）

呈卵形的杏仁果外表有層薄皮，核桃則覆蓋一層薄膜。對半去殼後取出的核桃，販售時會再切半細分。這兩種堅果都常揉入麵團中、當成頂層裝飾或餡料。

＊堅果的詳細說明 ➡P.142

砂糖
粉糖（下）・粗砂糖（上）

粉糖是磨成粉狀的白砂糖。至於大顆粒的粗糖，特徵是烘烤後仍會殘留粒狀。主要是當成頂層（topping）配料。

巧克力
丹麥麵包用的巧克力（下）・巧克力（水滴粒）（上）

揉入麵團、當成頂層配料或填充餡料。本書的巧克力麵包是使用板狀巧克力，柑橘巧克力布里歐則是使用巧克力脆片。一般的巧克力也無妨，但有時烘烤時會溶化溢出。烘焙材料行可購買烘培用巧克力。

葡萄乾
加州葡萄乾（下）
無籽葡萄乾Sultana（上）

除色濃的加州葡萄乾及色淺的無核葡萄乾外，還有其他幾種。以清水快速沖或浸泡在洋酒中，再揉入麵糊中或當成餡料。

＊葡萄乾的詳細說明 ➡P.142

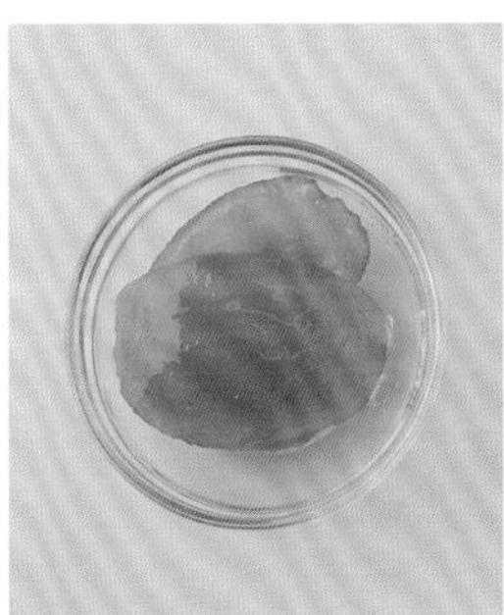

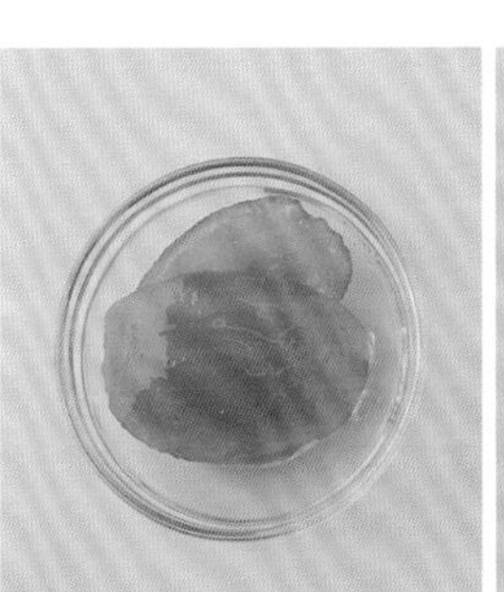

蜜漬桔皮

將柑橘皮以糖漿熬煮製成。使用方式是細切後揉入麵團。

黑芝麻

揉入麵團或舖撒於表面裝飾。

砂糖

一般常使用純度高、甜味又清爽的白砂糖。右圖是比慣用的顆粒更細也更容易溶化的白砂糖，可在烘焙材料行買到，但使用普通的白砂糖及上白糖也沒問題。

＊砂糖的詳細說明 ➡P.136

蛋

日本的M號及L號的雞蛋，蛋白及蛋黃的比例不同，即使尺寸相同，重量也有差異，基本上就以秤重為原則。本書中使用M號雞蛋。

＊雞蛋的詳細說明 ➡P.140

脫脂奶粉

去除水分及脂肪成分製作的粉狀牛奶。用量稍少於牛奶，價格便宜又容易保存，所以常用於製作麵包。由於吸濕性強，如果有結塊請先弄碎後再使用。

＊脫脂奶粉的詳細說明 ➡P.135

麥芽精

萃取自發芽大麥的麥芽糖濃縮液，又稱麥芽漿。雖然不屬於一般材料，但像法國麵包這種不使用砂糖的麵團就一定會用到，也容易呈現金黃色。

＊麥芽精的詳細說明 ➡P.141

製作麵包的工具

雖然都是製作麵包的基本道具，但並不需要全部備齊，有的工具僅適用於製作特定的麵包，請視情況準備即可。

烤箱

製作麵包的必備機器。熱源一般有電氣及瓦斯之分。有的只具備單純的烘烤功能；有的是附有微波功能的微波爐烤箱，市售種類繁多。甚至有低溫蒸氣發酵、燒烤時出現蒸氣，或是溫度可達到250℃以上等各種便利機種。

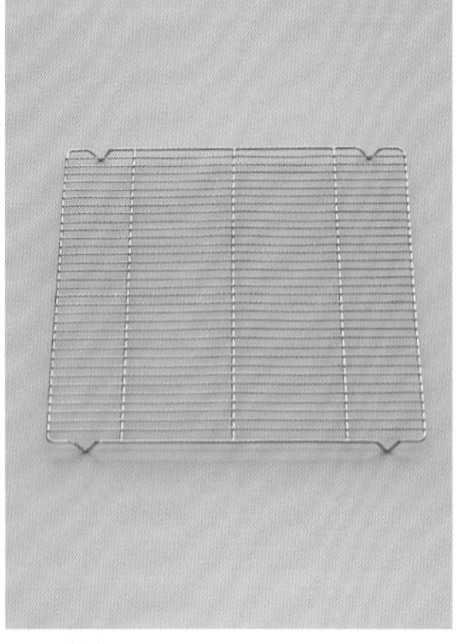

工作用棉紗手套（上）隔熱手套（下）

使用於取用高溫烤盤或麵包模時。如果要從小烤模中取出麵包，則棉紗手套會較靈巧。雖然薄可套兩層，即可安全作業。

置涼架

用於靜製冷卻麵包的網架。麵包出爐後立刻移至置涼架，放置至完全冷卻。

烤盤

烤箱附屬品。準備兩個使用會較方便，一個用來放置麵團發酵，一個則是在發酵期間和烤箱一起預熱以便用於烘烤麵包。事先抹上薄薄一層油可防止麵團沾黏，但也有的特殊材質不需抹油。

工作檯

不論是揉麵團、分割或麵包作業幾乎都是在工作檯上進行。木材、不鏽鋼或人造大理石等堅硬材質都可作為工作檯使用。只要有足夠搓揉麵團的空間，堅固穩定，就沒問題。

適度的透氣及吸濕性，作業時會更容易。專業者會在台上再鋪放一塊具厚度的木板。

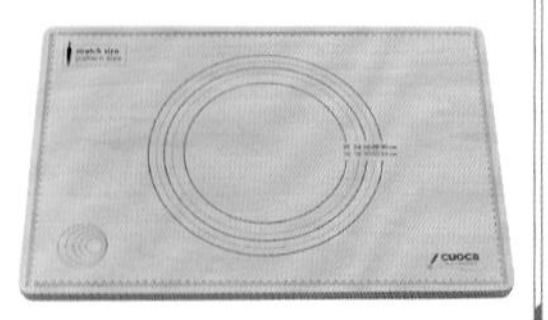

另有販售適合在家中製作麵包或蛋糕甜點時的揉麵專用板。

發酵器

讓麵團保持在特定發酵環境（溫度及濕度）的機器。有專業用可設定溫濕度的中大型發酵器，也有附發酵功能的烤箱，書中使用更為簡便的瀝水籃（使用方法請參閱➡Q58）。為保持溫濕度，請選用附蓋子、深度稍深，底部有濾水網的款式。另外，最後發酵時常將麵團置於烤盤上，所以建議選擇容器尺寸大至可將烤盤放入。或利用保麗龍箱或塑膠置衣箱也OK。

刮刀（左）・打蛋器（右）

刮刀用於集中殘留的材料後再使用。製作麵包時，精確秤量材料不要殘留是很重要的。刮刀的材質有矽膠及橡膠等，有彈性者為佳。打蛋器用於均勻混合粉類、蛋及水等液狀材料。

刮板

富彈性的塑膠製刮板，也稱為刮麵刀。直線部分用於切割麵團及奶油、將沾黏於工作檯上的麵團刮除，及塗抹奶油等。弧狀部分則用於將調理盆中的麵團或奶油刮集中。

擀麵棍

用於將麵團擀薄或將摺入用的奶油拍軟等。請配合用途選擇方便使用的長短及粗細。

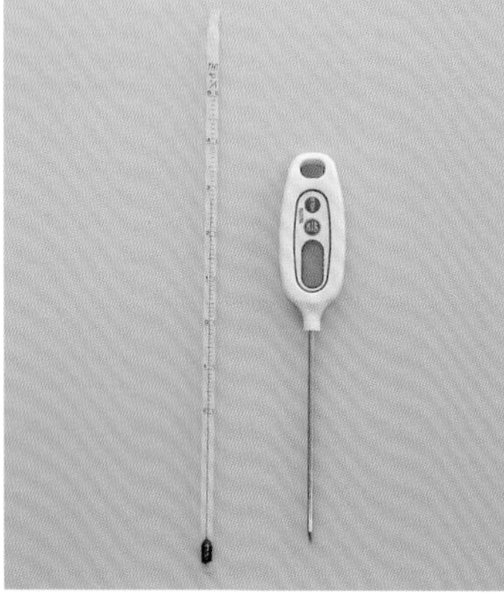

磅秤

製作麵包最重要的是正確秤量材料。為了秤量使用量少的酵母及鹽等材料，建議選用秤量範圍於0.1g至2kg的數位磅秤。否則至少也要準備最小能秤量到1g的磅秤。

溫度計

用於測量水溫、粉溫及麵團揉好後的溫度。有玻璃製溫度計，或測量部分包覆不鏽鋼的數位溫度計等多種款式，請選擇適用的。

調理盆

用於置放材料、混合或攪拌等。從可一次放入所有材料，至分裝秤量好的材料等方便使用，請備妥數個直徑介於10cm至30cm不同大小調理盆。

布＆板子

麵團翻麵、醒麵（或鬆弛），及最後發酵時，不在烤盤上而改於布上進行，因麵團不易沾黏而不需用多餘的手粉便完成作業。建議使用烘焙發酵專用帆布（發酵布）等稍有點厚度又不會起毛的的材質。另外，在布的下方鋪塊板子，可方便移動麵團。約等同烤盤大小的5mm厚夾板是最適合的。當烤盤用於烘烤麵包、沒有多餘的烤盤發酵剩餘的麵團時，即可利用布或木板代替烤盤。移動不需在烤盤上作最後發酵的法國麵包等細長狀麵團時，如果有細長形木板就會方便許多。外層再鋪上布以防麵團沾黏。

托盤

用於將麵團放入冰箱冷藏或整理材料時。若是前者，不鏽鋼製的托盤溫度傳導效果較佳。

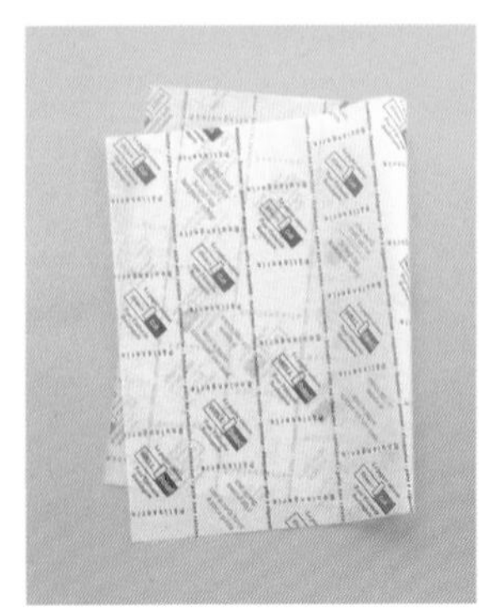

烘培紙

表面經過特殊加工，不易沾黏。鋪上烘焙紙可省下在烤盤抹油的步驟。本書將法國麵包移至烤盤時，麵團連同烘培紙一起移動。

錫箔紙模（左）・紙模（右）

用於書中介紹的素火腿洋蔥麵包、葡萄麵包，及柑橘巧克力布里歐。

布里歐模

常用於烘烤造型特殊、被稱為「僧侶布里歐」（Brioche à tête）的烤模。

土司模

有1斤或1.5斤等尺寸。方形土司使用附蓋的烤模，本書中是使用1斤的烤模。

茶濾網（左）・萬能濾網（右）

茶濾網是用來過篩粉糖等量少且需多遍過濾的材料。萬能濾網則可用來過篩粉類、過濾液體，及濾掉水分等。也可使用竹簍及濾篩。

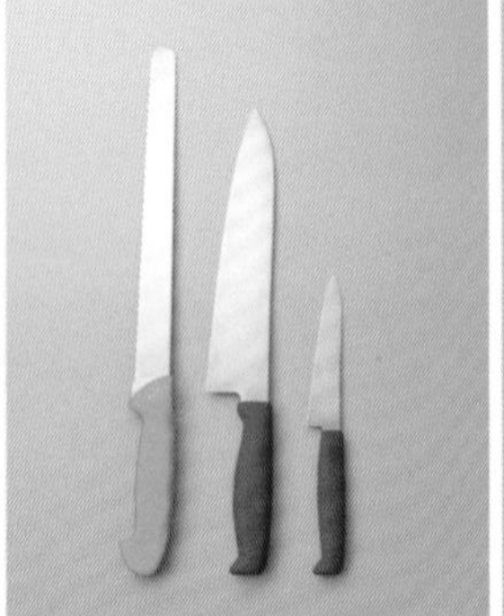

麵包刀（左）・菜刀（中）・水果刀（右）

麵包刀專門用來分切烤好的麵包，特徵是有著長長的鋸齒狀刀刃，方便切開麵包的外皮。菜刀及水果刀是成型時用來切割麵團，及堅果及桔皮等材料。體積大的食材使用刀刃較長的會比較方便。

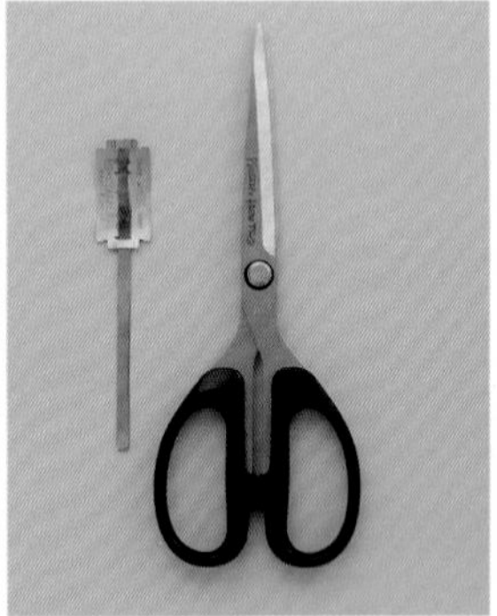

割紋刀（左）・剪刀（右）

割紋刀用於在麵團上割出刀紋。本書使用的是細長金屬板套裝雙刃刮鬍刀片的款式，先將刀子平躺先淺淺削開表面，接著將刀立起將割痕再刻深一點。

剪刀是用在剪開麵團、進行成型作業時使用。

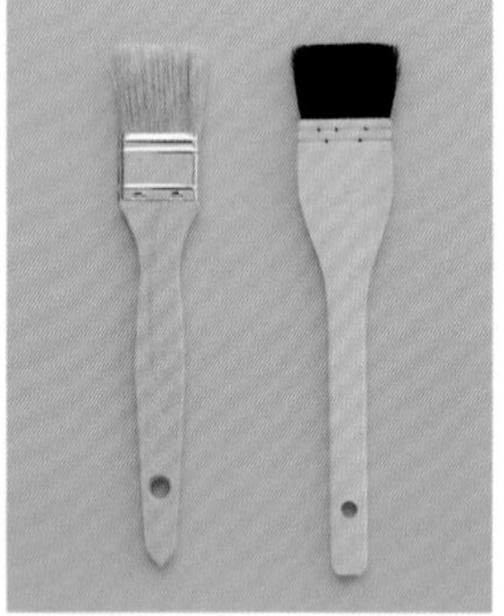

毛刷

用於將蛋液塗抹於麵團上，或刷去多餘的手粉。請配合用途準備不同硬度的毛刷。在已發酵完成的麵團塗抹蛋液，宜使用軟毛刷（右）。當塗抹馬卡龍麵團，或欲抹果醬在剛烤好的麵包，硬毛刷（左）會比較好用。

塑膠膜（袋）

用於覆蓋或包覆麵團防止乾燥。在分割及成型的作業中，如果麵團有變乾的情形，就要蓋上塑膠膜。冷藏發酵的麵團也要以塑膠膜包覆後再放入冰箱。

噴霧器

於硬式麵包烘焙前在麵團上噴水。宜挑選噴出的霧水較細密的。

尺

測量麵團的大小及厚度。建議選用可清洗的金屬及塑膠材質比較衛生。

PART 1

五種
基本款麵包
&變化款

從奶油捲小麵包或土司等餐桌上熟悉的麵包，到可頌、貝果及佛卡夏等來自世界各國的麵包，在日本，可以吃到的麵包種類之豐富，堪稱全球少見。
本書從中挑出五種基本款，及利用這五種麵團製作的變化款，依製作步驟詳盡說明。過程中可能會碰到的問題則整理於邊欄內，至於答案可參考Part2的Q&A，一邊作麵包一邊解開心中的疑問。

賦與麵包特色的不同特徵

麵包的種類何其多！將特徵粗分後可以四個關鍵字表示。首先是「簡樸」（lean）與「濃郁」（rich）。簡樸是指麵團用料很接近基本材料的麵包，而隨著副材料的增加，味道也變得愈來愈濃郁。接著是代表麵包口感的「硬式」（hard）與「軟式」（soft）。麵包的特徵就是組合這四個詞彙來形容，例如「法國麵包是簡樸的硬式麵包」。本書精心收錄五款容易理解這四項特徵的代表性麵包，詳細說明其作法。

法國麵包 ➡P.58

幾乎只使用基本材料製作，可說是基本中的基本。更是簡樸的硬式麵包代表。雖然口感會因大小及形狀而變化，但外皮酥脆、裡層濕潤是特徵。由於材料簡單，要製作得美味好吃，考驗著製作者的技術與經驗。

法國麵包麵團變化款

培根麥穗麵包 ➡P.70
葡萄乾堅果棍麵包 ➡P.76

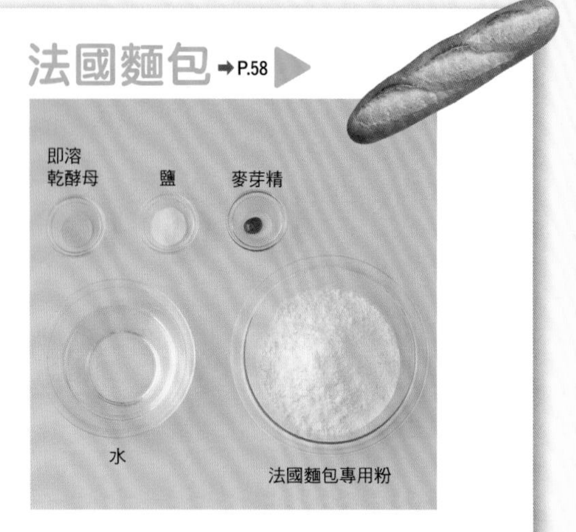

外皮脆硬的麵包可充分帶出麵粉烘烤後的香味及發酵產生的風味。大部分是使用簡樸的配方。

特別篇

可頌 ➡P.102

不同於一般麵包的作法，而是運用將奶油及麵皮層層褶疊的派皮技巧，呈現出獨特的口感。特色是外皮酥脆、裡層柔軟。因為配方中放了不少奶油，屬於風味濃郁的麵包。

可頌麵團變化款

巧克力麵包 ➡P.118

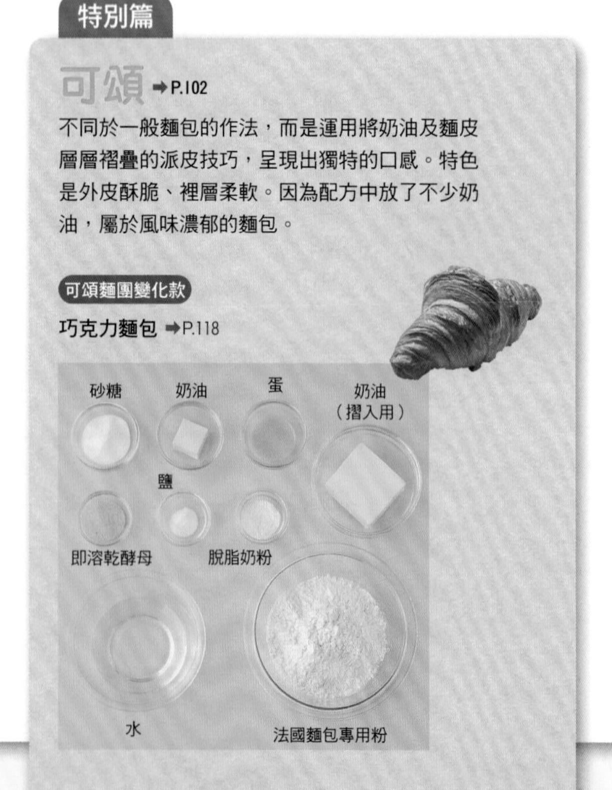

麵團幾乎只使用基本材料（麵粉、酵母、水、鹽），並有「簡樸」、「無脂肪」的意思。

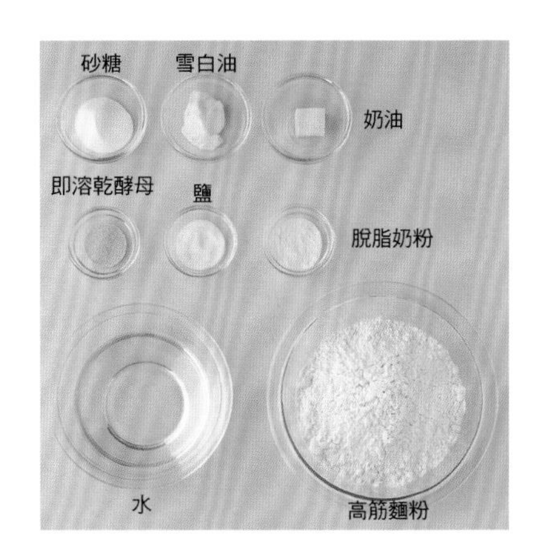

基本材料搭配少量的砂糖及油脂，是略顯簡樸的軟式麵包。通常大型麵包烘烤時間較長，因此容易變硬，而吐司是放入烤模中烘烤，雖體積大但口感還是很柔軟。

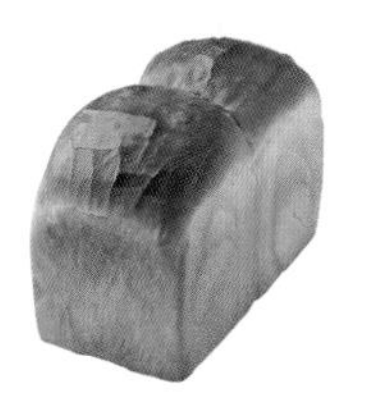

山形土司 ➡P.38

山形土司麵團變化款

黑芝麻土司 ➡P.50
砂糖奶油梭形麵包 ➡P.54

軟式

外皮或裡層都很柔軟、膨鬆的麵包。大部分皆使用濃郁口味的配方。

奶油捲小麵包

➡P.16

加了砂糖、奶油及蛋等多種材料的配方，是濃郁柔軟的基本款小麵包。因體積小、烘烤時間短，口感鬆軟。是以手工揉麵也很容易製作的代表性麵包。

奶油捲小麵包麵團變化款

火腿洋蔥麵包 ➡P.28
辮子麵包（zopf）➡P.32

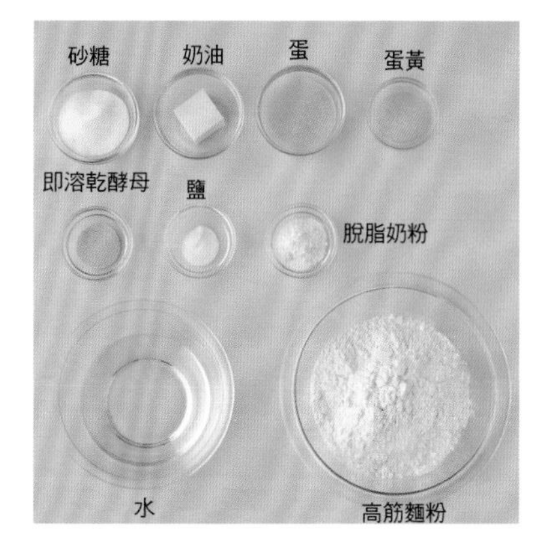

布里歐

➡P.80

配方中加了許多奶油及蛋，是濃郁柔軟型麵包的最佳代表。體積雖小，但烘焙時間比奶油捲小麵包稍長，Q軟彈牙。由於添加很多奶油及蛋，麵團會變得很軟，且多半採用冷藏發酵。

布里歐麵團變化款

葡萄乾麵包 ➡P.92
柑橘巧克力布里歐 ➡P.96

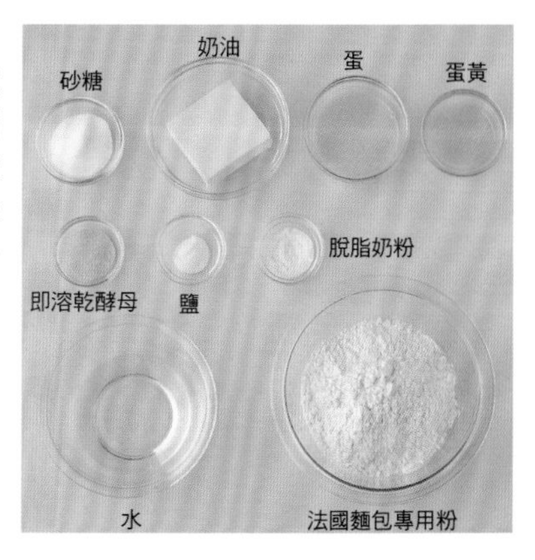

除基本材料外還添加了許多副材料（砂糖、油脂、乳製品及蛋等）。有著「豐富」、「濃郁」的意思。

奶油捲小麵包

微甜、奶香濃郁，無人不愛的小麵包。
添加了奶油、蛋及脫脂奶粉，屬於稍濃郁的柔軟口感。
即使沒有烤模也能製作，建議新手將它當成第一個挑戰的目標。

材料（8個分）

	分量(g)	烘焙百分比(%) Q71
高筋麵粉	200	100
砂糖	24	12
鹽	3	1.5
脫脂奶粉	8	4
奶油	30	15
即溶乾酵母	3	1.5
蛋	20	10
蛋黃	4	2
水	118	59
蛋（烘烤時用）	適量	

準備工作

- 調整水溫。Q80
- 奶油置於室溫下回溫。Q42
- 在發酵用的調理盆內側薄塗一層雪白油。
- 將烘烤時使用的蛋攪拌均勻後，以茶濾網過濾。

麵團溫度	28℃
發酵	50分鐘（30℃）
分割	8等分
醒麵	15分鐘
最後發酵	60分鐘（38℃）
烘烤	10分鐘（220℃）

揉麵

1 倒入高筋麵粉、砂糖、鹽、脫脂奶粉、即溶乾酵母，以打蛋器攪拌均勻。Q85

2 將配方中的水撥出一小部分作為調節水Q78，再將蛋及蛋黃倒入剩餘的水中充分混合。

※蛋及蛋黃的用量雖不及其他材料多，但對麵團影響很大，請盡量以刮刀刮乾淨，不要殘留。

3 將步驟2加入步驟1中，以手攪拌均勻。Q86

※慢慢地拌勻至無粉狀、快成團的狀態。

Q71 什麼是烘培百分比？
➡P.147

Q80 要如何決定材料水的溫度？
➡P.150

Q42 奶油置於室溫下回軟至什麼狀態才適當？
➡P.139

Q85 為什麼先混合水以外的材料？
➡P.151

Q78 什麼是材料水、調節水？
➡P.150

Q86 加水後是否要立刻攪拌？
➡P.152

4 一邊確認麵團的硬度，一邊倒入步驟**2**的調節水[Q83・84]後再次攪拌。

※將水倒於殘留粉狀的地方，較易揉成團。

5 一直攪拌至無粉狀，且快成團後，取出移至工作檯，並以刮板將調理盆中的麵團刮乾淨。

10分鐘

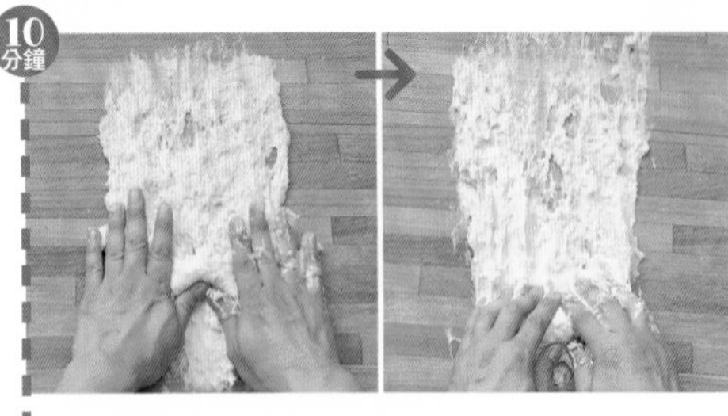

6 將雙手大動作地前後移動，以手掌在工作檯來回擦拌麵團。[Q89・91]

※雖然已經成團，但因材料並未混合得十分均勻，有時會顯得軟硬不一，因此首先就是要揉至軟硬均一。

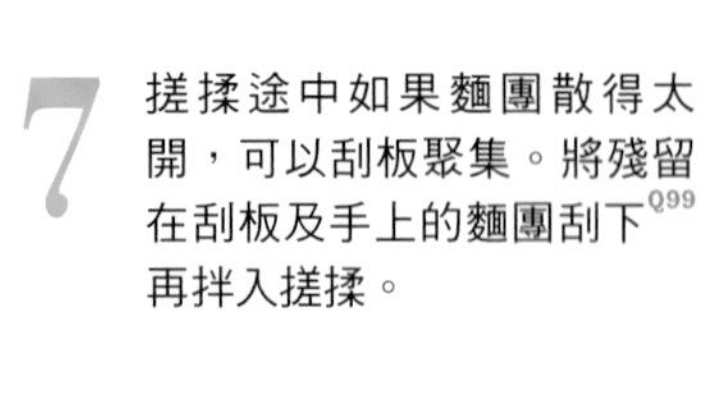

7 搓揉途中如果麵團散得太開，可以刮板聚集。將殘留在刮板及手上的麵團刮下[Q99]再拌入搓揉。

8 重複步驟**7**動作，不時將麵團刮下再拌入搓揉，直到整體呈現均一狀態。

※當軟硬一致，外觀呈光滑狀後，可感覺到麵團的柔軟度。如果再繼續搓揉，麵團會因黏性增加而變重。

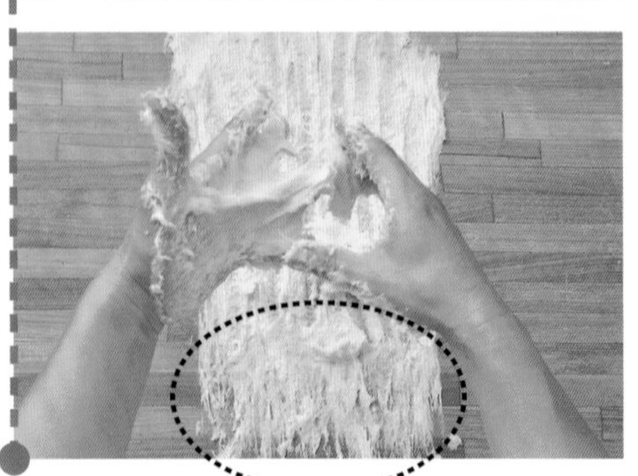

9 如果再繼續搓揉，麵團邊緣會有少部分從工作檯上剝離（圖片中以虛線標示部分）。

※隨著黏性增加，開始出現彈性，使得麵團出現輕微的剝離。接下來就可以摔打麵團了。因為加了蛋，麵團變得十分黏稠而容易沾附在手上。

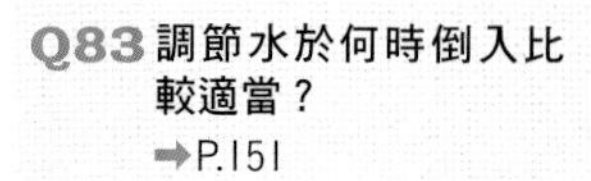

Q83 調節水於何時倒入比較適當？
➡P.151

Q84 調節水需全部用完嗎？
➡P.151

Q89 以手揉麵時，為什麼要在工作檯上來回擦拌及摔打？
➡P.153

Q91 以手揉麵大約揉幾分鐘適宜？
➡P.154

Q99 為什麼要將沾黏在手上及刮板的麵團刮乾淨？
➡P.157

10 仔細刮下黏在工作檯、刮板及手上的麵團，重新拌入搓揉。

11 將麵團舉起再摔打至工作檯，先朝內側輕拉，再翻回外側。

POINT
舉起麵團時是使用手腕向上彈起，麵團因反彈力量而拉長、拍打到工作檯上。

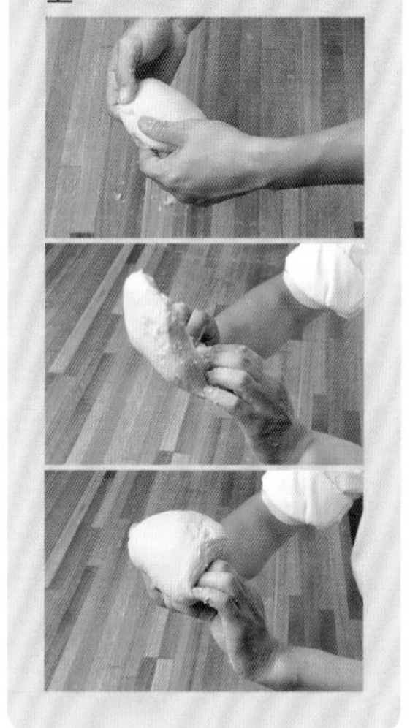

12 將手握麵團的位置轉向90度，變換麵團的方向。

13 重複步驟**11**至步驟**12**的動作，一邊摔一邊揉，至麵團表面呈光滑狀。Q97．98

※開始摔打時，麵團還是軟到會沾黏在手及工作檯的程度，筋性也不強，所以力道不要太強，等麵團出現彈性後再加重力道。

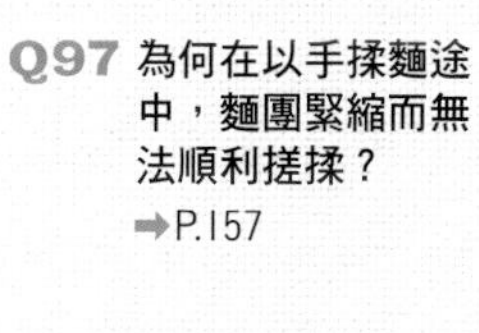

Q97 為何在以手揉麵途中，麵團緊縮而無法順利搓揉？
➡P.157

Q98 將麵團一邊摔一邊揉時，為何麵團裂開破洞？
➡P.157

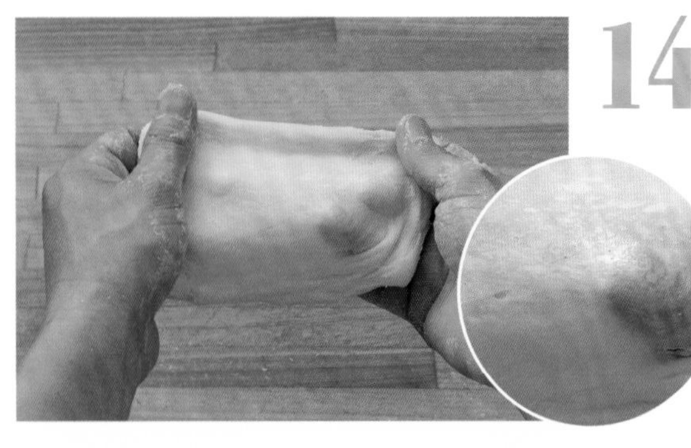

14

取部分麵團，以手指腹撐開拉薄，確認麵團的狀態。

※麵團產生筋性，即使撐開仍保有不破的薄度。搓揉使空氣進入麵團中，在表面形成小氣泡，此時就可以加入奶油了。

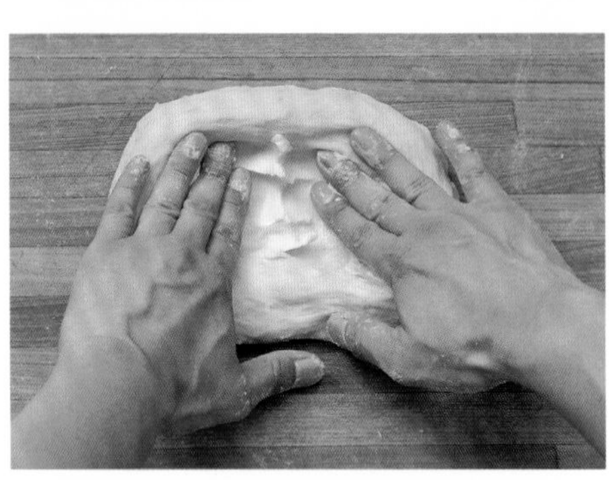

15

將麵團壓扁，鋪上奶油，再以手將奶油塗抹於整個麵團。Q87

Q87 為什麼奶油、油脂類材料需待麵筋成型之後再加入？

➡P.152

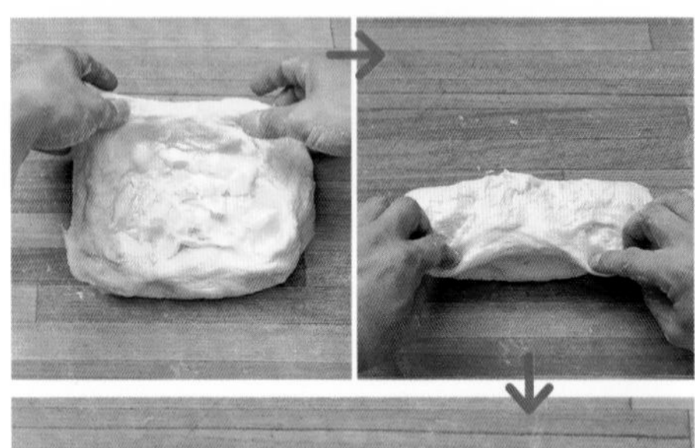

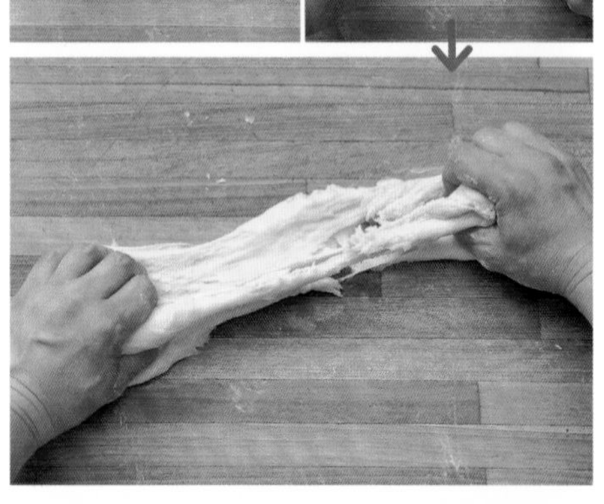

16

將麵團對摺，再以兩手撕裂。

17

將麵團撕碎，重複此動作。

※將麵團撕碎的動作可增加表面積，有助於將奶油與麵團均勻混合。

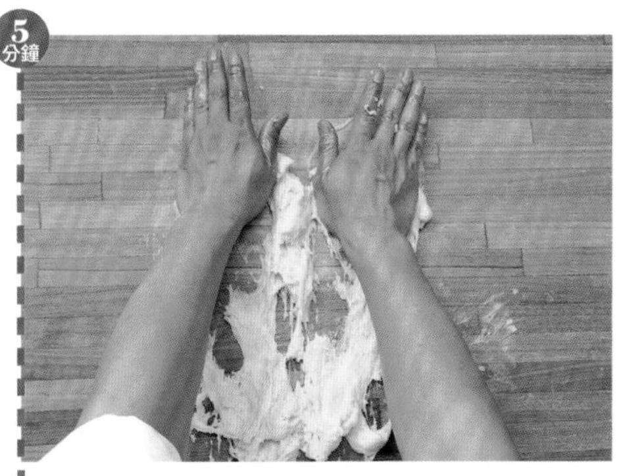

18

在工作檯上擦拌、搓揉、撕碎麵團。

※撕碎的麵團慢慢地變成一團，又因為掺入奶油，麵團變得滑溜而不易沾黏於工作檯。

19

如果繼續搓揉，麵團又會沾黏在工作檯上。

※由於奶油還未充分混合，麵團的外觀或軟硬度都處於不均勻的狀態。

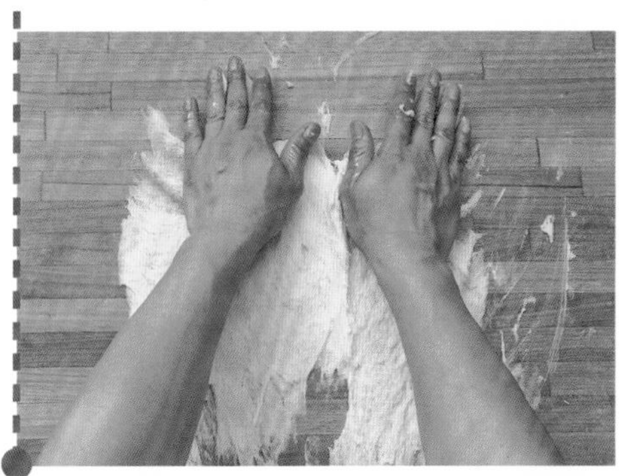

20

請依照步驟**7**方法，不時地刮下工作檯、刮板及手上的麵團，重新拌入搓揉，直到麵團邊緣有部分從工作檯剝離。

※奶油完全融入時，麵團會變得光滑，繼續搓揉，當麵團從工作檯剝離時就改以摔打方式。

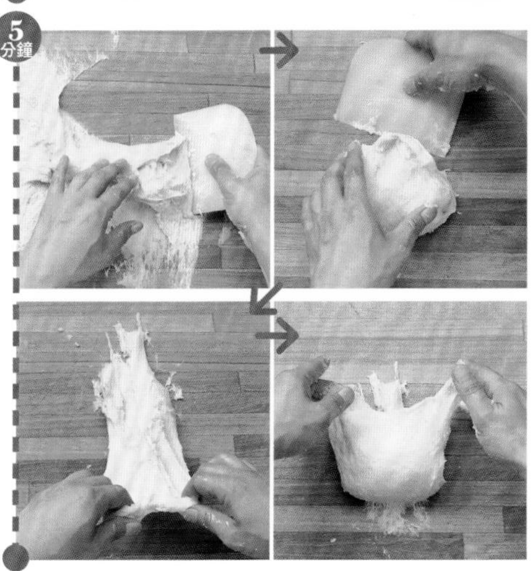

21

將工作檯、刮板及手上的麵團刮下再拌入搓揉，並比照步驟**11**至**12**要領，再次一邊摔一邊揉，至麵團表面呈光滑狀。

※未加入奶油之前，完全無法由工作檯剝離的麵團，現在幾乎可整個拔開。再持續揉至麵團表面呈光滑狀為止。

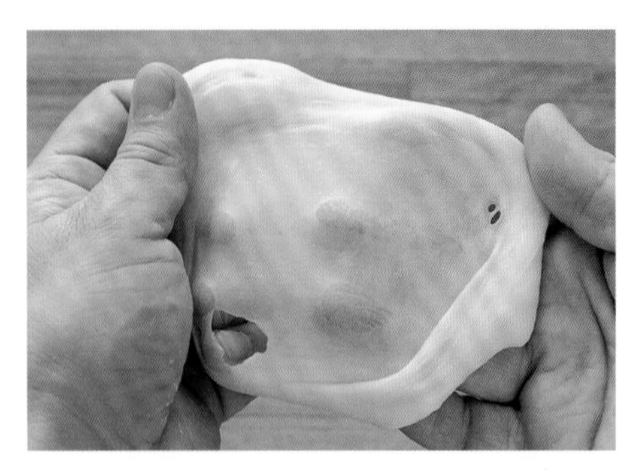

22 取部分麵團，以手指腹撐開拉薄，確認麵團的狀態。Q93・95

※與未加入奶油前還稍帶厚度的麵團相比，現在可撐薄至看到指尖。如果麵團上的破洞邊緣是平滑狀，表示麵團揉好了。

Q93 如何確認揉麵步驟已完成？
➡P.155

Q95 揉麵過度或不足會出現什麼問題？
➡P.156

23 雙手輕輕地向內推，整理麵團並讓麵團表面鼓起。

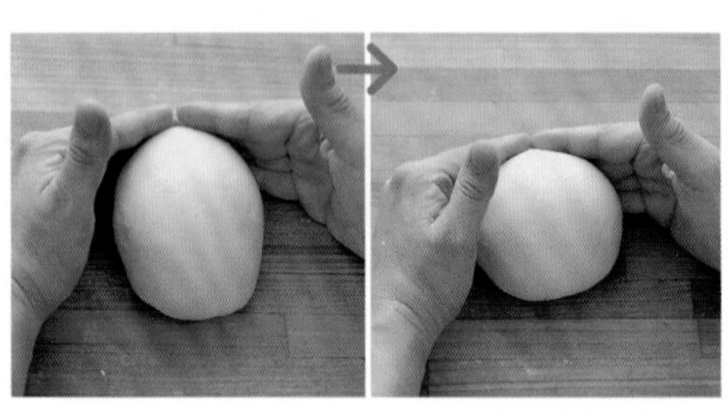

24 將麵團轉90度再向內推。重複數次，將麵團滾成表面鼓起的圓形。

25 放入調理盆Q102，測量麵團溫度Q77，約以28℃為準。Q96

Q102 揉好的麵團要放入多大的容器才適當？
➡P.158

Q77 什麼是麵團溫度？
➡P.149

Q96 若攪拌後麵團溫度不符合目標值該怎麼辦？
➡P.156

發酵

26 放入發酵器Q57，以30℃發酵50分鐘。Q104

Q57 發酵器是什麼？
➡P.143

Q104 如何辨別麵團最佳發酵狀態？
➡P.159

Q75 什麼是手粉？
➡P.149

分割

27 首先將麵團連同調理盆一起秤重（A）。將調理盆朝下倒出麵團，僅秤調理盆重量（B）。A減掉B就得出麵團重量，再除以8，計算出一顆分的重量。

※在分割及成型作業中，若麵團發黏，可視需要撒上手粉。Q75

Q120 分割時為什要使用刮板以按壓方式切開？
➡P.165

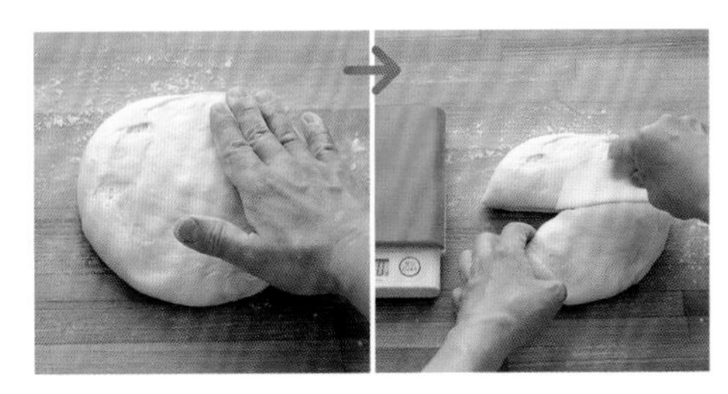

28 以手平均輕按麵團後，以目測方式切下Q120 ⅛分量後秤重。

※剛倒出的麵團是膨脹的，輕按可使厚度均一，容易均等切割。

Q121 為什麼要均等分割？
➡P.166

29 對照步驟**27**所計算一顆的重量並「多退少補」依序調整各顆大小。Q121

※為使下一個步驟中的麵團表面平整，請避免將補足重量的小麵團黏貼在平滑的那一面。

Q123 如何將麵團滾圓？要揉至多圓才算OK？
➡P.167

滾圓Q123

30 麵團置於掌心，輕輕壓出空氣，將平滑的一面朝上，以另一隻手包住麵團。

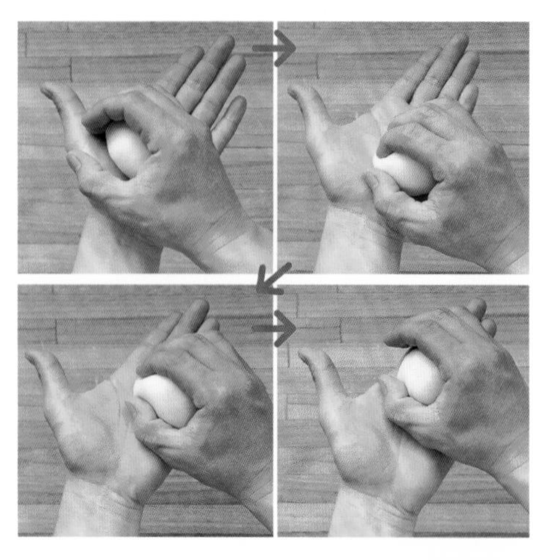

31 右手包覆麵團，利用指腹擠壓麵團下方以反時鐘方向（若是左手則採順時鐘）滾圓，使表面鼓起。Q124

※將麵團仔細地揉成表面鼓起的圓形。

Q124 為什麼滾圓時要將麵團的表面鼓起？
➡P.168

32 排列於已鋪上烘焙布的烤盤中。Q63

※在滾圓及成型的作業中，為預防麵團過度乾燥，可視需要覆蓋塑膠膜。

Q63 麵團鋪放於何種布料上較合適？
➡P.145

醒麵（中間發酵）Q128

33 放入發酵器，醒麵15分鐘。Q130

Q128 為什麼需要醒麵？
➡P.169

Q130 如何辨別醒麵完成？
➡P.170

成型

34 以手掌將麵團壓扁，擠出空氣。

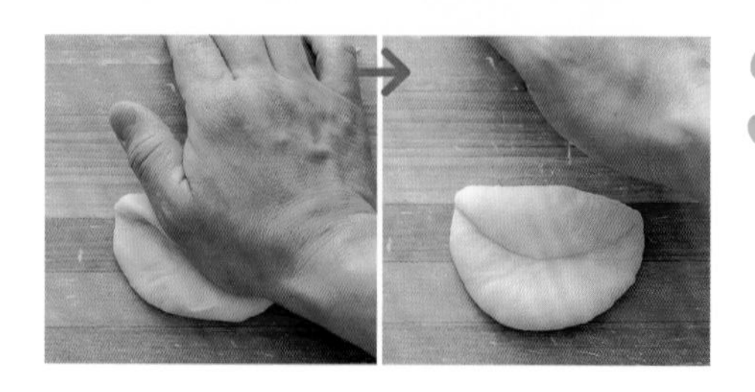

35 將麵團的平滑面朝下，將上端⅓摺向中心，再以手掌根按壓收口。

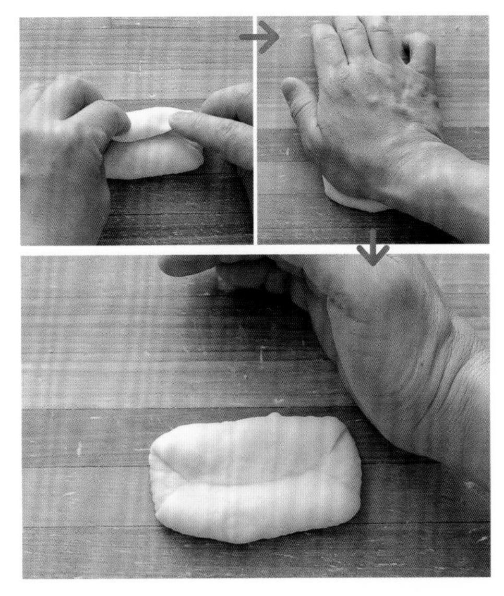

36 將麵團轉向180度，從上端向中心摺⅓，以手掌根按壓收口。

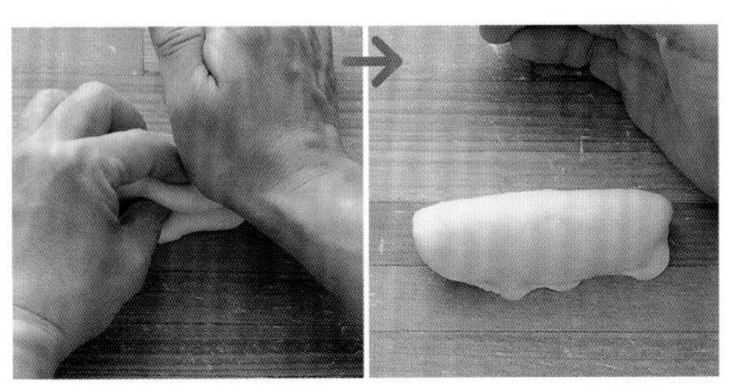

37 將麵團上下對摺，以手掌根按壓收口。

※以手掌根按壓收口外緣，可使麵團表面確實鼓起。

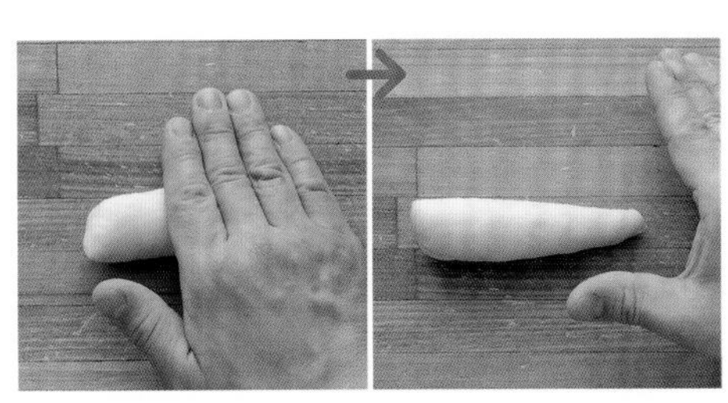

38 以單手指腹輕按麵團，滾成頭大尾尖、長約12cm棒狀。

※將手的小拇指一側稍微下壓、手掌傾斜的方式將麵團滾細。

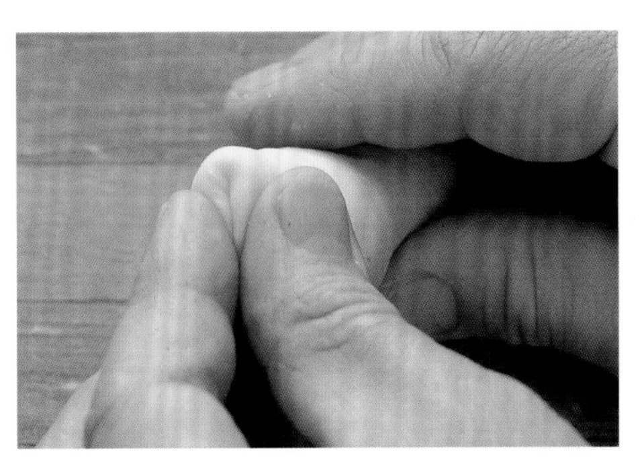

39 以手指捏住粗胖的一端，捏緊收口。

※將麵團末端捏緊，事後以擀麵棍擀開時才會漂亮。

40 排列於布上、放入發酵器，使麵團稍微鬆弛。

※待麵團鬆弛後，以擀麵棍擀開時就能夠順利延展。可以手指按壓測試，若有指痕殘留即表示OK了。

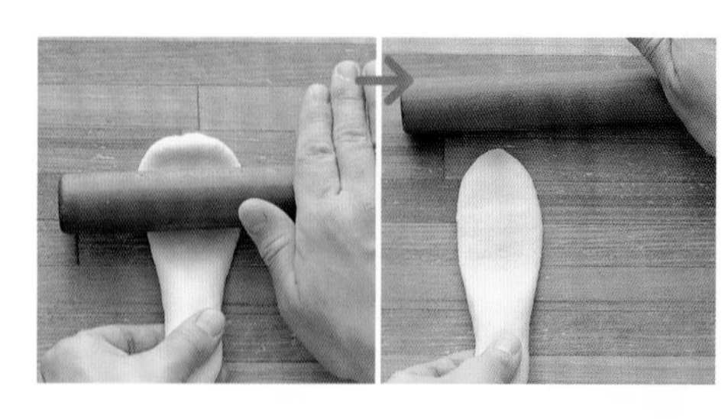

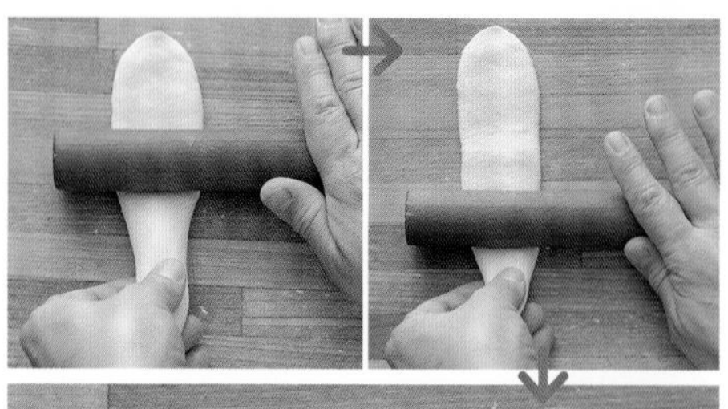

41 將麵團尖細的一端朝向操作者側，以擀麵棍由中心往上端擀平。

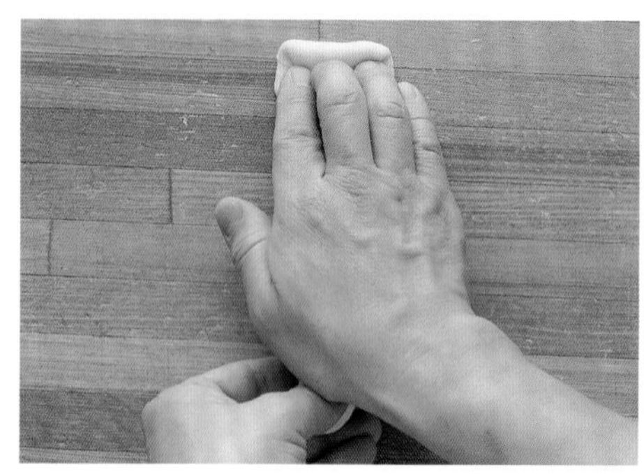

42 以一手握住麵團的近中心處並輕拉，一手以擀麵棍由中心往操作者身體一側擀平。

※握住麵團的一手慢慢朝操作者身體一側拉引。擀至麵團厚薄一致、空氣完全排出為止。若無法一次擀平，可將麵團拔起重複步驟41至42的動作。

43 將步驟**37**的收口朝上，將麵團上端一側稍微反摺後輕輕壓住。

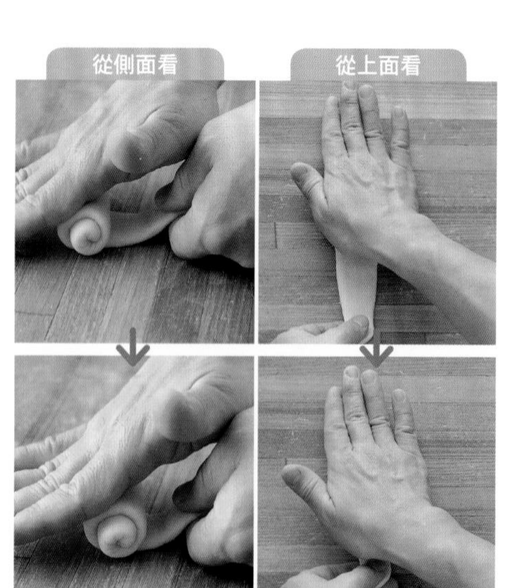

44 一邊輕按麵團，一邊捲向操作者身體一側。

※如果壓得太緊反而不好捲。捲時兩側保持對稱，才能烤出漂亮的形狀。

Q132 為什麼成型時要捏緊或壓緊收口？
➡P.170

45 捲好後壓緊收口。[Q132]

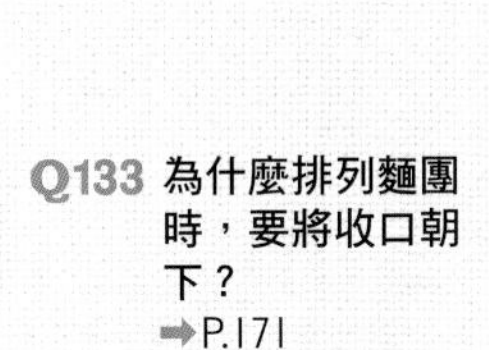

Q133 為什麼排列麵團時，要將收口朝下？
➡P.171

Q134 將麵團排列至烤盤時需注意什麼？
➡P.171

46 將收口朝下[Q133]，排列於在烤盤上。[Q134]

Q113 如何辨別麵團最後發酵狀態？
➡P.163

最後發酵

47 放入發酵器，以38℃發酵60分鐘。[Q113]

Q142 請問塗刷蛋液有何技巧？
➡P.174

Q143 塗刷蛋液時要注意什麼？
➡P.175

Q145 為何依配方指示的溫度烘烤但卻烤焦了？
➡P.175

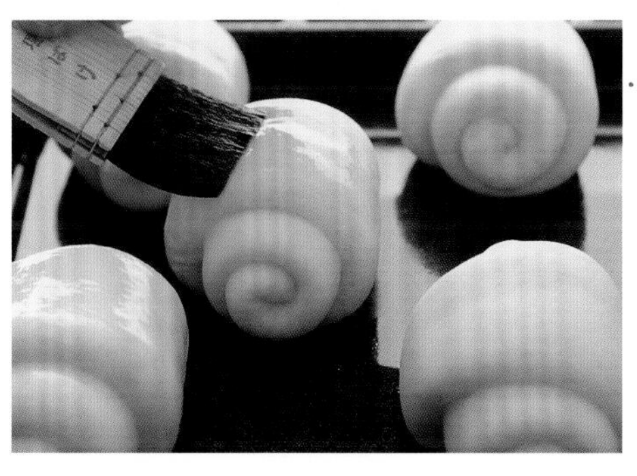

烘烤

48 將蛋液以平行渦紋的方向塗刷在麵團表面[Q142・143]，放入已預熱至220℃的烤箱中烘烤約10分鐘。[Q145・157]

※請仔細塗刷，別讓蛋液滴到烤盤上。

Q157 為什麼烤好的奶油捲小麵包會在捲起處裂開？
➡P.179

Q147 為什麼烘烤後要馬上由烤箱或烤模中取出？
➡P.176

49 從烤箱中取出，於置涼架上靜置待涼。[Q147]

奶油捲小麵包麵團變化款—— 1

火腿洋蔥麵包

在奶油捲小麵包的麵團中捲入火腿，
再於頂層鋪上洋蔥及起司的簡單鹹麵包。
洋蔥可添加咖哩味，或抹上披薩醬變成披薩麵包等，
享受自由搭配的樂趣。

材料（6個分）

	分量(g)	烘焙百分比(%) Q71
高筋麵粉	200	100
砂糖	24	12
鹽	3	1.5
脫脂奶粉	8	4
奶油	30	15
即溶乾酵母	3	1.5
蛋	20	10
蛋黃	4	2
水	118	59

火腿	6片
洋蔥	60g
沙拉油・鹽・胡椒	各適量
起司絲	60g
芥茉醬	適量
巴西利	適量

※圓形錫箔紙模為直徑9cm高2cm。

※茹素者請將葷料改為素料。

準備工作

- 調整水溫。Q80
- 奶油置於室溫下回溫。Q42
- 在發酵用的調理盆內側薄塗一層雪白油。
- 洋蔥切薄片後以沙拉油稍微拌炒，不炒至變色，再加鹽及胡椒調味。

麵團溫度	28℃
發酵	50分鐘（30℃）
分割	6等分
醒麵	15分鐘
最後發酵	45分鐘（38℃）
烘烤	10分鐘（220℃）

Q71 什麼是烘培百分比？
➡P.147

Q80 如何決定材料水的溫度？
➡P.150

Q42 奶油置於室溫下要回軟至什麼狀態才適當？
➡P.139

Q63 麵團鋪放於何種布料上較合適？
➡P.145

Q75 什麼是手粉？
➡P.149

Q128 為什麼需要醒麵？
➡P.169

Q130 如何辨別醒麵完成？
➡P.170

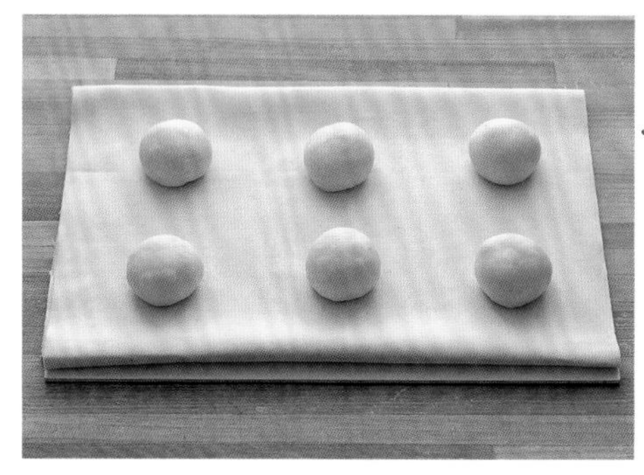

揉麵・發酵・分割・滾圓

1 依製作奶油捲小麵包（請參閱P.16）步驟**1**至**26**方法揉麵及發酵麵團。再依步驟**27**至**29**作法將麵團分割為6等分。接著依步驟**30**至**31**作法將麵團滾圓，排列於鋪入發酵布的烤盤上。Q63

※在分割及成型作業中，若麵團發黏，可視需要撒上手粉。Q75

醒麵（中間發酵）Q128

2 放入發酵器，醒麵15分鐘。Q130

成型

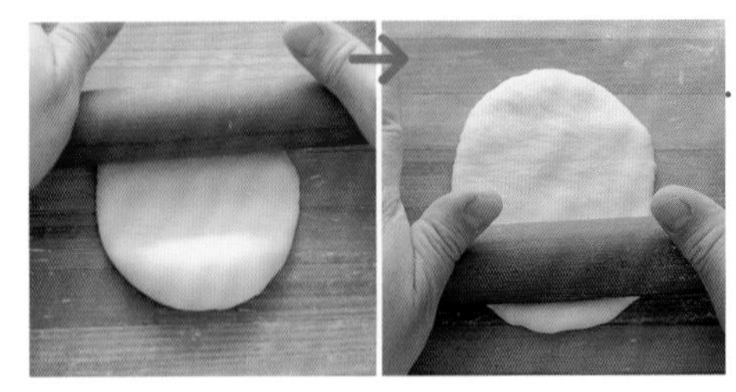

3 以擀麵棍由麵團中心朝上端擀平，再由中心往操作者身體一側擀平。不時改變麵團的方向反覆擀平，確實將空氣排出，並擀成圓形。

※麵團大小需稍大於圓形火腿。

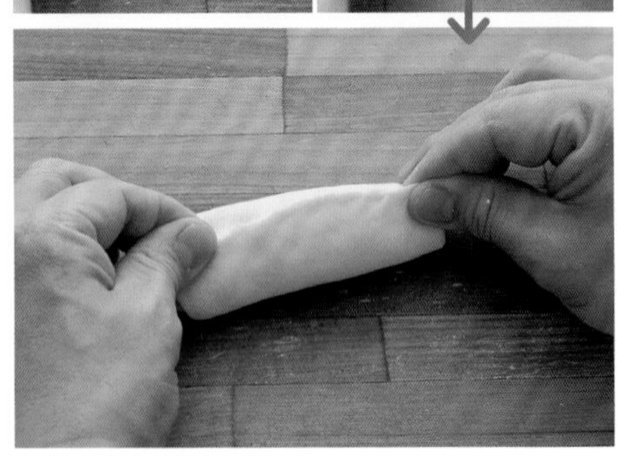

4 將火腿鋪入、塗上芥茉醬。由上端向操作者身體一側捲起，再捏緊收口。

※芥茉醬用量請依個人喜好。並請確實捲緊不要有空隙。

5 捲好後由身體側向外對摺，並將收口藏入內側。

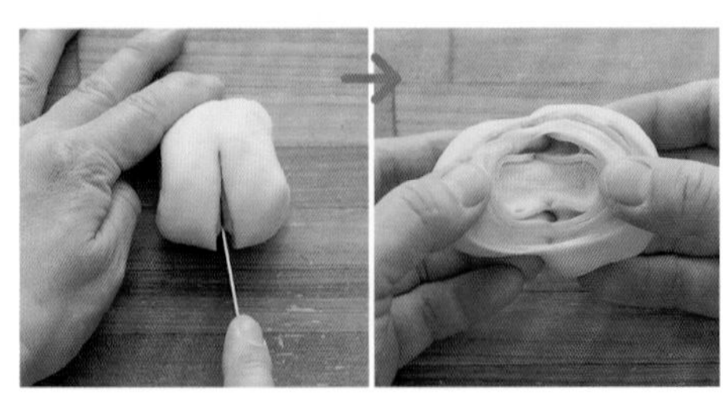

6 距操作者約⅔的位置以刀切開，然後向外翻開。

7 整型後，放入錫箔紙模。

※放入錫箔紙模後，以手將麵團向下壓平，使烘烤顏色及熟度一致。

Q134 將麵團排列到烤盤時要注意什麼？
➡P.171

8 間隔排列於烤盤上。[Q134]

Q113 如何分辨麵團的最後發酵狀態？
➡P.163

最後發酵

9 放入發酵器，以38°C發酵45分鐘。[Q113]

烘烤

10 將已拌炒洋蔥及起司絲各分成6等分後鋪於麵團上。

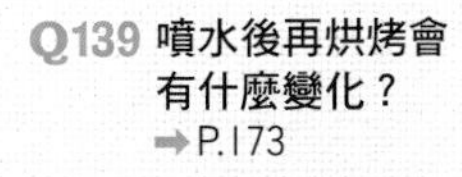

Q139 噴水後再烘烤會有什麼變化？
➡P.173

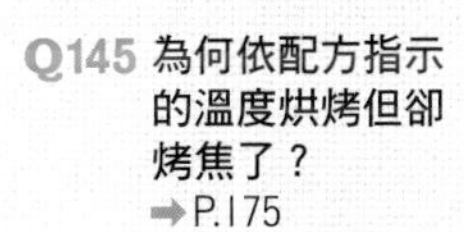

Q145 為何依配方指示的溫度烘烤但卻烤焦了？
➡P.175

Q147 為什麼烘烤後要馬上由烤箱或烤模中取出？
➡P.176

11 以噴霧器將麵團表面稍微噴濕[Q139]。放入已預熱至220°C的烤箱中烘烤約10分鐘[Q145]後取出，於置涼架上靜置待涼[Q147]，以巴西利裝飾。

奶油捲小麵包麵團變化款── 2

辮子麵包

在奶油捲小麵包的麵團拌入葡萄乾，再編成辮子狀的變化款。
麵包原文為zoaf，是德文「辮子」的意思。
這裡使用色淡、甜味清爽的無籽葡萄乾，
若改用加州葡萄乾也一樣美味可口！

材料（6個分）

	分量(g)	烘焙百分比(%) Q71
高筋麵粉	200	100
砂糖	24	12
鹽	3	1.5
脫脂奶粉	8	4
奶油	30	15
即溶乾酵母	3	1.5
蛋	20	10
蛋黃	4	2
水	118	59
無籽葡萄乾	60	30

杏仁果	50g
粗糖	50g
蛋（烘烤用）	適量

準備工作

- 調整水溫。Q80
- 奶油置於室溫下回溫。Q42
- 無籽葡萄乾以溫水快速清洗Q53，以濾網瀝乾。
- 在發酵用的調理盆及烤盤內側薄塗一層雪白油。
- 將烘烤時使用的蛋攪拌均勻後，以茶濾網過濾。
- 杏仁果切成粗粒。

麵團溫度	28℃
發酵	50分鐘（30℃）
分割	6等分
醒麵	15分鐘
最後發酵	45分鐘（38℃）
烘烤	14分鐘（210℃）

Q71 什麼是烘培百分比？
➡P.147

Q80 如何決定材料水的溫度？
➡P.150

Q42 奶油置於室溫下回軟至什麼狀態才適當？
➡P.139

Q53 為什麼將葡萄乾以溫水洗後再使用？
➡P.142

揉麵

1 依製作奶油捲小麵包（請參閱P.16）步驟**1**至**22**方法揉麵團。將麵團壓扁，均勻撒上無籽葡萄乾，再輕輕按壓。

2 由上端往操作者身體一側方向捲起，捲後收口朝上再以手掌按壓麵團。

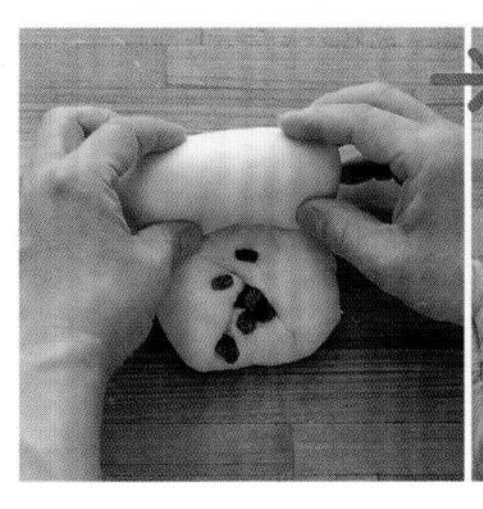

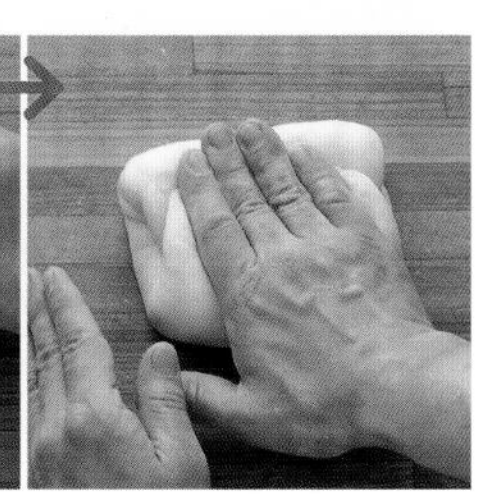

3 將麵團轉90度，重複步驟**2**動作，將葡萄乾均勻混入麵團中。

4 依製作奶油捲小麵包（請參閱P.16）步驟**23**至**24**方法將麵團滾圓整型，接著放入調理盆[Q102]測量麵團溫度[Q77]，約以28℃為準。[Q96]

發酵

5 放入發酵器[Q57]，以30℃發酵50分鐘。[Q104]

分割・滾圓

6 依製作奶油捲小麵包（請參閱P.16）步驟**27**至**29**方法，將麵團分割為6等分。再依照步驟**30**至**31**將麵團滾圓[Q123・124]，排列於鋪入發酵布的烤盤上。[Q63]

※在分割及成型的作業中，若麵團發黏，可視需要撒上手粉。[Q75]

醒麵（中間發酵）[Q128]

7 放入發酵器，醒麵15分鐘。[Q130]

成型

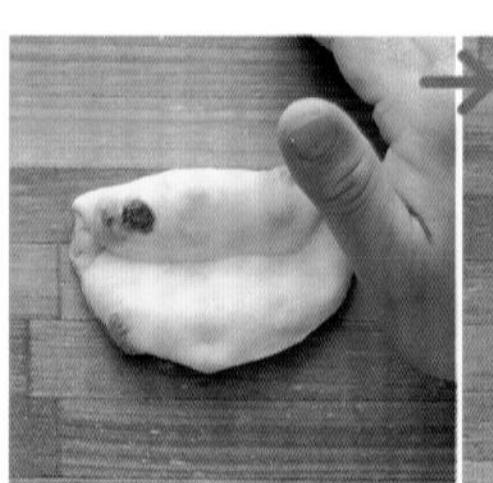
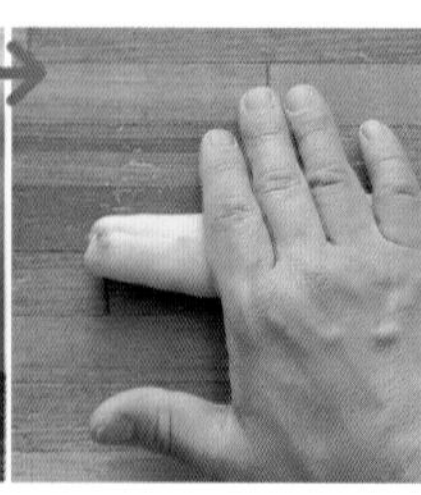

8 依製作奶油捲小麵包（請參閱P.16）步驟**34**至**37**方法將麵團滾成棒狀。以單手一邊輕按一邊滾成長約15cm的棒狀。

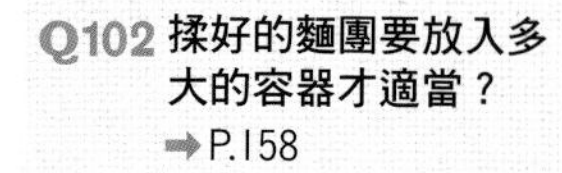

Q102 揉好的麵團要放入多大的容器才適當？
➡P.158

Q77 什麼是麵團溫度？
➡P.149

Q96 若攪拌後麵團溫度不符合目標值該怎麼辦？
➡P.156

Q57 如何將麵團滾圓。揉至多圓才算OK？
➡P.143

Q104 如何辨別麵團最佳發酵狀態？
➡P.159

Q123 如何將麵團滾圓。揉至多圓才算OK？
➡P.167

Q124 為什麼滾圓時要將麵團的表面鼓起？
➡P.168

Q63 麵團鋪放於何種布料上較合適？
➡P.145

Q75 什麼是手粉？
➡P.149

Q128 為什麼需要醒麵？
➡P.169

Q130 如何辨別醒麵已完成？
➡P.170

9

將麵團排列於布上、放入發酵器，使麵團稍微鬆弛。

※待麵團鬆弛後，以擀麵棍擀開時就能夠順利延展，以手指按壓，若有指痕殘留表示OK了。

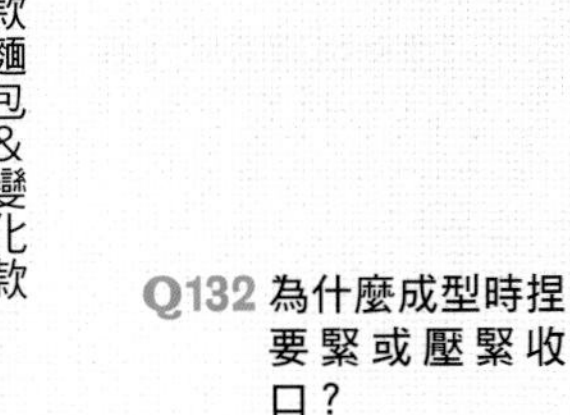

Q132 為什麼成型時捏要緊或壓緊收口？
➡P.170

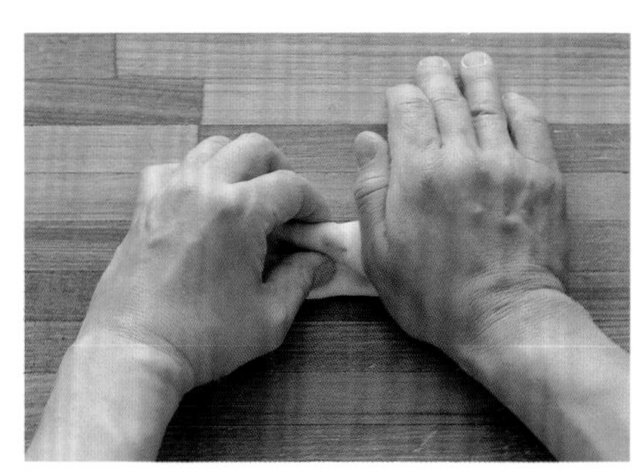

10

以手掌按壓麵團以排出空氣，將收口朝上，由上端向中心摺1/2，再以手掌根用力壓緊收口。[Q132]

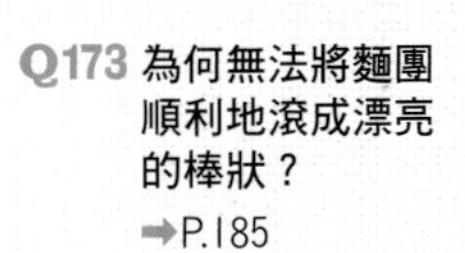

Q173 為何無法將麵團順利地滾成漂亮的棒狀？
➡P.185

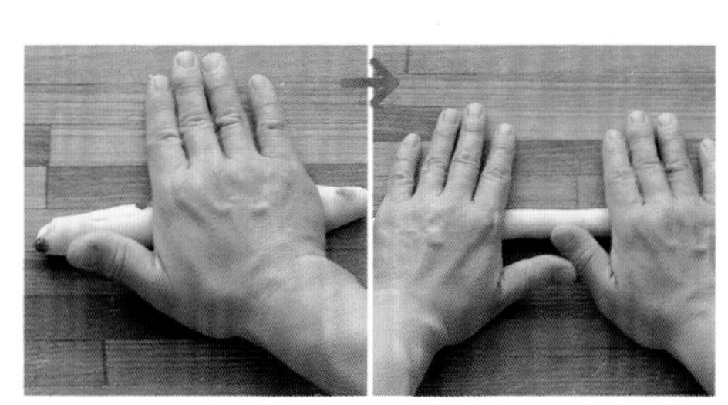

11

一邊輕按麵團一邊滾成長25cm的棒狀。[Q173]

※滾動麵團時，先以單手於麵團麵團中間滾動，等麵團變得細長後，再改以雙手由麵團中間往兩側滾長。

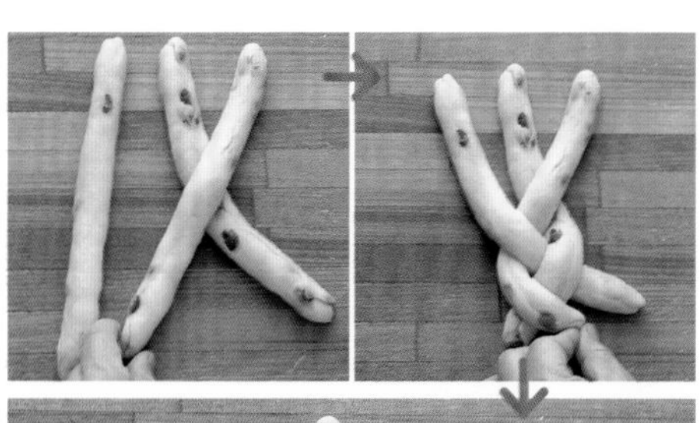

12

將步驟**10**的麵團收口朝上，取三條長麵團如圖並排，先從靠近操作者身體一側開始編辮子，並將尾端確實壓緊。

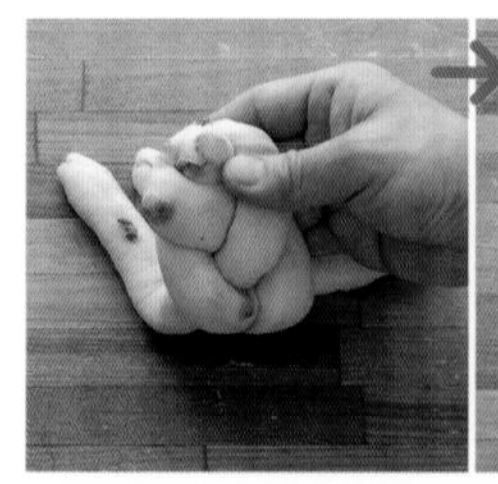

13 將整個麵團翻過來，編好的辮子變成在下側，且收口朝下。

14 繼續編織麵團，以手確實壓緊尾端處。

15 麵團編織完成的樣子。

※分成上下兩段作業，編織成的麵團辮子會比較漂亮。

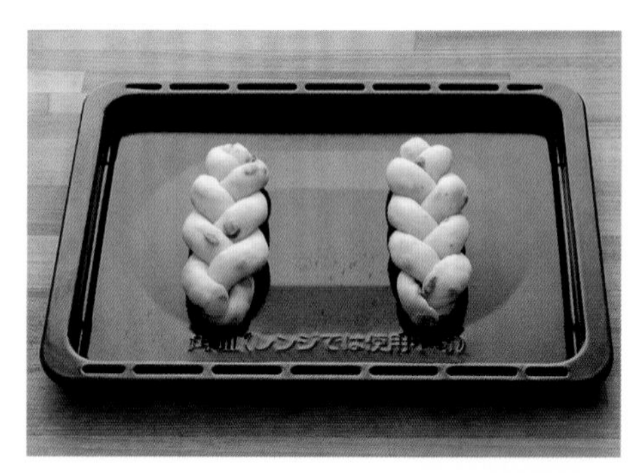

16 將麵團收口朝下[Q133]，排列於烤盤上。[Q134]

Q133 為什麼排列麵團時，要將收口朝下？
➡P.171

Q134 將麵團排列於烤盤時要注意些什麼？
➡P.171

最後發酵

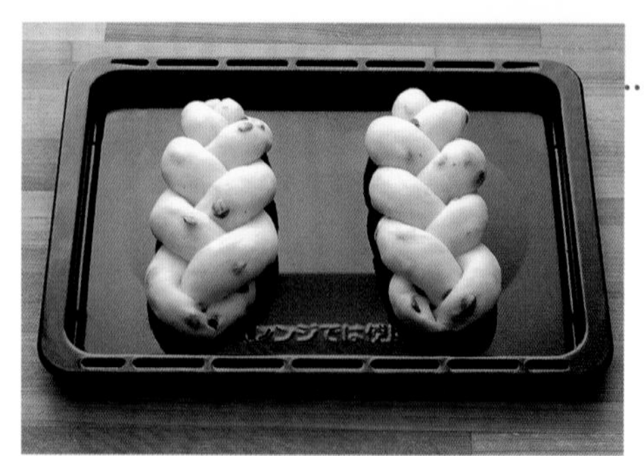

17 放入發酵器，以38°C發酵45分鐘。[Q113]

Q113 如何分辨麵團最後發酵狀態？
➡P.163

Q142 塗刷蛋液有何技巧？
➡P.174

Q143 塗抹蛋液時要注意些什麼？
➡P.175

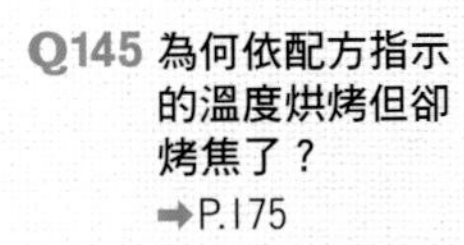

Q145 為何依配方指示的溫度烘烤但卻烤焦了？
➡P.175

Q147 為什麼烘烤後要馬上由烤箱或烤模中取出？
➡P.176

烘烤

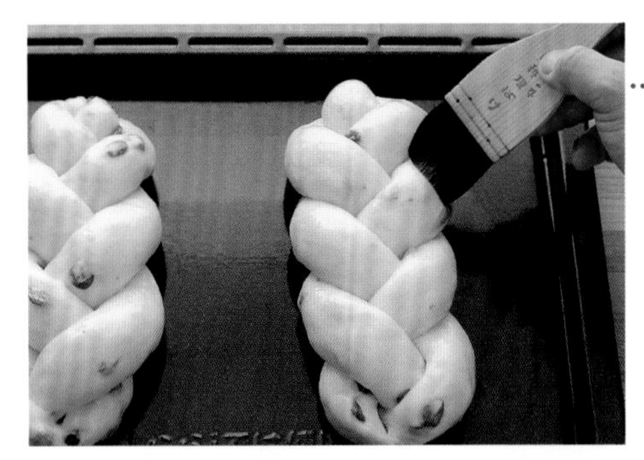

18 將蛋液塗抹於麵團的表面。Q142．143

※請沿著每條辮子均勻塗抹，注意凹陷部分不要積留蛋液。

19 將杏仁果粒及粗糖均勻撒於辮子麵團上。放入已預熱至210℃的烤箱中烘烤約14分鐘Q145後取出，於置涼架上靜置待涼。Q147

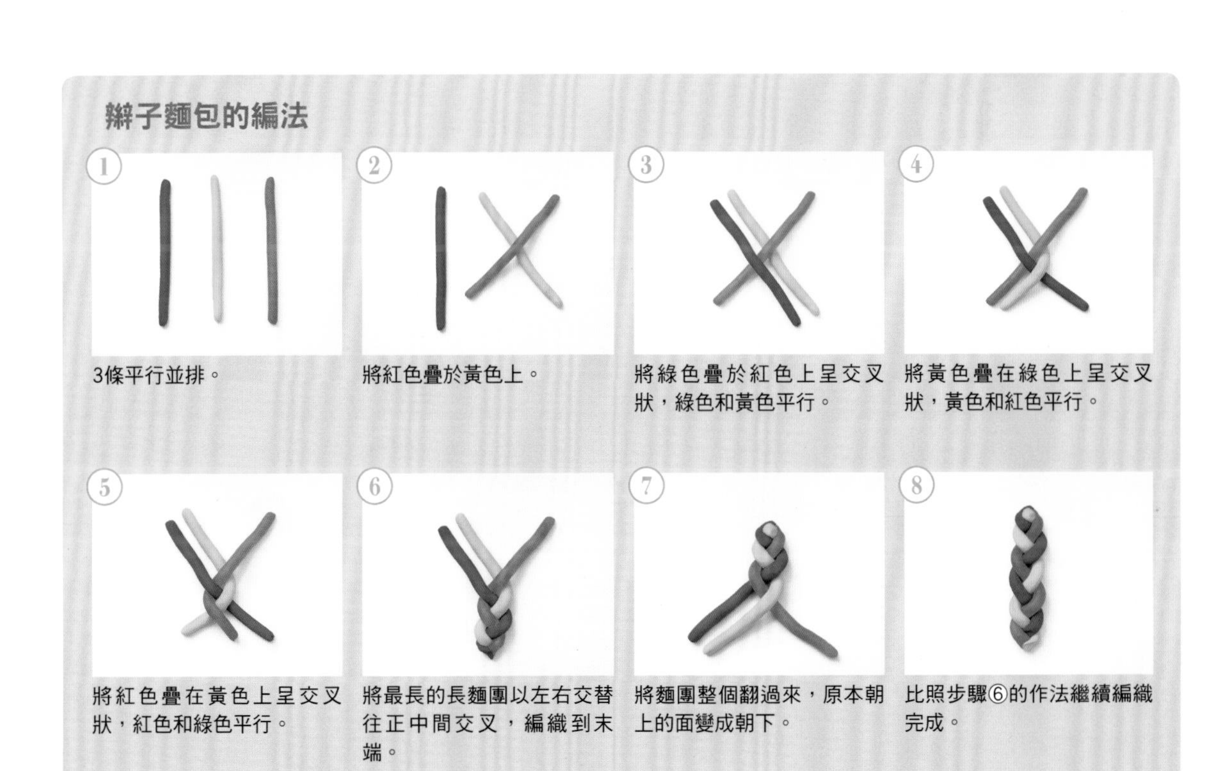

辮子麵包的編法

① 3條平行並排。

② 將紅色疊於黃色上。

③ 將綠色疊於紅色上呈交叉狀，綠色和黃色平行。

④ 將黃色疊在綠色上呈交叉狀，黃色和紅色平行。

⑤ 將紅色疊在黃色上呈交叉狀，紅色和綠色平行。

⑥ 將最長的長麵團以左右交替往正中間交叉，編織到末端。

⑦ 將麵團整個翻過來，原本朝上的面變成朝下。

⑧ 比照步驟⑥的作法繼續編織完成。

山形土司

山形土司是日本人最熟悉的正餐麵包，
烘烤時不需加蓋，若加蓋就會烤成方形土司，
雖然加了砂糖及油脂，口感柔軟，
但因為加入分量不多，所以仍被歸類為簡樸款麵包。

材料（1斤型1個分）

	分量(g)	烘焙百分比(%)[Q71]
高筋麵粉	250	100
砂糖	12.5	5
鹽	5	2
脫脂奶粉	5	2
奶油	10	4
雪白油	10	4
即溶乾酵母	2.5	1
水	195	78
蛋（烘烤用）	適量	

※1斤型的容量為1700cm³[Q159]

準備工作

- 調整水溫。[Q80]
- 奶油置於室溫下回溫。[Q42]
- 在發酵用的調理盆內側塗抹雪白油。
- 將烘烤時使用的蛋攪拌均勻後，以茶濾網過濾，再加入相當於蛋液⅕量的水稀釋。

※因烘烤時間長，加水稀釋可防止烘烤時顏色變太深。

麵團溫度	26℃
發酵	60分鐘（30℃）＋30分鐘（30℃）
分割	2等分
醒麵	30分鐘
最後發酵	60分鐘（38℃）
烘烤	30分鐘（210℃）

Q71 什麼是烘焙百分比？
➡P.147

Q159 手邊沒有和配方相同尺寸的土司烤模時，該怎麼作？
➡P.180

Q80 要如何決定材料水的溫度？
➡P.150

Q42 奶油置於室溫下回軟至什麼狀態才適當？
➡P.139

Q158 為什麼製作土司時，要選用蛋白質含量高的高筋麵粉？
➡P.179

Q85 為什麼要先混合水以外的材料？
➡P.151

Q78 什麼是材料水、調節水？
➡P.150

Q86 加水後是不是要立刻攪拌？
➡P.152

揉麵

1 將高筋麵粉[Q158]、砂糖、鹽、脫脂奶粉、即溶乾酵母倒入盆中，以打蛋器充分混合。[Q85]

2 將配方中的水倒出一小部分當成調節水。[Q78]

3 將剩餘的水倒入步驟1中，以手攪拌混合。[Q86]

4 慢慢拌勻至無粉狀，快要成團的狀態。

5 一邊確認麵團的硬度，一邊倒入步驟2的調節水 Q83・84，再次攪拌。

※將水倒在殘留粉狀的地方，較易揉成團。

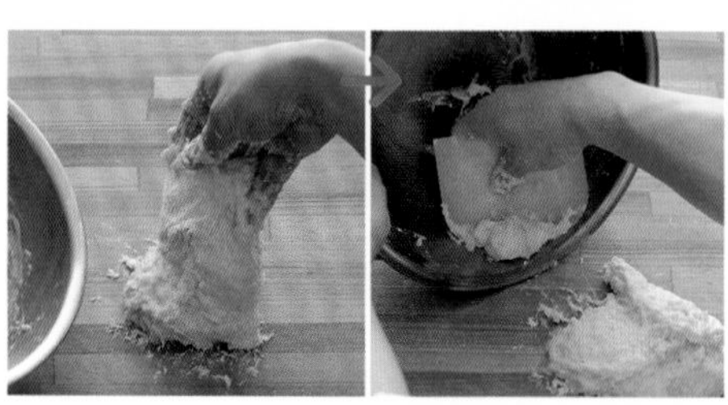

6 攪拌至無粉狀、成團後，移至工作檯，並以刮板將調理盆中的麵團刮乾淨。

15分鐘

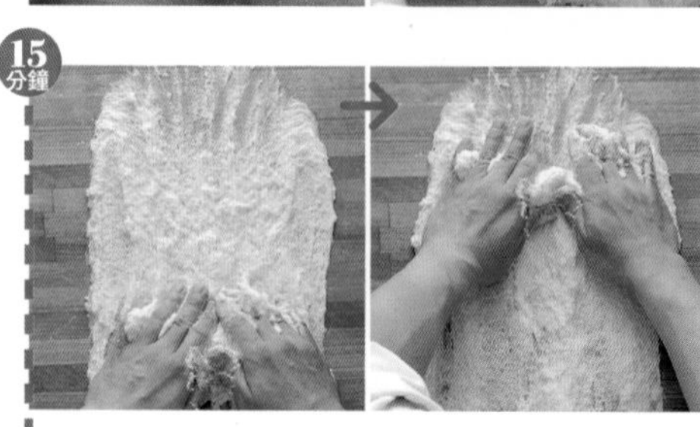

7 將雙手大動作地前後移動，以手掌在工作檯來回擦拌麵團。Q89・91

※雖然已經成團，但因材料並未混合得十分均勻，有時會顯得軟硬不一，因此首先就是要揉至軟硬均一。

8 搓揉途中如果麵團散得太開，可以刮板聚集。將殘留在刮板及手上的麵團刮下 Q99 再拌入搓揉。

9 重複步驟8動作，不時將麵團刮下再拌入搓揉，直到整體呈現均一狀態。

※當軟硬一致，外觀呈光滑狀後，可感覺到麵團的柔軟度。如果再繼續搓揉，麵團會因黏性增加而變重。

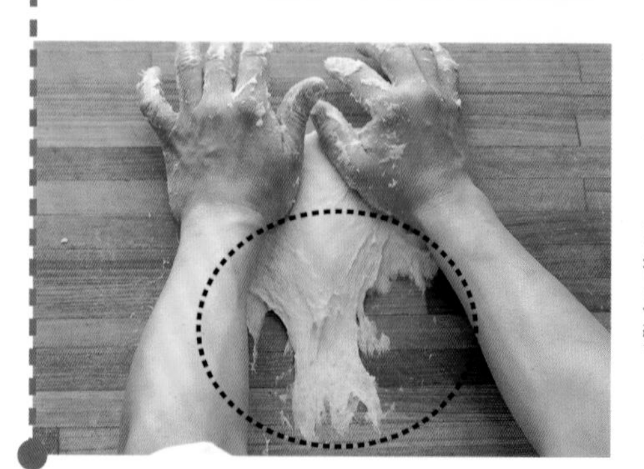

10 如果再繼續搓揉，麵團邊緣會有少部分從工作檯上剝離（圖片中以虛線標示部分）。

※隨著黏性增加，開始出現彈性，使得麵團出現輕微的剝離。接下來就可以摔打麵團了。另因為加了蛋，麵團變得十分黏稠而容易沾附在手上。

Q83 調節水於何時倒入比較適當？
➡P.151

Q84 調節水需全部用完嗎？
➡P.151

Q89 以手揉麵時，為什麼要在工作檯上來回擦拌及摔打？
➡P.153

Q91 以手揉麵需要多少時間？
➡P.154

Q99 為什麼要將沾黏在手上及刮板的麵團刮乾淨？
➡P.157

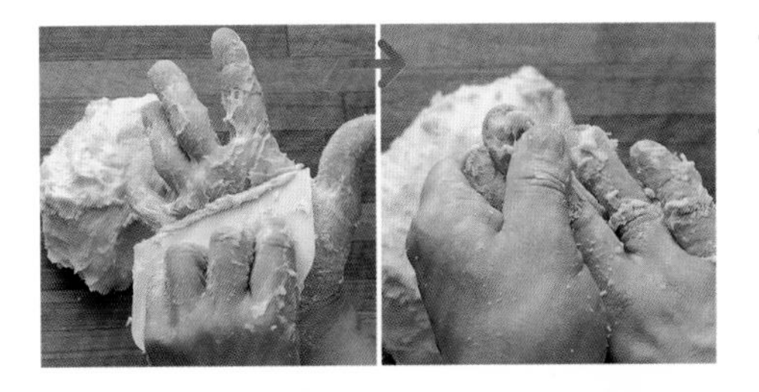

11

仔細刮下黏在工作檯、刮板及手上的麵團，重新拌入搓揉。

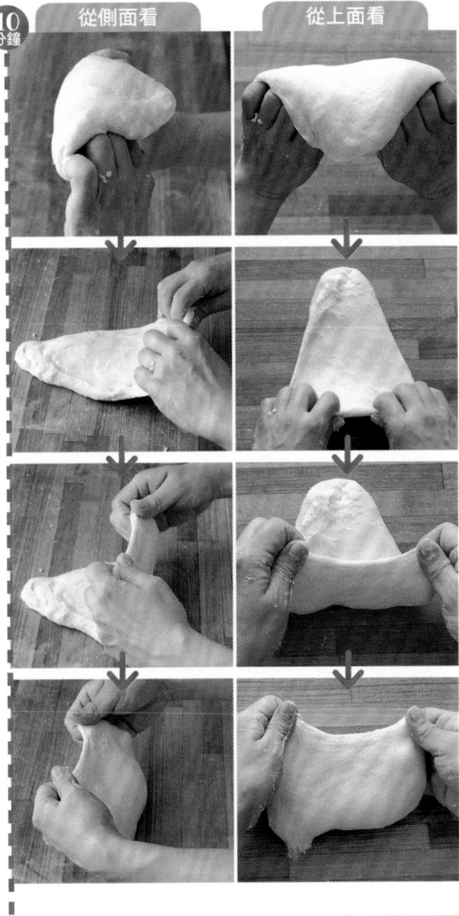

12

將麵團舉起再摔打至工作檯，先朝內側輕拉，再翻回外側。

※舉起麵團時是使用手腕向上彈起，麵團因反彈力量而拉長、拍打到工作檯上。

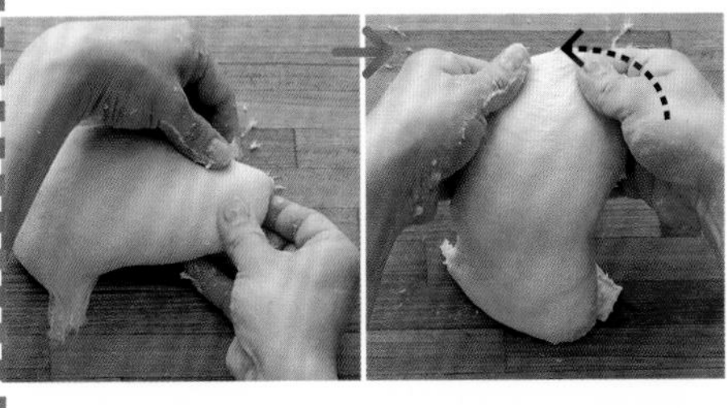

13

將手握麵團的位置轉向90度，變換麵團的方向。

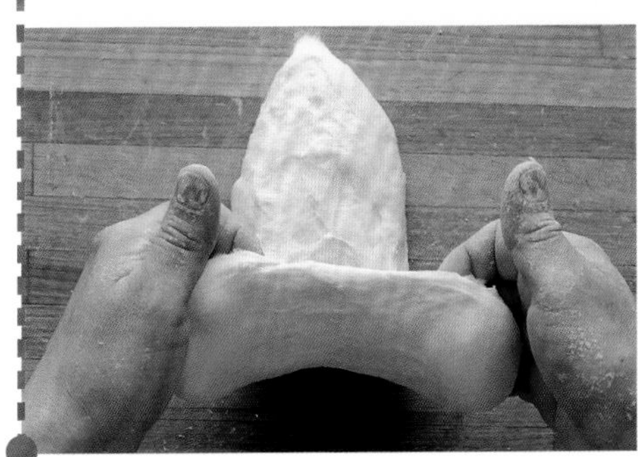

14

重複步驟**12**至步驟**13**的動作，一邊摔一邊揉，至麵團表面呈光滑狀。
Q97．98

※開始摔打時，麵團還是軟到會沾黏在手及工作檯的程度，筋性也不強，所以力道不要太強。等麵團出現彈性後再加重力道。

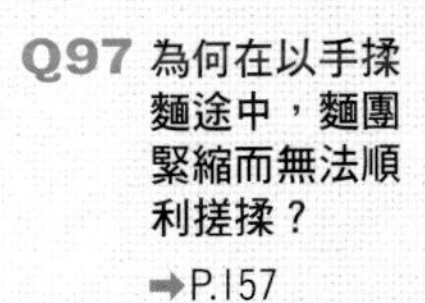

Q97 為何在以手揉麵途中，麵團緊縮而無法順利搓揉？
➡P.157

Q98 將麵團一邊摔一邊揉時，為何麵團裂開破洞？
➡P.157

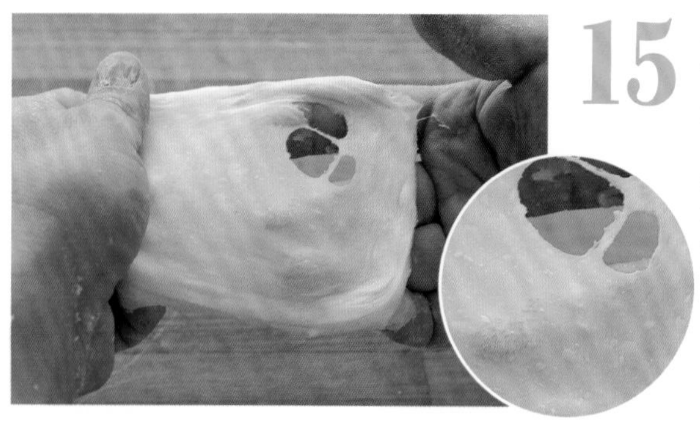

15 取部分麵團，以手指腹撐開拉薄，確認麵團的狀態。

※麵團已產生筋性，即使撐開仍保有少許厚度，搓揉會讓空氣跑進麵團，在表面形成小氣泡，此時就可以加入奶油了。

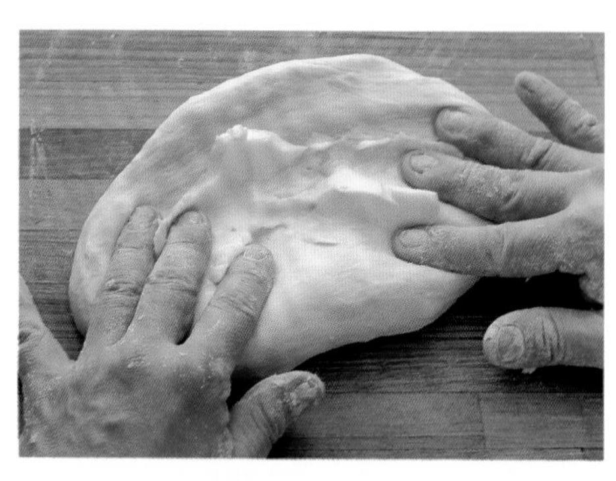

16 將麵團以手壓扁，鋪入奶油及雪白油[Q41]，再以手將奶油塗抹於整個麵團。[Q87]

Q41 為什麼雪白油和奶油有時會併用？
➡P.139

Q87 為什麼奶油、油脂類材料需待麵筋成型之後再加入？
➡P.152

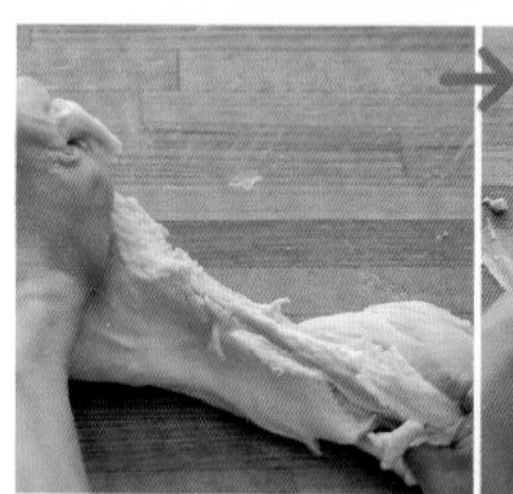

17 將麵團對摺，再以兩手撕開，持續撕至麵團變成碎塊。

※將麵團撕碎的動作可增加表面積，有助於將奶油與麵團均勻混合。

5分鐘

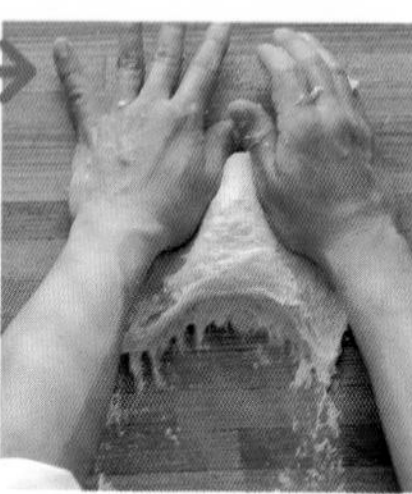

18 在工作檯上擦拌、搓揉、撕碎麵團。

※撕碎的麵團慢慢地變成一團，又因為摻入奶油，麵團變得滑溜而不易沾黏於工作檯。

19 請依照步驟8方法，不時地刮下工作檯、刮板及手上的麵團，重新拌入搓揉，直到麵團邊緣部分從工作檯剝離。

※奶油完全融入時，麵團會變得光滑，繼續搓揉，當麵團從工作檯剝離時就改以摔打方式。

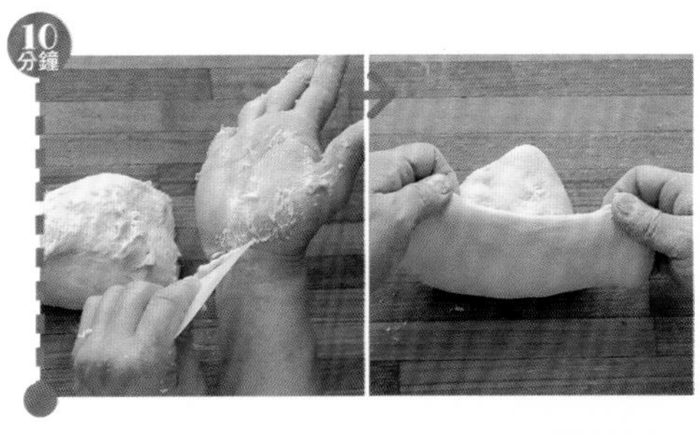

20

將工作檯、刮板及手上的麵團刮下再拌入搓揉，並比照步驟**12至13**要領，摔揉至麵團表面呈光滑狀。

※為使麵團可利落地由工作檯剝離，持續揉至麵團表現呈現光滑狀。

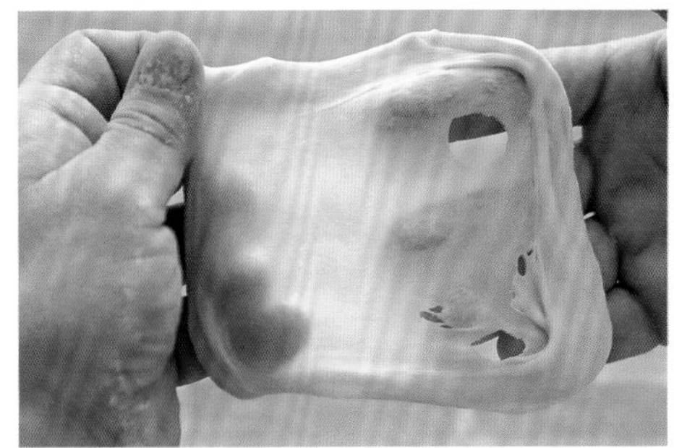

21

取部分麵團，以手指腹撐開拉薄，確認麵團的狀態。[Q93·95]

※與未加入奶油前還稍帶厚度的麵團相比，現在可撐薄至看到指尖。如果麵團上的破洞邊緣是平滑狀，表示麵團揉好了。

Q93 如何確認揉麵步驟已完成？
➡P.155

Q95 搓揉過度或不足會出現什麼問題？
➡P.156

22

雙手輕輕地向內推，整理麵團並讓麵團表面鼓起。

23

將麵團轉90度再向內推。重複數次，將麵團滾成表面鼓起的圓形。

24

放入調理盆[Q102]，測量麵團溫度[Q77]，約以26°C為準。[Q96]

Q102 揉好的麵團要放入多大的容器才適當？
➡P.158

Q77 什麼是麵團溫度？
➡P.149

Q96 若攪拌後麵團溫度不符合目標值該怎麼辦？
➡P.156

Q57 發酵器是什麼？
➡P.143

Q104 如何辨別麵團最佳發酵狀態？
➡P.159

發酵

25

放入發酵器[Q57]，以30°C發酵60分鐘。[Q104]

翻麵 Q114・118

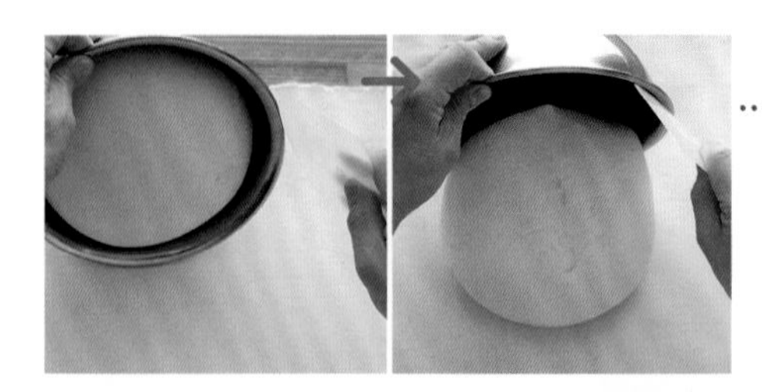

26 將布鋪於工作檯上 Q63，將調理盆朝下倒出麵團。

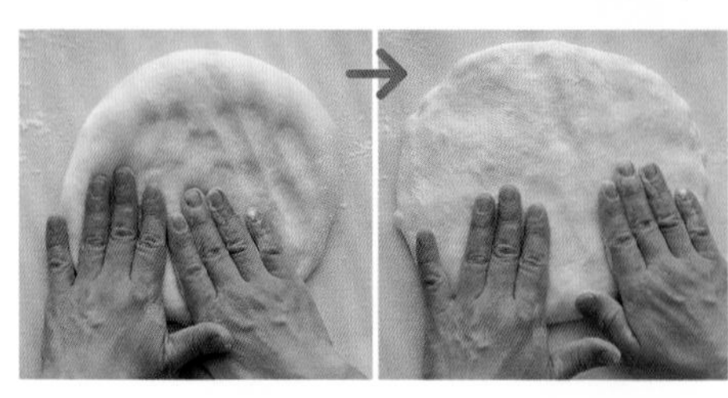

27 以手由麵團的中間往外側壓平。Q115・116

※在翻麵、分割及成型作業中，若麵團發黏，可視需要撒上手粉。Q75

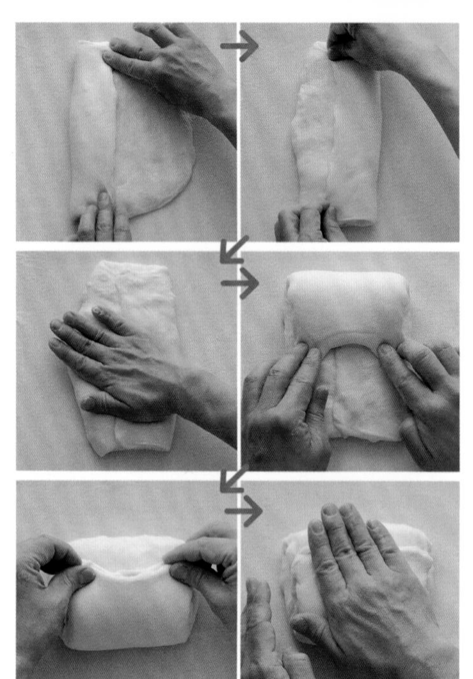

28 將左右兩側分別向中心摺⅓，再以手掌按壓麵團，從麵團上下兩端各朝向中心摺⅓，再以手掌按壓麵團。

※因為是有膨鬆度的土司，要確實按壓以排出空氣。Q160

29 將麵團翻面，將平滑一面朝上，整理成圓形後放回調理盆。

Q114 為什麼要翻麵？
➡P.164

Q118 麵團還未完全膨起，但時間一到還是要進行翻麵比較好嗎？
➡P.165

Q63 使用何種布鋪放麵團較合適？
➡P.145

Q115 為什麼要以按壓方式翻麵？
➡P.164

Q116 任何麵包的翻麵方式都一樣嗎？
➡P.164

Q75 什麼是手粉？
➡P.149

Q160 為什麼製作土司要採取強力道的按壓進行翻麵？
➡P.180

發酵

30 放入發酵器內，以30°C發酵30分鐘。

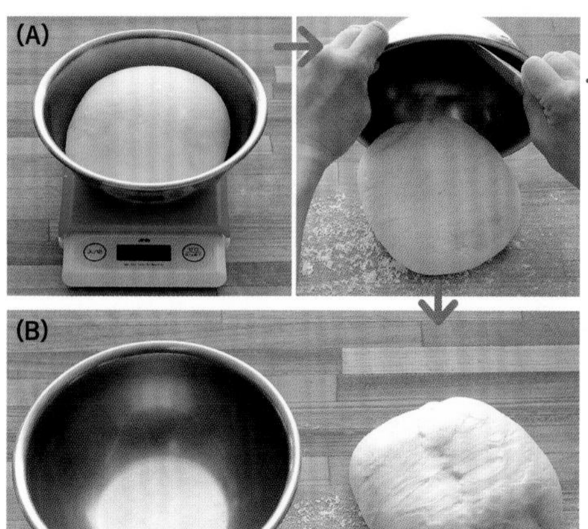

分割

31 首先將麵團連同調理盆一起秤重（A）。將調理盆朝下倒出麵團，僅秤調理盆重量（B）。A減掉B就得出麵團重量，再除以2，計算出一顆分的重量。

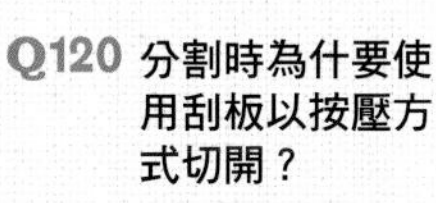

Q120 分割時為什麼要使用刮板以按壓方式切開？
➡P.165

32 以目測方式切下2等分[Q120]後秤重。

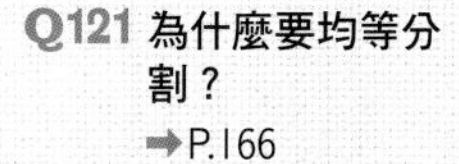

Q121 為什麼要均等分割？
➡P.166

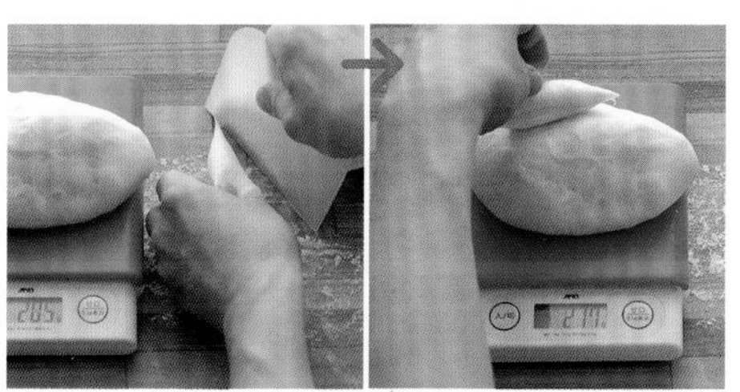

33 對照步驟**31**所計算一顆的重量並「多退少補」調整大小。[Q121]

※為使下一個步驟中的麵團表面平整，請避免將補足重量的小麵團黏貼在平滑的那一面。

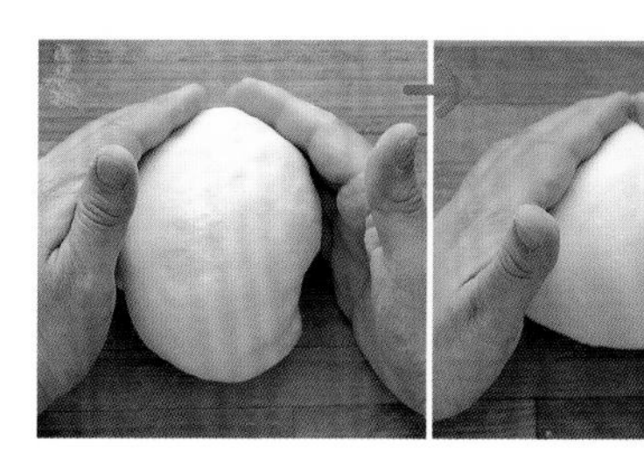

滾圓

34 將麵團平滑的一面朝上，將麵團以雙手輕輕地推向操作者身體一側，使表面鼓起。

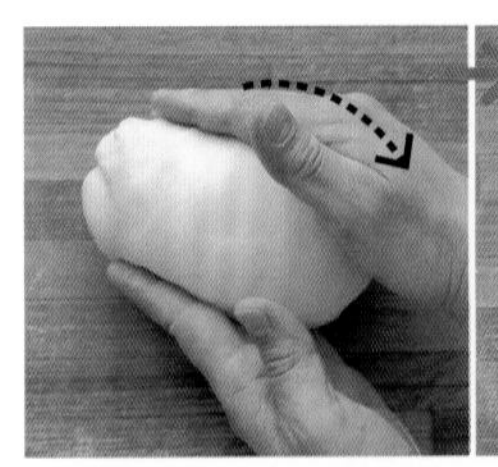
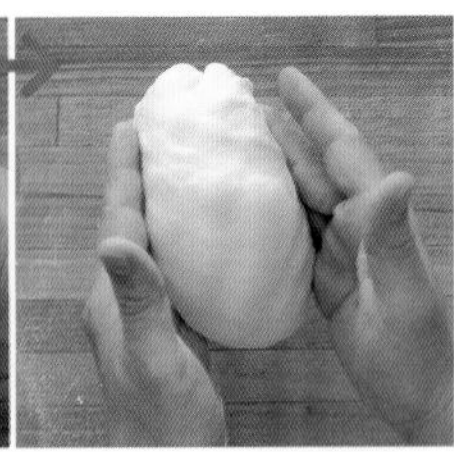

35 將麵團轉90度。

36 重複步驟34至35的動作，一邊將表面鼓起[Q124]一邊滾成圓形。

Q124 為什麼滾圓時要將麵團的表面鼓起？
➡P.168

37 若作業途中麵團表面出現大氣泡，以手輕按弄破氣泡。

38 排列於鋪入發酵布的烤盤上。

※在滾圓及成型的作業中，為預防麵團過度乾燥，可視需要覆蓋塑膠膜。

醒麵（中間發酵）[Q128]

39 放入發酵器，醒麵30分鐘。[Q130]

Q128 為什麼需要醒麵？
➡P.169

Q130 如何辨別醒麵完成？
➡P.170

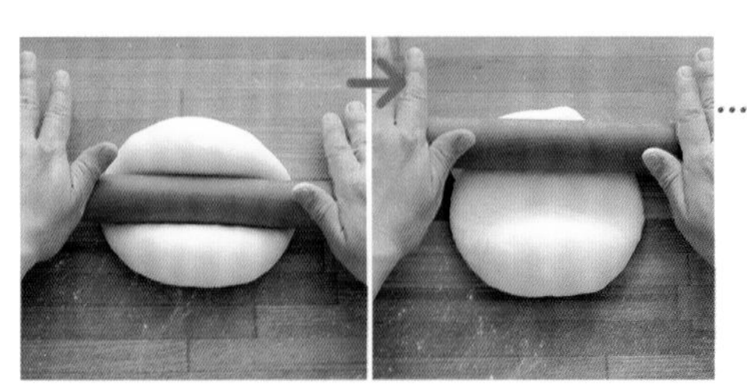

成型

40 將麵團放至工作檯，以擀麵棍由中間向上端擀勻。

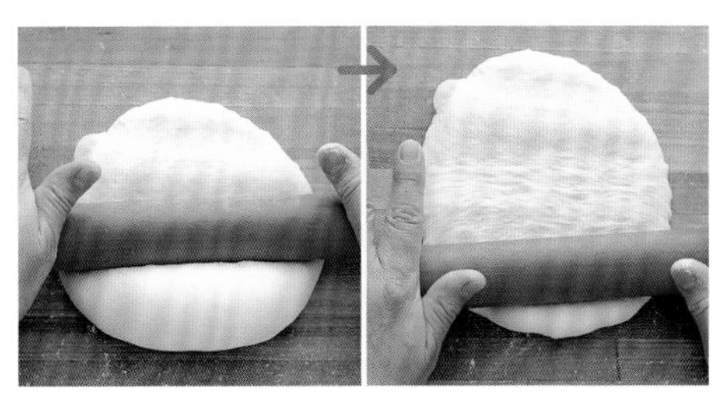

41 接著由中間向下端擀勻。

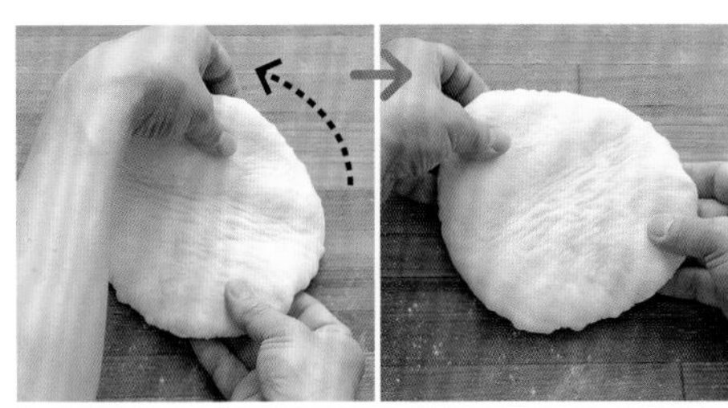

42 將麵團轉90度後再翻面。

43 再重複一次步驟**40**至**41**動作，確實將空氣排出。

※一邊盡可能擀成長約18cm的四方形，一邊排出空氣。

44 將麵團的平滑面朝下，將上端⅓摺向中心，再以手掌根按壓收口。

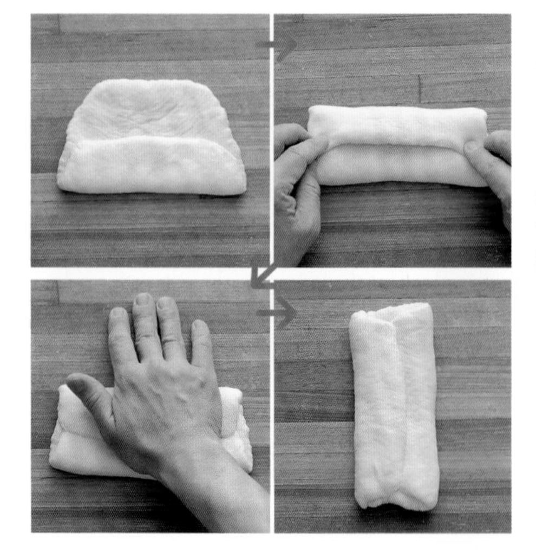

45

將麵團轉180度，由上端向中心摺⅓，以手掌根按壓麵團後再旋轉90度。

※請預先考慮：麵團摺疊後的大小需稍窄於烤模寬度，及捲麵團的寬度會略微拉大的寬度。為烤出漂亮的形狀，麵團厚度必須整體均一。

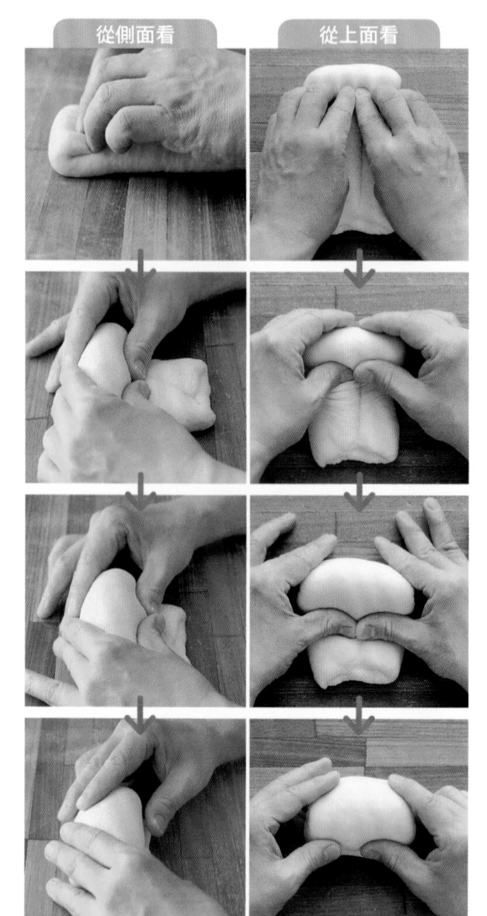

46

將上端稍微反摺後輕輕地壓住，接著以姆指推擠麵團使表面鼓起，再朝操作者身體的方向捲起。

※若捲得太用力，可能導致麵團表面裂開，或拉長最後發酵的時間。

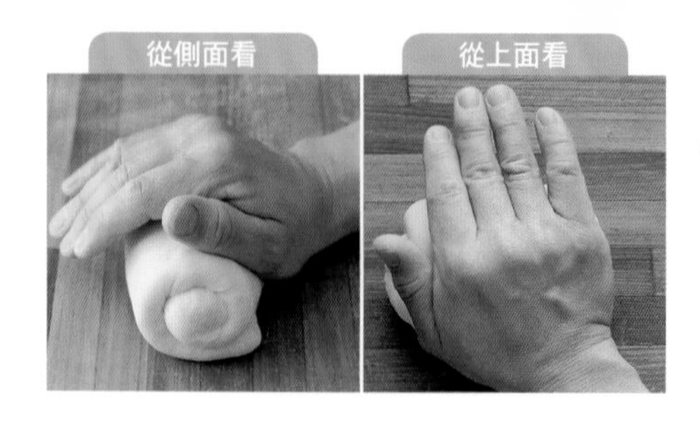

47

捲好後以手掌根壓緊收口。[Q132]

Q132 成型時，為什麼要捏緊或壓緊收口？
➡P.170

Q133 為什麼排列麵團時，將收口朝下？
➡P.171

48 將收口朝下[Q133]，將2個麵團放入烤模。

最後發酵

49 放入發酵器，以38°C發酵60分鐘。

※目測麵團脹至高度大約等同烤模高度。

Q142 塗刷蛋液技有何巧？
➡P.174

Q143 塗抹蛋液時要注意些什麼？
➡P.175

Q145 為何依配方指示的溫度烘烤但卻烤焦了？
➡P.175

Q164 麵包的最上層為何烤焦了？
➡P.182

烘烤

50 在麵團的表面均勻塗 加水稀釋的蛋液[Q142・143]，排列於烤盤上，放入已預熱至210°C的烤箱中，烘烤約30分鐘。[Q145]

※請注意別讓蛋液積存在凹陷處，也不要滴入麵團和烤模之間縫隙。若烘烤途中山形部分烤色太深，可利用錫箔紙或烘焙紙覆蓋於上層，調整烘烤顏色。[Q164]

Q165 為什麼土司烤好後需輕敲烤模？
➡P.182

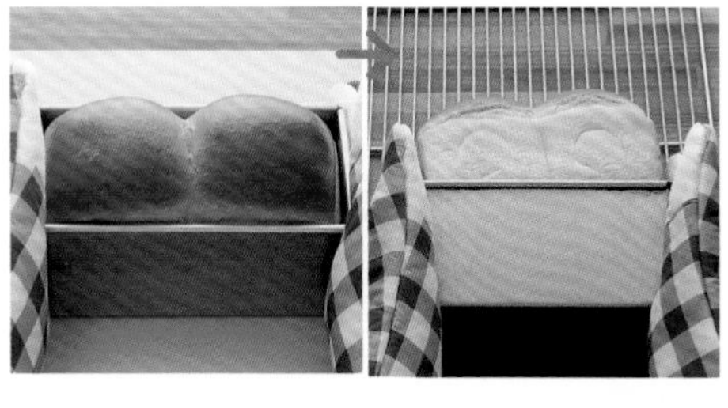

51 從烤箱中取出烤模，在木板上輕敲烤模[Q165]，方便脫模取出土司。[Q147・148]

Q147 為什麼烘烤後要馬上由烤箱或烤模中取出？
➡P.176

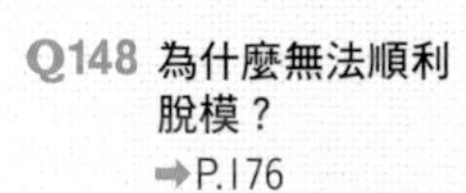

Q148 為什麼無法順利脫模？
➡P.176

Q163 為何山型土司的兩座山烤出的高度不一樣？
➡P.182

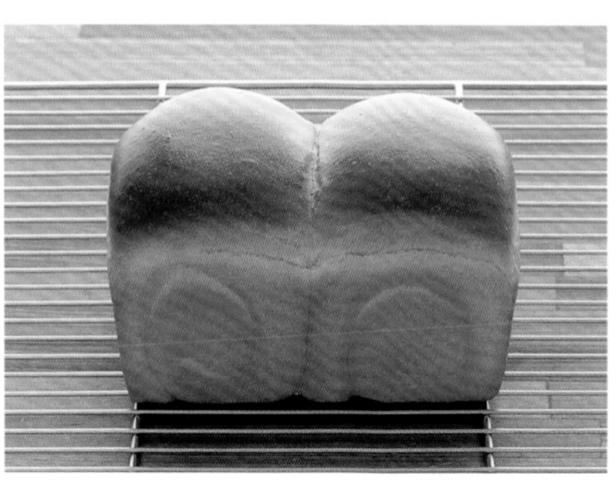

52 將土司放於置涼架上靜置待涼。[Q163]

黑芝麻土司

在山形土司的麵團中拌入黑芝麻的簡單雜糧麵包，
雜糧麵包是指添加果乾、堅果及穀物等，有別於一般的白麵包。
烘烤完成時，芝麻的香味立刻撲鼻而來，
請將土司切片，直接夾入喜歡的內餡製作成三明治。

材料（1斤型1個分）

	分量（g）	烘焙百分比（%） Q71
高筋麵粉	250	100
砂糖	12.5	5
鹽	5	2
脫脂奶粉	5	2
奶油	10	4
雪白油	10	4
即溶乾酵母	2.5	1
水	195	78
黑芝麻	12.5	5

※1斤型的容量為1700cm³ Q159

準備工作

- 調整水溫。Q80
- 奶油置於室溫下回溫。Q42
- 在發酵用的調理盆內塗抹一層雪白油。

麵團溫度	26℃
發酵	60分鐘（30℃）+30分鐘（30℃）
分割	3等分
醒麵	30分鐘
最後發酵	50分鐘（38℃）
烘烤	30分鐘（220℃）

Q71 什麼是烘焙百分比？
➡P.147

Q159 手邊沒有和配方相同尺寸的土司烤模時，該怎麼作？
➡P.180

Q80 要如何決定材料水的溫度？
➡P.150

Q42 奶油置於室溫下回軟至什麼狀態才適當？
➡P.139

揉麵

1 依製作山形土司（請參閱P.38）的步驟**1**至**21**揉麵團，將麵團壓扁，均勻撒上黑芝麻。

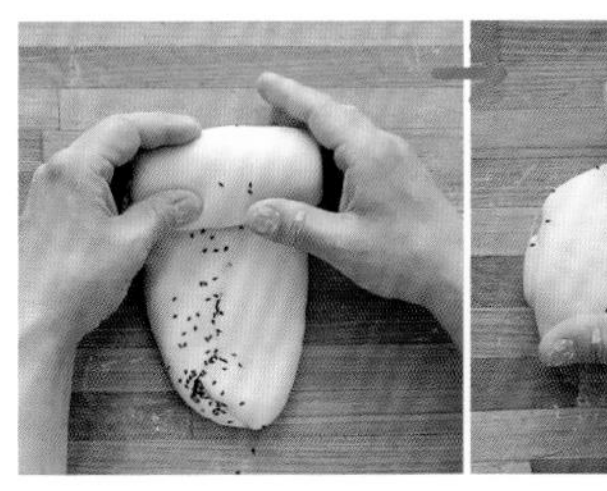
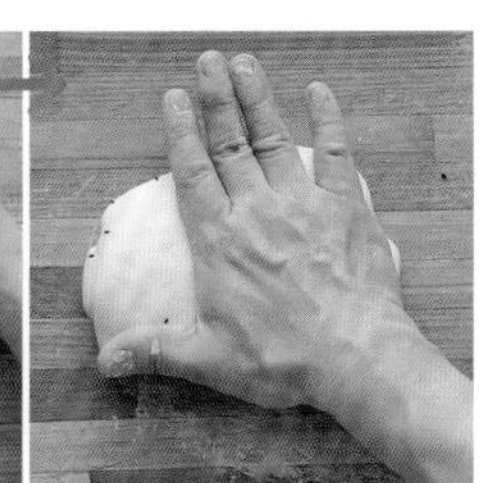

2 由上端往操作者身體一側方向捲起，收口朝上，以手掌按壓麵團。

3 將麵團轉90度，重複步驟**2**動作，至黑芝麻充分與麵團混合。

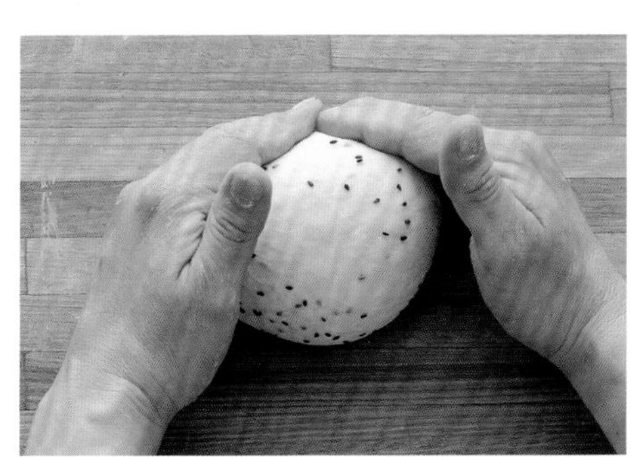

4 依製作山形土司（請參閱P.38）的步驟**22**至**23**將麵團滾圓。

5 放入調理盆[Q102]測量麵團溫度[Q77]，約以26°C為準。[Q96]

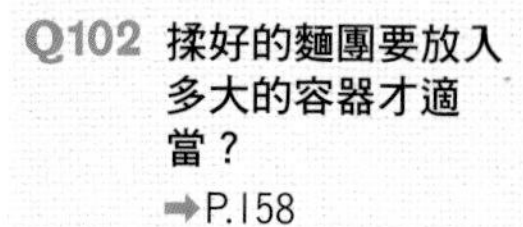

Q102 揉好的麵團要放入多大的容器才適當？
➡P.158

Q77 什麼是麵團溫度？
➡P.149

Q96 若攪拌後麵團溫度不符合目標值該怎麼辦？
➡P.156

發酵

6 放入發酵器[Q57]，以30°C發酵60分鐘。[Q104]

Q57 發酵器是什麼？
➡P.143

Q104 如何辨別麵團最佳發酵狀態？
➡P.159

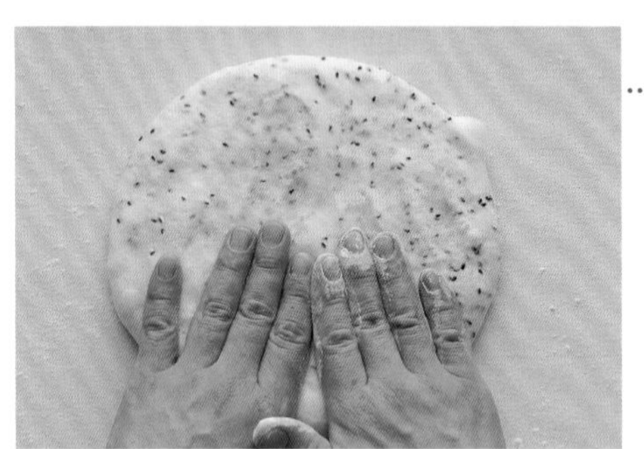

翻麵[Q114 · 118]

7 依製作山形土司（請參閱P.38）的步驟**26**至**28**進行翻麵。[Q116 · 160]

※將麵團翻面，光滑面朝上，整理成圓形後放回調理盆。[Q75]

Q114 為什麼要翻麵？
➡P.164

Q118 麵團還未完全膨起，但時間一到還是要進行翻麵比較好嗎？
➡P.165

Q116 任何麵包的翻麵方式都一樣嗎？
➡P.164

Q160 為什麼製作土司要採取強力道的按壓翻麵？
➡P.180

Q75 什麼是手粉？
➡P.149

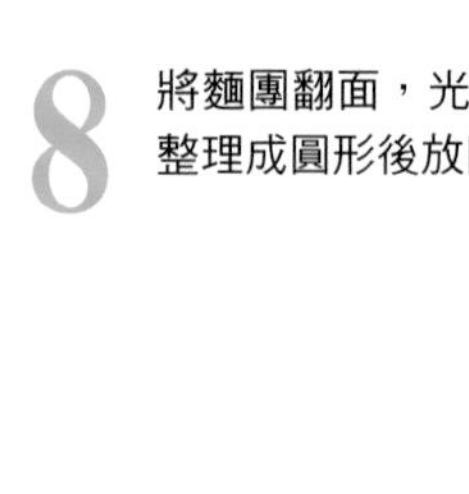

8 將麵團翻面，光滑面朝上，整理成圓形後放回調理盆。

發酵

9 放入發酵器，以30°C發酵30分鐘。

Q124 為什麼滾圓時要將麵團的表面鼓起？
➡P.168

Q63 麵團鋪放於何種布料上較合適？
➡P.145

分割・滾圓

10 依製作山形土司（請參閱P.38）的步驟**31**至**33**將麵團分成3等分。再依步驟**34**至**36**滾圓[Q124]，排列於鋪入發酵布的烤盤上。[Q63]

Q128 為什麼需要醒麵？
➡P.169

Q130 如何辨別醒麵已完成？
➡P.170

醒麵（中間發酵）[Q128]

11 放入發酵器，醒麵30分鐘。[Q130]

Q133 為什麼排列麵團時，將收口朝下？
➡P.171

成型

12 依製作山形土司（請參閱P.38）的步驟**40**至**47**整理麵團形狀。將3個麵團收口朝下[Q133]放入烤模。

Q161 為什麼方形土司的最後發酵時間比山形土司短？
➡P.180

Q165 為什麼土司烤好後需輕敲烤模？
➡P.182

最後發酵

13 放入發酵器，以38℃發酵50分鐘。[Q161]

※目測麵團脹至高度大約等同烤模七分滿位置為準。若過度發酵，烤後容易出現側腰內縮問題。

Q147 為什麼烘烤後要馬上由烤箱或烤模中取出？
➡P.176

Q148 為什麼無法順利脫模？
➡P.176

Q162 為什麼烤出的方型土司邊角不是方形？
➡P.181

烘烤

14 為烤模蓋上蓋子，放置烤盤上，放入已預熱至220℃烤箱中烘烤約30分鐘。烘烤完畢後，從烤箱中取出烤模，在木板上輕敲烤模[Q165]，方便脫模取出土司[Q147・148]，於置涼架上靜置待涼。[Q147]

※因蓋上蓋子烘烤，烘烤溫度較山形土司略高。

山形土司麵團變化款——②

砂糖奶油梭形麵包

在山形土司麵團的表面加入砂糖及奶油的變化款，
為定番款的梭形麵包加點巧思，就成了一道好吃的零嘴麵包，
瞬間化開的濃郁奶油、甘甜的砂糖，
加上彈牙口感，保證讓人回味再三！

材料（4個分）

	分量(g)	烘焙百分比(%) Q71
高筋麵粉	250	100
砂糖	12.5	5
鹽	5	2
脫脂奶粉	5	2
奶油	10	4
雪白油	10	4
即溶乾酵母	2.5	1
水	195	78

奶油	60g
白砂糖	60g

準備工作

- 調整水溫。Q80
- 奶油置於室溫下回溫。Q42
- 在發酵用的調理盆及烤盤塗抹雪白油。

麵團溫度	26℃
發酵	60分鐘（30℃）+30分鐘（30℃）
分割	4等分
醒麵	20分鐘
最後發酵	50分鐘（38℃）
烘烤	15分鐘（220℃）

Q71 什麼是烘焙百分比？
➡P.147

Q80 要如何決定材料水的溫度？
➡P.150

Q42 奶油置於室溫下回軟至什麼狀態才適當？
➡P.139

Q75 什麼是手粉？
➡P.149

Q128 為什麼需要醒麵？
➡P.160

Q130 如何辨別醒麵完成？
➡P.170

揉麵・發酵・分割・滾圓

1 依製作山形土司（請參閱P.38）的步驟**1**至**30**搓揉及發酵麵團。再依步驟**31**至**33**方法分割成4等分，依步驟**34**至**37**滾圓後，排列於已鋪上烘焙布的烤盤中。

※在翻麵、分割及成型的作業中，若麵團發生沾黏，可視需要撒上手粉。Q75

醒麵 Q128

2 放入發酵器，醒麵20分鐘。Q130

成型

3 以手掌按壓麵團排出空氣。

4 將麵團的光滑面朝上，由上端向中心摺⅓，以指尖按壓收口處。

※若壓得太用力，會在成型的麵團表面留下指痕，形成凹凸狀。

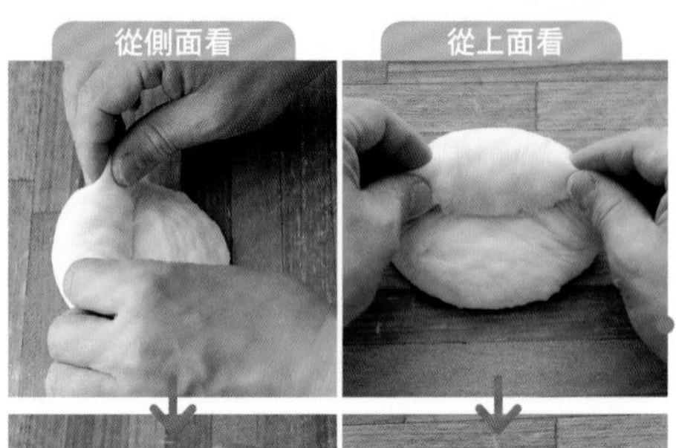

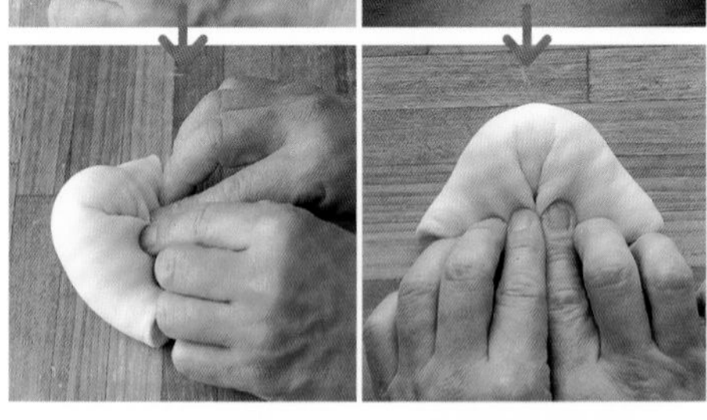

5 將左右兩側的角摺向中間，再以指尖按壓收口。

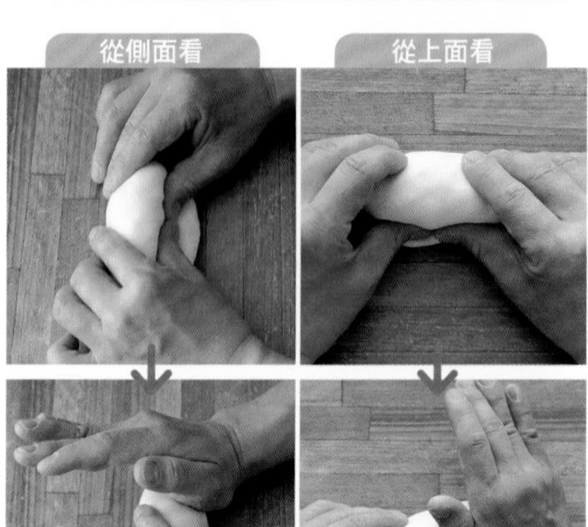

6 由上端向中心對摺後，以手掌根用力壓緊收口。Q132

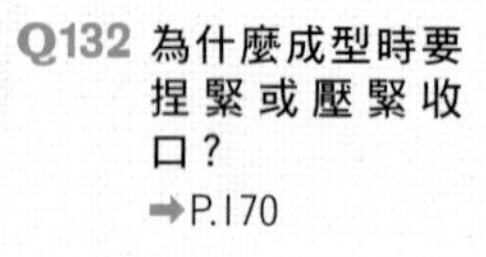
Q132 為什麼成型時要捏緊或壓緊收口？
➡P.170

7 從上方兩端一邊輕按一邊滾動，將兩端滾成尖形。

※小拇指側稍微向下、手掌傾斜的將麵團滾細。

Q133 為什麼排列麵團時，將收口朝下？
➡P.171

Q134 將麵團排列於烤盤時要注意些什麼？
➡P.171

8 將步驟6麵團的收口朝下 Q133，排列於烤盤上。Q134

最後發酵

Q113 如何辨別麵團最後發酵狀態？
➡P.163

9 放入發酵器，以38°C發酵50分鐘。Q113

烘烤

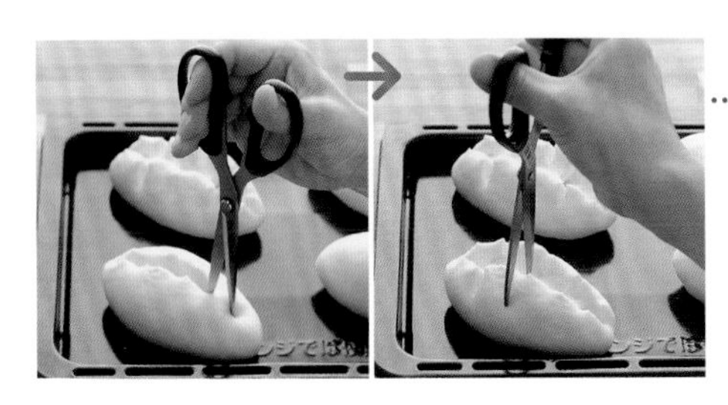

10 將麵團中間以剪刀縱向剪上一刀，再於兩側橫向剪上數刀。

※切口的深度約大於麵團厚度一半，烘烤時麵團會裂開，使奶油及白砂糖滲入，均勻受熱。

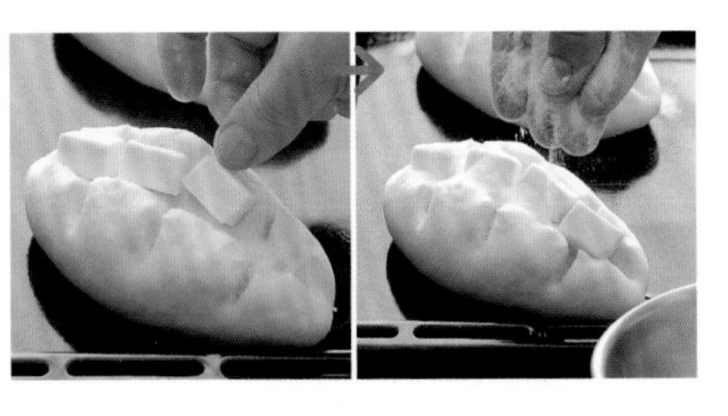

11 鋪放奶油，撒上白砂糖於切口中。

Q139 噴水後再烘烤會有什麼變化？
➡P.173

Q145 為何依配方指示的溫度烘烤但卻烤焦了？
➡P.175

Q147 為什麼烘烤後要馬上由烤箱或烤模中取出？
➡P.176

12 以噴霧器輕輕地噴水於麵團表面 Q139，放入已預熱至220°C的烤箱中烘烤15分鐘 Q145 後取出，於置涼架上靜置待涼。Q147

法國麵包

由麵包的基本材料──小麥粉、鹽、酵母及水製成的簡樸硬式麵包代表。
簡單的配方，讓人可直接感受小麥的風味，
且一次就能品嚐酥脆外皮與Ｑ彈裡層兩種不同口感。

材料（2個分）

	分量（g）	烘焙百分比（%）Q71
法國麵包專用粉	250	100
鹽	5	2
即溶乾酵母	1	0.4
麥芽精	1	0.4
水	185	74

※若使用低糖麵團適用的即溶乾酵母[Q20]，則使用1.5g（0.6%）。

準備工作

- 調整水溫。[Q80]
- 在發酵用的調理盆內塗抹一層雪白油。

麵團溫度	24℃
發酵	10分鐘（28℃）+80分鐘（28℃）+90分鐘（28℃）
分割	2等分
醒麵	20分鐘
最後發酵	60分鐘（32℃）
烘烤	25分鐘（240℃）

Q71 什麼是烘焙百分比？
➡P.147

Q20 製作麵包所使用的酵母有哪幾種類？
➡P.130

Q80 如何決定材料水的溫度？
➡P.150

Q168 選購法國麵包專用粉有什麼訣竅？
➡P.183

Q78 什麼是材料水、調節水？
➡P.150

Q47 麥芽精是什麼？
➡P.141

Q49 若手邊沒有麥芽精該怎麼辦？
➡P.142

Q86 加水後是不是要立刻攪拌？
➡P.152

揉麵

1 倒入法國麵粉專用粉。[Q168]

2 將配方中的水撥出一部分當成調節水。[Q78]

3 先以些許水溶化麥芽精[Q47·49]，再倒入剩餘的水攪拌混合。

※麥芽精具有黏性，且使用量很少，為避免殘留盆底，請以手指仔細拌勻。

7分鐘

4 將步驟3倒入步驟1中，以手攪拌混合。[Q86]

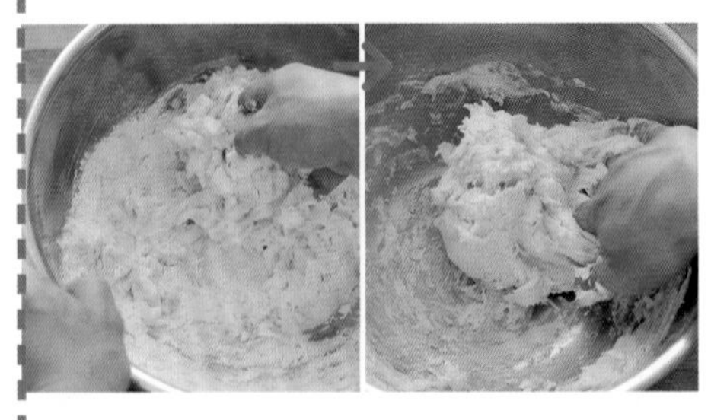

5 待粉狀慢慢消失，逐漸地成團。

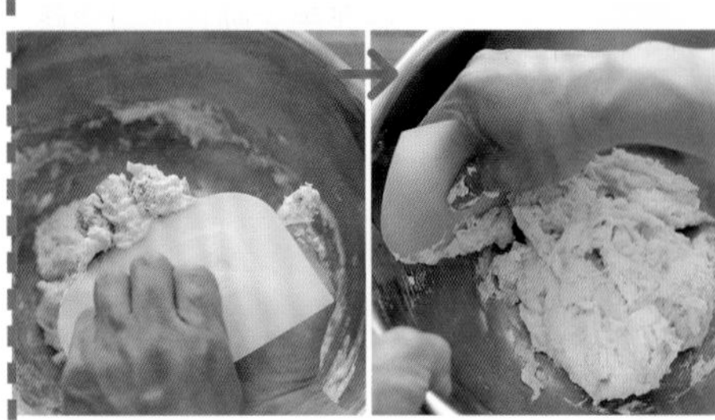

6 揉麵過程中將沾黏在手上及調理盆的麵團刮下[Q99]再拌入搓揉，直到整體呈現均一狀態。

Q99 為什麼要將沾黏在手上及刮板的麵團刮乾淨？
➡P.157

7 攪拌至團狀，且無粉狀、稍帶黏性，並將沾黏在手上及調理盆的麵團刮乾淨。

※在進行自解法（autolyse）之前，要攪拌至均勻狀態。[Q170]

Q170 什麼是自解法？
➡P.184

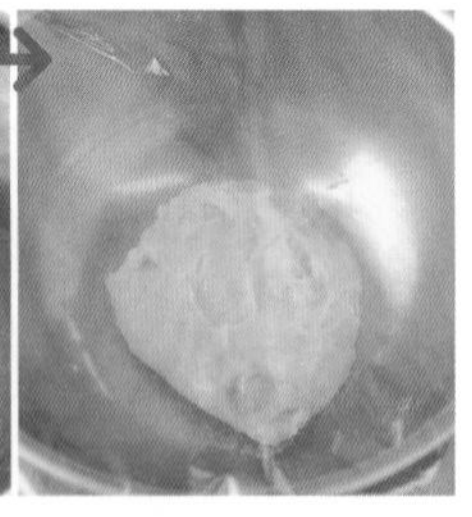

8 均勻撒上即溶乾酵母[Q171]，覆蓋上塑膠膜防止麵團乾燥。

Q171 為什麼要在自解法之前先於麵團表面撒上即溶乾酵母？
➡P.184

9 置於室溫下靜置20分鐘（進行自我分解）。

※進行自解法前，將麵團延展時，麵團易呈現斷裂，分解後外觀看無差異，但麵團已產生筋性具有好延展性。

自解法之前

自解法之後

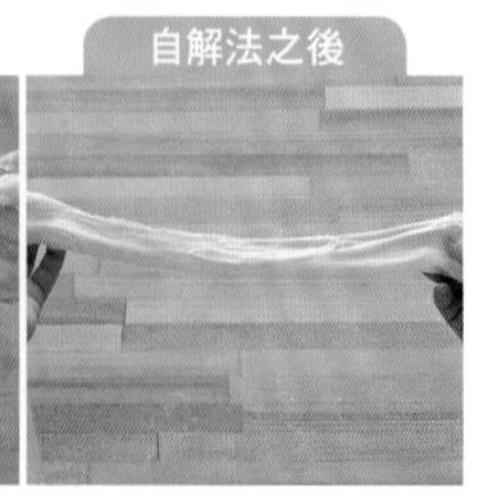

10
將麵團放在工作檯上，均勻壓平麵團後將鹽撒入。

Q89 以手揉麵時，為什麼要在工作檯上來回擦拌及摔打？
➡P.155

Q91 以手揉麵需要多少時間？
➡P.154

18分鐘

11
將雙手大動作地前後移動，以手掌在工作檯來回擦拌麵團。[Q89·91]

※雖然已經成團，但因材料並未混合得十分均勻，有時會顯得軟硬不一，因此首先就是要揉至軟硬均一。

Q83 調節水於何時倒入比較適當？
➡P.151

Q84 調節水需全部用完嗎？
➡P.151

12
一邊確認麵團的硬度，一邊倒入步驟**2**的調節水[Q83·84]後再次攪拌。

Q169 為什麼法國麵包在揉麵時不用摔打麵團？
➡P.184

13
如果搓揉途中麵團散開，以刮板聚集，將殘留在刮板及手上的麵團刮下再拌入搓揉。[Q169]

14
重複步驟**13**動作，不時將麵團刮下再拌入搓揉，直到整體呈現均一狀態。

※因為麵團很軟，需多次將麵團刮集中後再搓揉。當軟硬一致，外觀呈光滑狀後，可感覺到麵團的柔軟度。如果再繼續搓揉，麵團會因黏性增加而變重。

15 使麵團大片散開於工作檯，將麵團以手朝操作者的身體一側提起時，會呈現剝落狀態，有的麵團仍黏在工作檯上。

※在產生彈性之前提起麵團，會因為不易拔開而斷裂，但隨著彈性增加，就能順利拔開了。

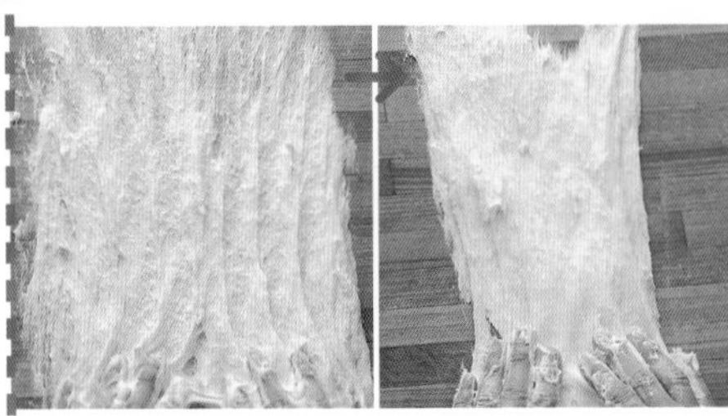

16 繼續搓揉麵團，麵團外觀愈來愈光滑，且慢慢地出現彈性。

17 將麵團刮集中並迅速提起，這次是整塊面團幾乎都從工作檯剝離。

※若只有少少麵團黏在工作檯，即可停止搓揉，在發酵作業中要經過兩道翻麵作業，麵團的筋性還會變得更強。

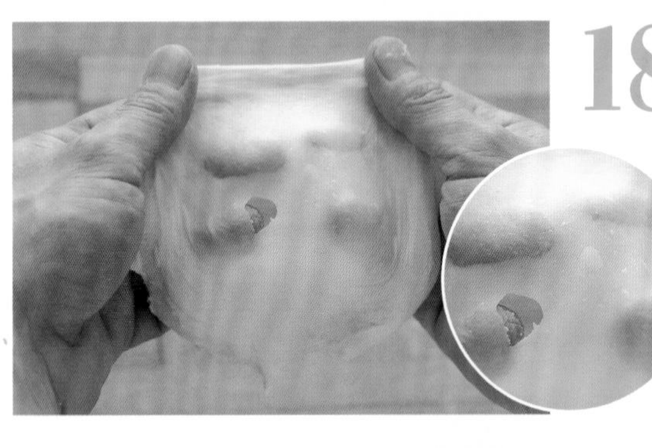

18 取部分麵團，以手指腹撐開拉薄，確認麵團的狀態。Q93・95

※麵團已產生筋性，即使撐開仍保有少許厚度，搓揉會讓空氣跑進麵團，在表面形成小氣泡，因為沒有摔打麵團，所以氣泡會很大顆。麵團上的破洞邊緣略呈鋸齒狀。

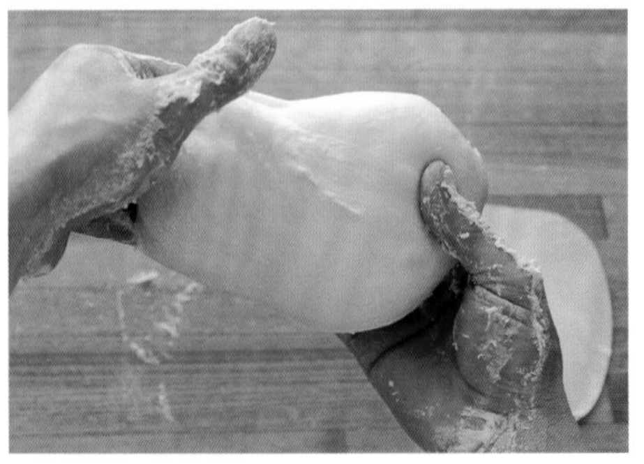

19 將麵團拿起，將表面鼓起，盡可能整理成圓形。

※麵團柔軟又滑溜，祕訣是一邊移動手的方向，一邊快速整理因重量而下垂的麵團。

Q93 如何確認揉麵步驟已完成？
➡P.155

Q95 當揉麵過度或不足時會出現什麼問題？
➡P.156

Q102 揉好的麵團要放入多大的容器才適當？
➡P.158

Q77 什麼是麵團溫度？
➡P.149

Q96 若攪拌後麵團溫度不符合目標值該怎麼辦？
➡P.156

Q57 發酵器是什麼？
➡P.145

20 放入調理盆[Q102]，測量麵團溫度[Q77]，約以24°C為準。[Q96]

發酵

21 放入發酵器[Q57]，以28°C發酵10分鐘。

※因準備進行第一次翻麵作業，所以此次發酵時間較短，目的在於使麵團鬆弛。

Q114 為什麼要翻麵？
➡P.164

Q118 麵團還未完全膨起，但時間一到還是要進行翻麵比較好嗎？
➡P.165

Q63 麵團鋪放於何種布料較合適？
➡P.145

翻麵[Q114・118]（第一次）

22 將布鋪於工作檯上[Q63]，將調理盆朝下倒出麵團。

Q115 為什麼要以按壓方式翻麵？
➡P.164

Q116 任何麵包的排氣方式都一樣嗎？
➡P.164

23 以手由麵團的中間往外側壓平。[Q115・116]

※為了增加麵團的彈性，要確實作好第一次的按壓翻麵作業。在翻麵、分割及成型作業中，若麵團發黏，可視需要撒上手粉。[Q75]

Q75 什麼是手粉？
➡P.149

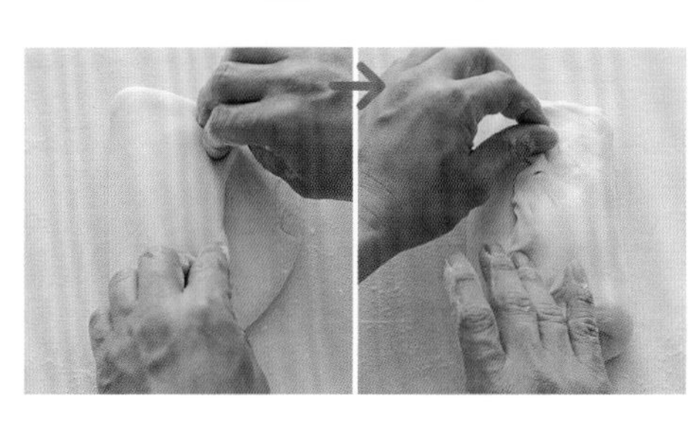

24 將麵團由左向中心摺⅓，再由右向中心摺⅓後以手掌按壓麵團。

25 將麵團從上端向中心摺⅓，下端向中心摺⅓後，再以手掌按壓麵團。

26 將麵團翻面，將平滑面朝上，整理成圓形後放回調理盆。

發酵

27 放入發酵器內，以28℃發酵80分鐘。Q172 · 104

Q172 為什麼法國麵包的發酵時間比較長？
➡P.184

Q104 如何辨別麵團最佳發酵狀態？
➡P.159

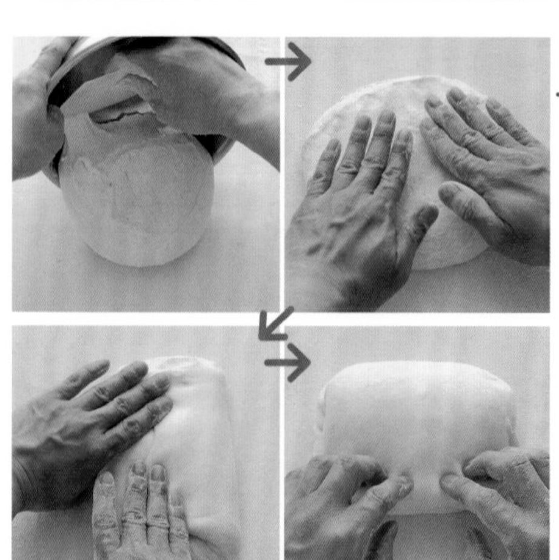

翻麵（第二次）

28 依照步驟**22**至**25**方法，將麵團放於工作檯上輕按翻麵。

※第二次翻麵是由調理盆中取出以手輕輕地按壓後再摺回。

29 將麵團翻面，將平滑一面朝上，整理成圓形後放回調理盆。

發酵

30 放入發酵器內，以28℃發酵90分鐘。

分割

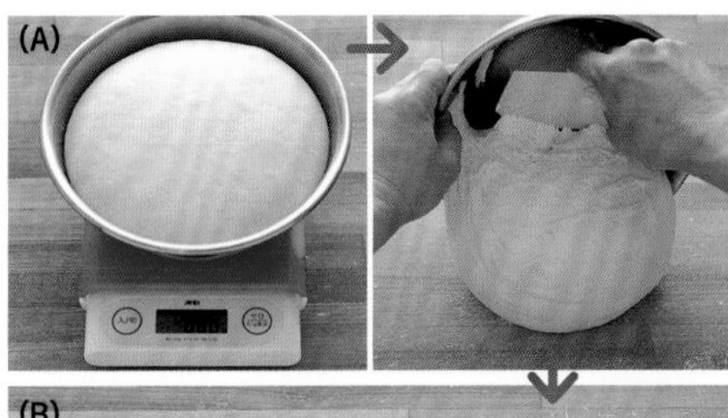

31 首先將麵團連同調理盆一起秤重（A）。將調理盆朝下倒出麵團，僅秤調理盆重量（B）。A減掉B就得出麵團重量，再除以2，計算出一顆分的重量。

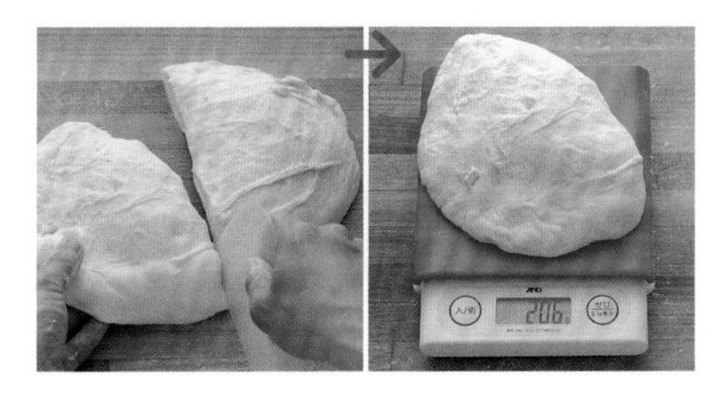

32 以目測方式切下2等分[Q120]後秤重。

Q120 分割時為什麼要使用刮板等以按壓方式切開？
➡P.165

33 對照步驟**31**所計算一顆的重量並「多退少補」調整大小。[Q121]

※為使下一個步驟中的麵團表面平整，請避免將補足重量的小麵團黏貼在平滑的那一面。

Q121 為什麼要均等分割？
➡P.166

整理

34 將麵團的平整面朝上，由上端向中心摺⅓，以手輕輕地壓黏收口。

35 將麵團上端向下對摺，以雙手朝操作者身體一側輕推，使表面鼓起。

※因麵團柔軟，若過於施力易導致麵團表面粗糙不平[Q127]，此時麵團狀態為表面鼓起，以手指按壓會殘留指痕，為了將麵團最後整為圓棒狀，麵團的大小盡量相同，若麵團表面出現大氣泡，以手輕按弄破氣泡。

Q127 為什麼麵團表面會產粗糙不平的（破皮）狀態？
➡P.168

36 排列於鋪入發酵布的烤盤上。

※在整理及成型的作業中，為預防麵團過度乾燥，可視需要覆蓋塑膠膜。

醒麵（中間發酵）[Q128]

37 放入發酵器，醒麵20分鐘。[Q130]

Q128 為什麼需要醒麵？
➡P.169

Q130 如何辨別醒麵已完成？
➡P.170

成型

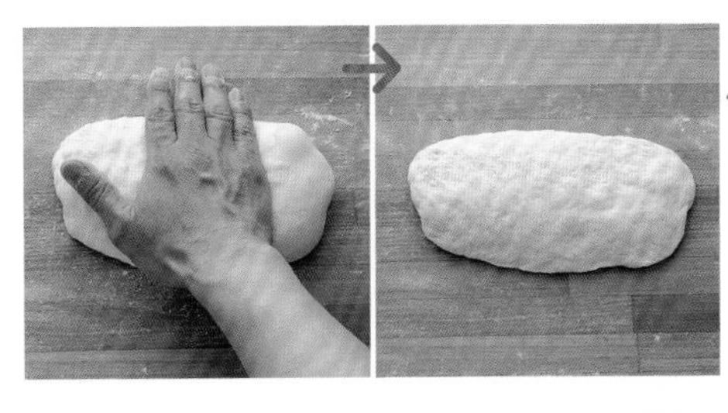

38 將麵團以手掌按壓，將空氣排出。

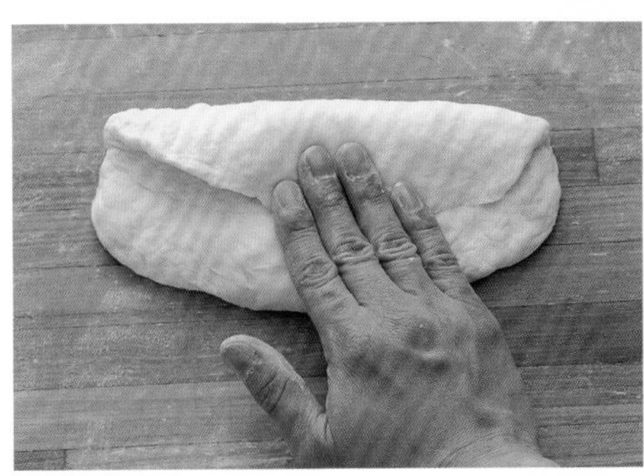

39 將麵團的平滑面朝下，將上端⅓摺向中心，再以手掌根按壓收口。

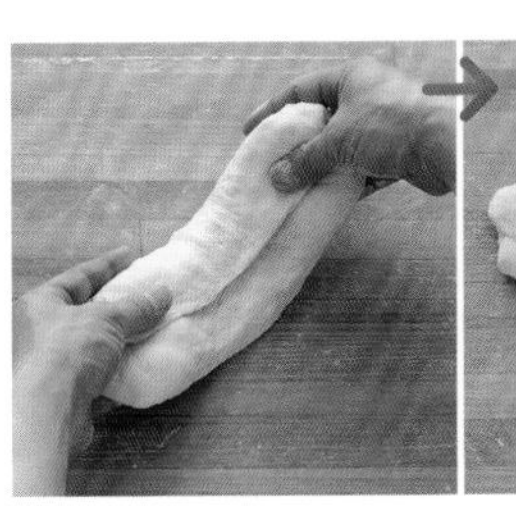
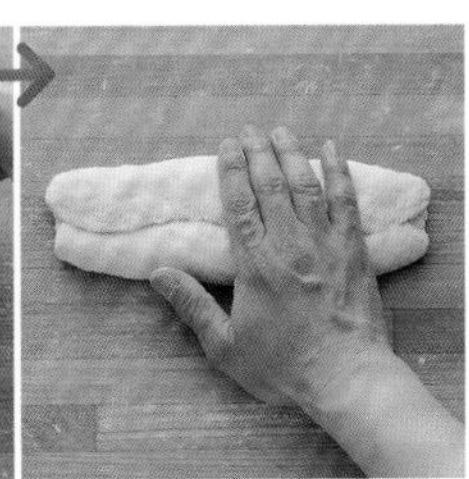

40 將麵團轉180度，將上端⅓摺向中心，再以手掌根按壓麵團。

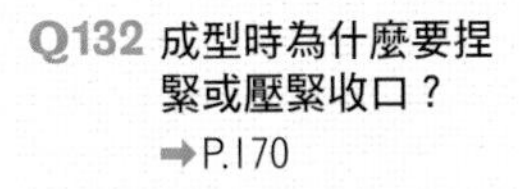

Q132 成型時為什麼要捏緊或壓緊收口？
➡P.170

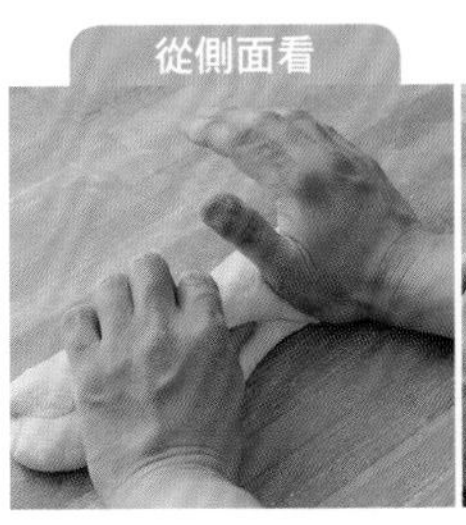

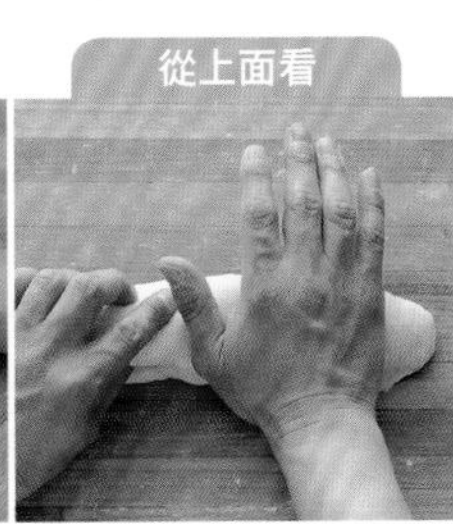

41 將上端½，摺向中心，再以手掌根按壓收口。[Q132]

※利用手掌根按壓收口邊緣，可使麵團表面鼓起。

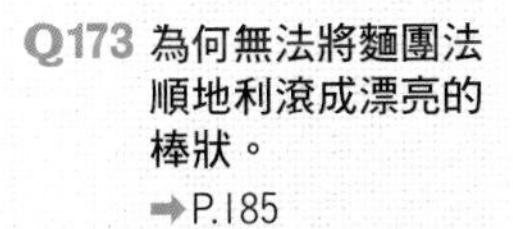

Q173 為何無法將麵團法順地利滾成漂亮的棒狀。
➡P.185

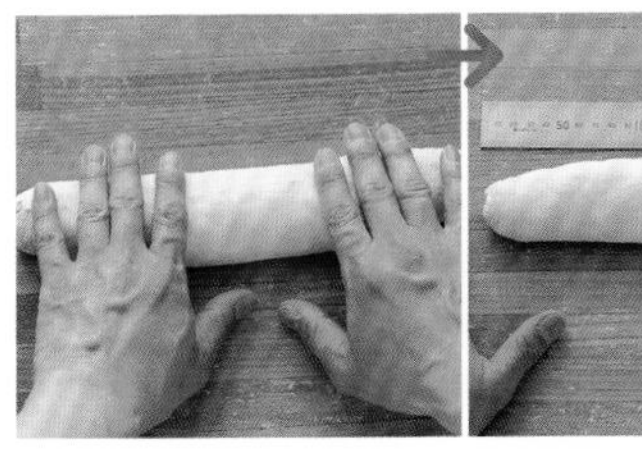
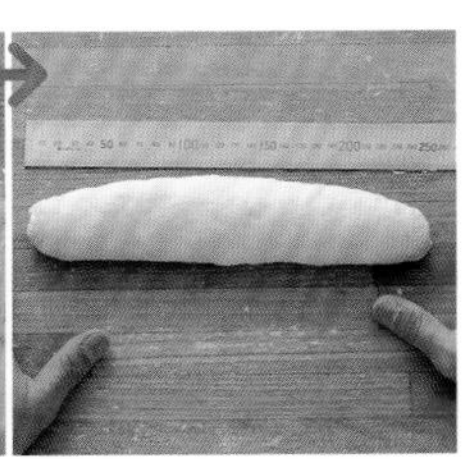

42 將麵團一邊輕按一邊滾成長25cm的棒狀。[Q173]

※滾動麵團時，先以單手於麵團麵團中間滾動，等麵團變得細長後，再改以雙手由麵團中間往兩側滾長。

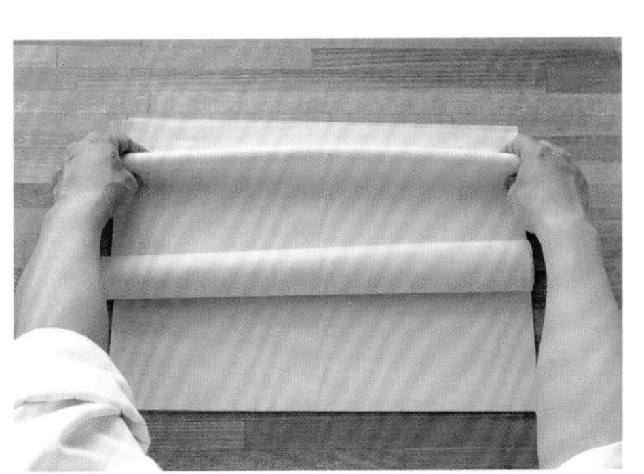

43 將布鋪於木板上，並將布摺成凹槽狀。

※麵團的彈性弱，發酵過程中容易鬆弛而塌下，凹槽是用來固定形狀，凹槽高度約比麵團高2cm。

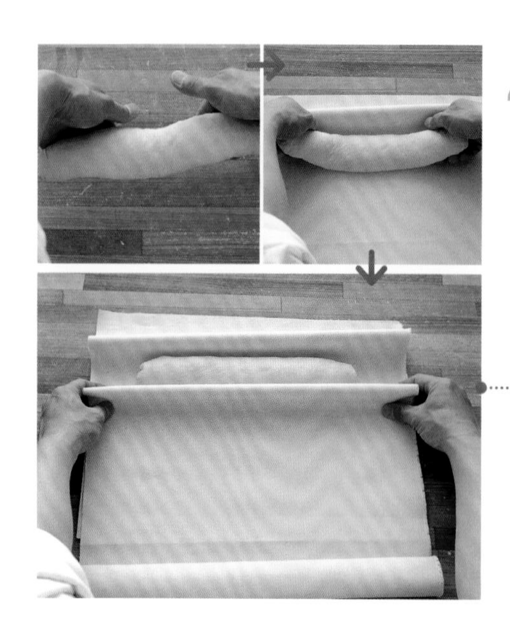

44 將步驟**41**的麵團收口朝下放入凹槽。Q133再摺出另一個凹槽。

Q133 為什麼排列麵團時，要將收口朝下？
➡P.175

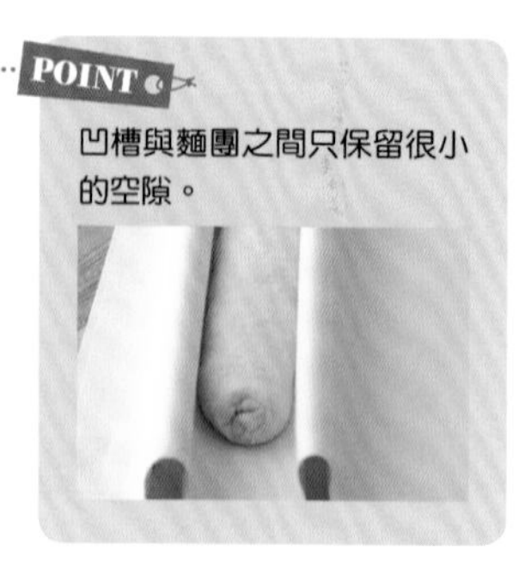

POINT
凹槽與麵團之間只保留很小的空隙。

45 將另一麵團比照步驟**38**至**42**方法整理為棒狀，收口朝下鋪放，放入凹槽加以固定。

最後發酵

46 放入發酵器，以32°C發酵60分鐘。Q113

※請注意若發酵過度，當以割紋刀劃上割紋時，麵團則易塌陷。

Q113 如何辨別麵團最後發酵狀態？
➡P.163

烘烤

47 準備兩張寬8cm×長30cm烘焙紙，放於板子上備用。

※將麵團下墊入焙紙，是為了方便移到烤盤上。

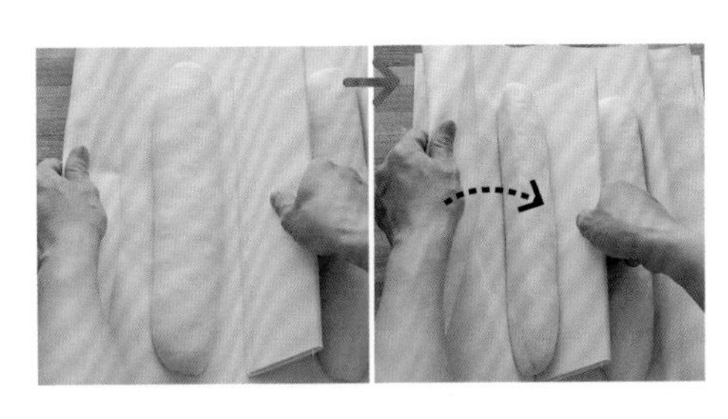

48

將板子（請參閱P.11）緊靠麵團旁，再以另一手輕抖布片將麵團翻至板子上。

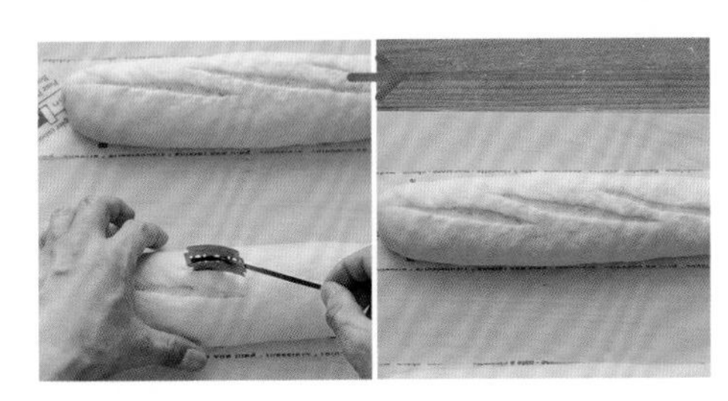

49

板子對準步驟47的烘焙紙，將麵團翻至烘焙紙上。

Q176 使用割紋刀時有什麼訣竅？
➡P.186

Q178 使用割紋刀時有何注意事項？
➡P.188

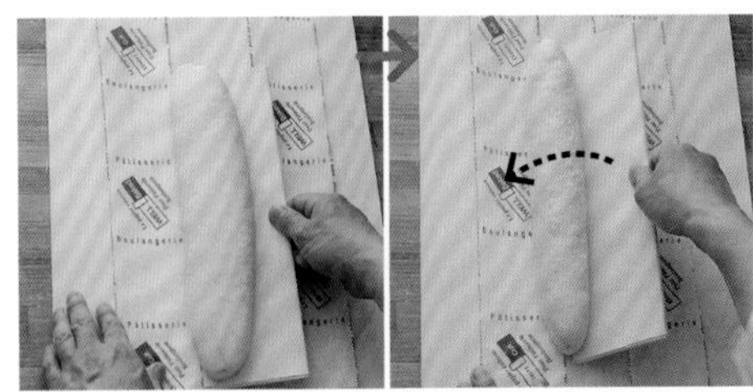

50

在麵團的表面劃上三道割紋。[Q176・178]

Q62 烤盤需事先預熱嗎？
➡P.145

Q134 將麵團排列於烤盤時要注意些什麼？
➡P.171

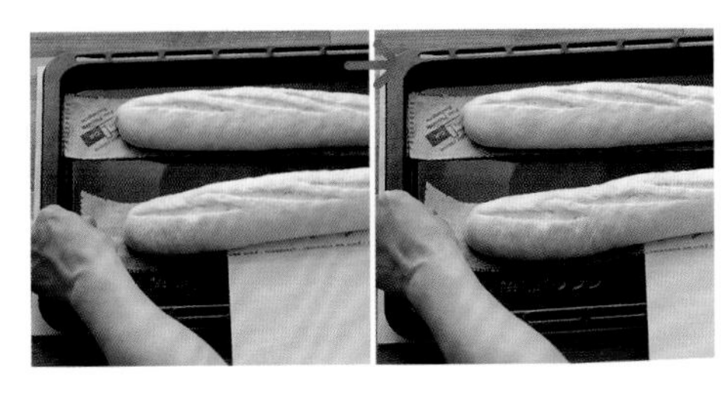

51

將木板上的麵團，連同烘焙紙鋪放至與烤箱一起預熱的烤盤上[Q62]，再抽掉板子。[Q134]

※請注意預熱烤盤溫度，發酵麵團上有割紋，遇外力容易塌陷，也請多加注意。

Q139 噴水後再烘烤會有什麼變化？
➡P.173

Q145 為何依配方指示的溫度烘烤但卻烤焦了？
➡P.175

52

以噴霧器噴濕麵團表面[Q139]，放入已預熱至240℃的烤箱中烘烤約25分鐘。[Q145]

※若水噴太多，會使讓水積在割紋內而不易裂開，若噴太少水，烘烤時麵團表面會很快乾掉，割紋一樣很難裂開。

Q147 為什麼烘烤後要馬上由烤箱或烤模中取出？
➡P.176

53

從烤箱中取出，於置涼架上靜置待涼。[Q147]

法國麵包麵團變化款——1

培根麥穗麵包

眾人皆愛的熟悉麥穗麵包，原文 epi 是法語「麥穗」的意思。
單以培根及芥茉搭配法國麵包就已經很好吃，
這裡更精心地將粗磨胡椒拌入麵團內，成為畫龍點睛的一味。

材料（4個分）

	分量（g）	烘焙百分比（%） Q71
法國麵包用粉	250	100
鹽	5	2
即溶乾酵母	1	0.4
麥芽精	1	0.4
水	185	74
粗磨胡椒	1	0.4
培根	4片	
芥茉粒醬	適量	

※若使用低糖麵團適用的即溶乾酵母[Q20]，則使用1.5g（0.6%）。
※茹素者請將葷料改為素料。

準備工作

- 調整水溫。[Q80]
- 在發酵用的調理盆及烤盤塗抹雪白油。

麵團溫度	24℃
發酵	10分鐘（28℃）+80分鐘（28℃）+90分鐘（28℃）
分割	4等分
醒麵	20分鐘
最後發酵	50分鐘（32℃）
烘烤	20分（240℃）

Q71 什麼是烘培百分比？
➡P.147

Q20 製作麵包所使用的酵母有哪幾種類？
➡P.130

Q80 要如何決定材料水的溫度？
➡P.150

揉麵

1 依製作法國麵包（請參閱P.58）的步驟1至18攪拌搓揉麵團，將麵團壓扁，均勻撒上黑芝麻。

2 以刮板反覆摺疊麵團。

3 在工作檯上來回擦拌，使麵團充分混合均勻。

※因胡椒顆粒小，雙手以拌擦方式混合於麵團中。

4 依製作法國麵包（請參閱P.58）的步驟**19**將麵團滾圓，放入調理盆[Q102]，測量麵團溫度[Q77]，約以24°C為準[Q96]。

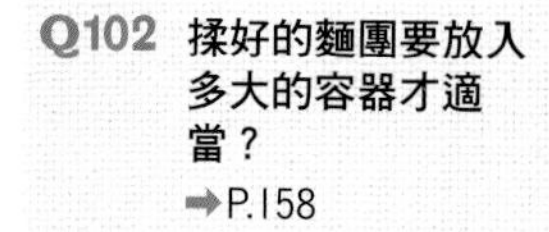

Q102 揉好的麵團要放入多大的容器才適當？
➡P.158

Q77 什麼是麵團溫度？
➡P.149

Q96 若攪拌後麵團溫度不符合目標值該怎麼辦？
➡P.156

發酵

5 放入發酵器[Q57]，以28°C發酵10分鐘。

※因準備進行第一次翻麵作業，所以此次發酵時間較短，目的在於使麵團鬆弛。

Q57 什麼是發酵器？
➡P.143

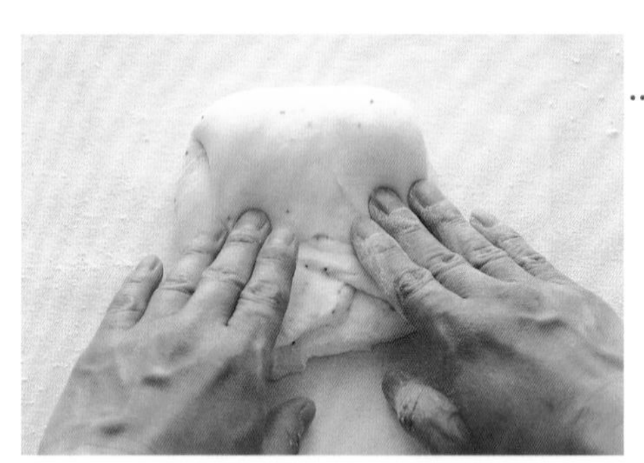

翻麵[Q114・118]（第一次）

6 依製作法國麵包（請參閱P.58）的步驟**22**至**25**進行翻麵作業。[Q116]

※在翻麵、分割及成型作業中，若麵團發黏，可視需要撒上手粉。[Q75]

Q114 為什麼要翻麵？
➡P.164

Q118 麵團還未完全膨起，但時間一到還是要進行翻麵比較好嗎？
➡P.165

Q116 任何麵包的翻麵方式都一樣嗎？
➡P.164

Q75 什麼是手粉？
➡P.149

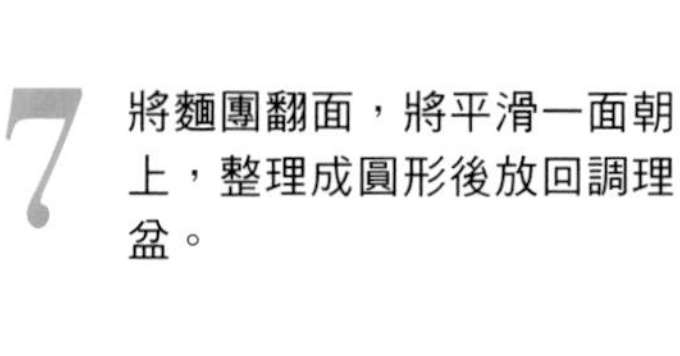

7 將麵團翻面，將平滑一面朝上，整理成圓形後放回調理盆。

發酵

8 放入發酵器內，以28°C發酵80分鐘。[Q172・104]

Q172 為什麼法國麵包的發酵時間比較長？
➡P.184

Q104 如何辨別麵團最佳發酵狀態？
➡P.159

翻麵（第二次）

9 依製作法國麵包（請參閱P.58）的步驟**28**進行翻麵作業。

10 將麵團翻面，將平滑一面朝上，整理成圓形後放回調理盆。

發酵

11 放入發酵器內，以28℃發酵90分鐘。

Q63 麵團鋪放於何種布料上較合適？
➡P.145

分割・整理

12 依製作法國麵包（請參閱P.58）的步驟**31**至**33**將麵團分為4等分。再依步驟**34**至**35**方法整理麵團後，排列於鋪好布的烤盤上。Q63

Q128 為什麼需要醒麵？
➡P.169

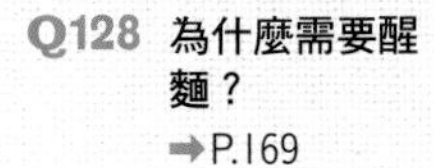

Q130 如何辨別醒麵已完成？
➡P.170

醒麵Q128

13 放入發酵器，醒麵20分鐘。Q130

成型

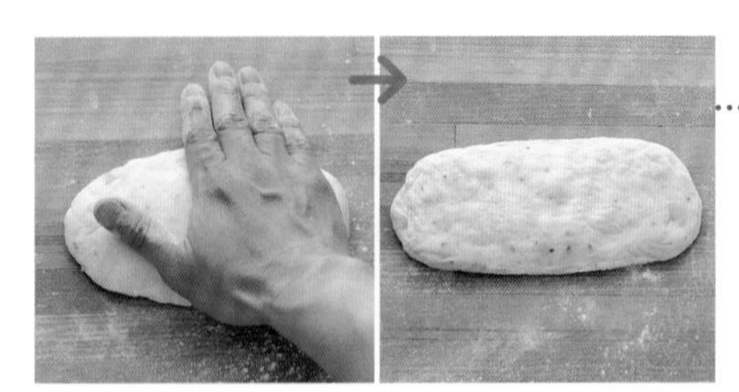

14 以手掌按壓麵團以排出空氣。

15 將麵團平滑面朝下，鋪上培根及芥茉粒醬。

※當培根大小超出麵團範圍時，則以手輕輕地拉大麵團。

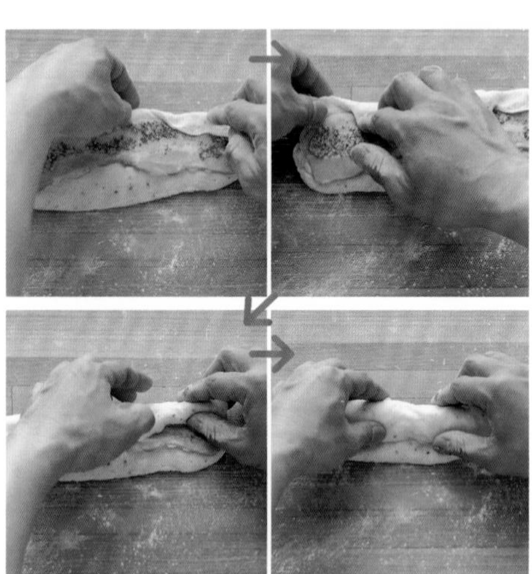

16 由上端反摺麵團邊緣後將麵團捲起。

※將麵團捲起時盡量不留下空隙，避免多餘的空氣進入，而烤後出現大的破洞或凹凸不平。

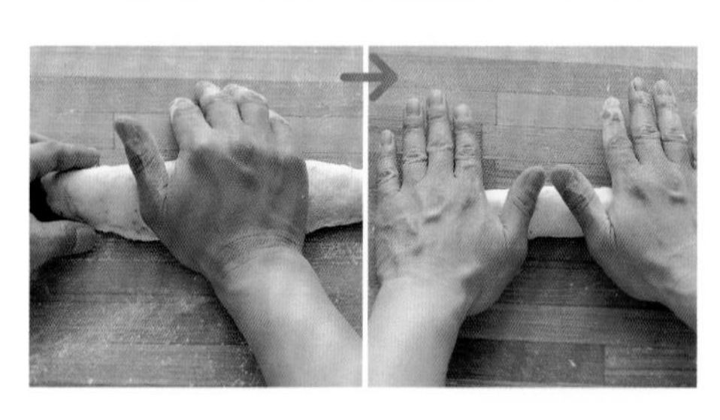

17 將麵團捲起後以手掌根壓緊收口，[Q132]以手掌輕按並滾圓為長約20cm棒狀。[Q1]

18 將步驟**17**麵團的收口朝下，[Q133]排列在烤盤上。[Q134]

※先將長麵團的中間部分貼在烤盤上，確認收口朝下後再將兩端放下，等距排列四條麵團。

Q132 成型時為什麼要捏緊或壓緊收口？
➡P.170

Q173 為何無法將麵團順利地滾成漂亮的棒狀？
➡P.185

Q133 為什麼排列麵團時，將收口朝下？
➡P.171

Q134 將麵團排列於烤盤時要注意些什麼？
➡P.171

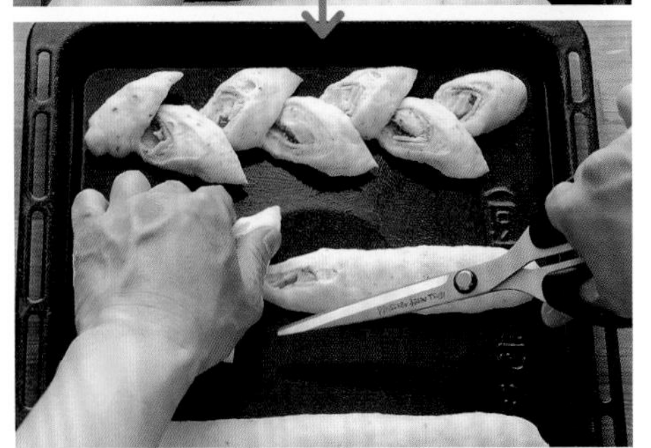

19

將麵團以剪刀由45度斜角剪出缺口，但不剪斷，仍彼此相連。

若剪得太淺，烤後會無法漂亮裂開，大約剪至幾乎快斷開的程度。

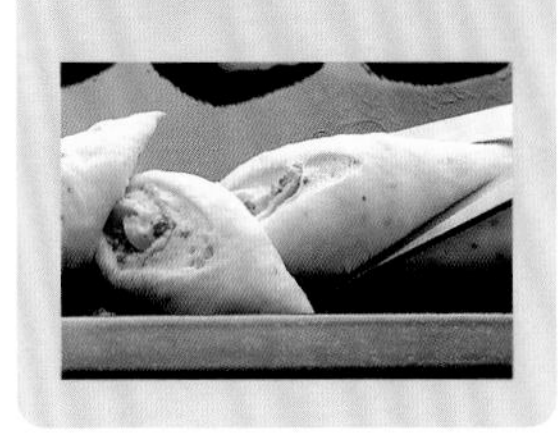

20

成型的狀態。

Q113 如何辨別麵團最後發酵狀態？
➡P.163

最後發酵

21

放入發酵器，以32°C發酵50分鐘。[Q113]

Q139 噴水後再烘烤會有什麼變化？
➡P.173

Q145 為何依配方指示的溫度烘烤但卻烤焦了？
➡P.175

Q147 為什麼烘烤後要馬上由烤箱或烤模中取出？
➡P.176

烘烤

22

噴霧器噴濕麵團表面[Q139]，放入已預熱至240°C的烤箱中烘烤約20分鐘後取出[Q145]，於置涼架上靜置待涼。[Q147]

法國麵包麵團變化款——②

葡萄乾堅果棍麵包

放入了幾乎與粉類等量的堅果與葡萄乾，
烤後只見餡料似乎要滿出來了。
麵包的扎實口感、堅果的香味，及葡萄乾的淡淡甘甜，三者完美結合。
佐以紅酒及起司，堪稱絕配！

材料（12個分）

	分量（g）	烘焙百分比（%）Q71
法國麵包用粉	250	100
鹽	5	2
即溶乾酵母	1	0.4
麥芽精	1	0.4
水	185	74
加州葡萄乾	75	30

杏仁果	75g
核桃（切半）	75g

※若使用低糖麵團適用的即溶乾酵母Q20，則使用1.5g（0.6%）。

準備工作

- 調整水溫。Q80
- 在發酵用的調理盆內塗抹一層雪白油。
- 加州葡萄乾以溫水快速沖洗Q53，置於濾網瀝乾水分。
- 杏仁果及核桃以預熱至150℃的烤箱中烘烤約10至15分鐘，Q52 杏仁果切半，核桃切成¼大小。

麵團溫度	24℃
發酵	90分鐘（28℃）＋90分鐘（28℃）
醒麵	50分鐘（32℃）
烘烤	10分鐘（220℃）＋8分鐘（200℃）

Q71 什麼是烘培百分比？ ➡P.147
Q20 製作麵包所使用的酵母有哪幾種類？ ➡P.130
Q80 如何決定材料水的溫度？ ➡P.150
Q53 葡萄乾為什麼要用溫水洗後再使用？ ➡P.142
Q52 拌入麵團的堅果建議先經過烘烤嗎？ ➡P.142
Q102 揉好的麵團要放入多大的容器才適當？ ➡P.158
Q77 什麼是麵團溫度？ ➡P.149
Q96 若攪拌後麵團溫度不符合目標值該怎麼辦？ ➡P.156
Q57 什麼是發酵器？ ➡P.143
Q172 為什麼法國麵包的發酵時間比較長？ ➡P.184
Q104 如何辨別麵團最佳發酵狀態？ ➡P.159

揉麵

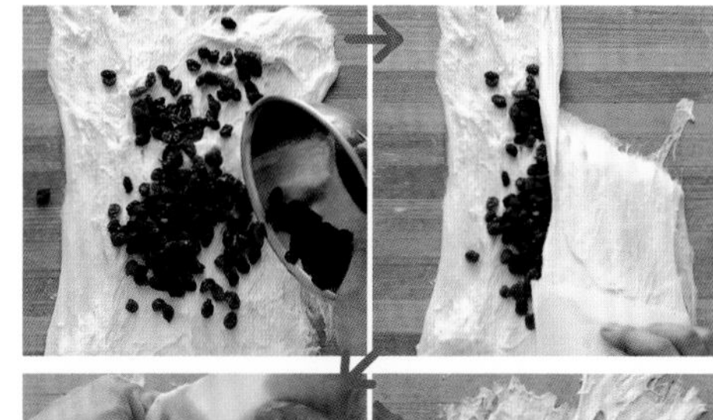

1 依製作法國麵包（請參閱P.58）的步驟1至18攪拌搓揉麵團，將麵團壓扁，均勻撒上葡萄乾。接著以刮板反覆摺疊麵團，使葡萄乾混合均勻。

※如在工作檯擦拌會將葡萄乾弄碎，特改以反覆摺疊方式，若不易混合，可將麵團展開後再混合。

2 依製作法國麵包（請參閱P.58）的步驟19將麵團滾圓，放入調理盆，Q102測量麵團溫度。Q77約以24℃為準。Q96

發酵

3 放入發酵器Q57，以28℃發酵90分鐘。Q172・104

翻麵 Q114

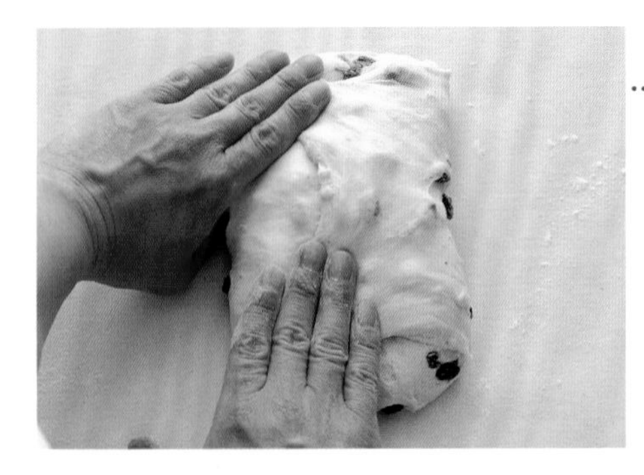

4 依製作法國麵包（請參閱P.58）的步驟**28**進行翻麵作業。Q116

※為了凸顯葡萄乾及堅果的口感、烤出扎實感，有別於法國麵包，只要進行一次翻麵作業。若麵團發黏，可視需要撒上手粉。Q75

5 將麵團翻面，漂亮面朝上，整理成圓形後放回調理盆。

發酵

6 放入發酵器，以28℃發酵90分鐘。

成型

7 正面朝下倒出麵團，以手輕輕拉成四角形。

※此時麵團很黏，且手粉將會直接撒於成品上，可多撒點手粉。

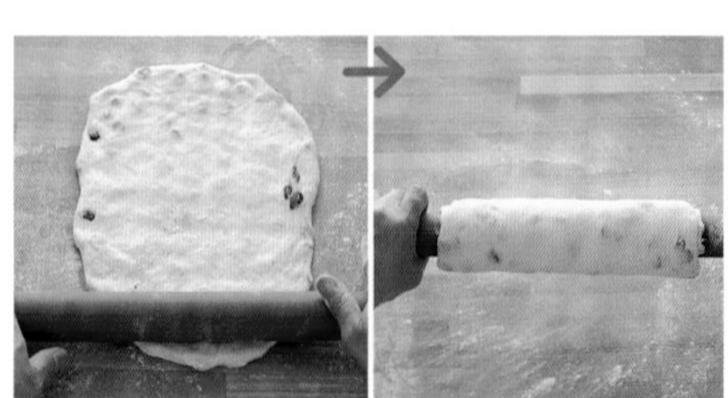

8 以擀麵棍從中間向前再向後擀開，來回數次，擀成寬25cm×高35cm大小。

※如果若麵團黏在工作檯上，可以擀麵棍將麵團捲起後舉起，再撒上手粉。

Q114 為什麼要翻麵？
➡P.164

Q116 任何麵包的翻麵方式都一樣嗎？
➡P.164

Q75 什麼是手粉？
➡P.149

9 將杏仁果及核桃均勻撒於麵團下半部，再將上半部對摺覆蓋。

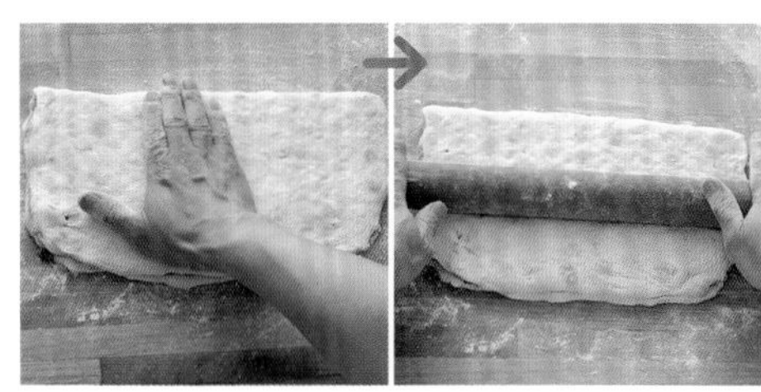

10 以手按壓，撫平麵團與堅果，再撒上手粉，以擀麵棍輕輕地擀平、整理形狀。

※堅果很硬，擀時不要太用力以免弄破麵團，大約擀至可隱約看見堅果的程度。

11 將麵團以雙手按壓刀面的方式分割成12等分。

※建議先由麵團的中央對切，將麵團半分中先切2等分再切為3等分，此方法會比從頭開始切起更為平均。

Q134 將麵團排列於烤盤時要注意些什麼？
➡P.171

Q135 成型的麵團無法一次烤完時該怎麼辦？
➡P.171

12 將麵團以雙手扭轉數次，轉至長約20cm，間隔排列於烤盤上。Q134 · 135

※為防止麵團散開恢復原狀，將麵團兩端以手壓黏在烤盤上。

Q113 如何辨別麵團最後發酵狀態？
➡P.163

最後發酵

13 放入發酵器，以32℃發酵50分鐘。Q113

Q139 噴水後再烘烤會有什麼變化？
➡P.173

Q145 為何依配方指示的溫度烘烤但卻烤焦了？
➡P.175

Q147 為什麼烘烤後要馬上由烤箱或烤模中取出？
➡P.176

烘烤

14 以噴霧器噴濕麵團表面Q139，放入已預熱至220℃的烤箱中烘烤約10分鐘後，再降溫至200℃烤約8分鐘後，取出Q145，於置涼架上靜置待涼。Q147

※噴濕麵團表面時，需保持手粉沾附於麵團表面。

布里歐

添加奶油和蛋的濃郁麵包，有各式不同造型。
本書介紹僧侶布里歐（Brioche à tête，直譯為「有頭的布里歐」）
是傳統的造型之一。

材料（10個分）

	分量（g）	烘焙百分比（%）Q71
法國麵包專用粉	200	100
砂糖	20	10
鹽	4	2
脫脂奶粉	6	3
奶油	100	50
即溶乾酵母	4	2
蛋	50	25
蛋黃	20	10
水	76	38
蛋（烘烤時用）	適量	

準備工作

- 調整水溫。Q80
- 當奶油硬且冰冷時切為約1cm小塊，直至需使用時從冰箱取出。Q182
  ※若麵團需長時間搓揉，為了不使麵團溫度太高Q77將奶油冷藏。
  在高溫季節時，建議將所有材料皆預先冷藏。
- 在發酵用的調理盆塗抹雪白油，烤模則抹上回至室溫的奶油。
- 將烘烤時用的蛋充分打散，再以茶濾網過濾。

麵團溫度	24℃
發酵	30分鐘（28℃）
冷藏發酵	12時間（5℃）
分割	10等分
醒麵	20分鐘～
最後發酵	50分鐘（30℃）
烘烤	12分鐘（220℃）

Q71 什麼是烘培百分比？
➡P.147

Q80 要如何決定材料水的溫度？
➡P.150

Q182 為何要將奶油冷藏？
➡P.190

Q77 什麼是麵團溫度？
➡P.149

Q85 為什麼要先混合水以外的材料？
➡P.151

Q78 什麼是材料水、調節水？
➡P.150

Q86 加水後是不是要立刻攪拌？
➡P.152

揉麵

1 倒入法國麵粉專用粉、砂糖、鹽、脫脂奶粉、即溶乾酵母，以打蛋器攪拌均勻。Q85

2 將配方中的水撥出一部分當成調節水Q78，剩下的水倒入蛋及蛋黃內混合。

※蛋及蛋黃對麵團的影響很大，請以刮杓確實刮乾淨，不要殘留於盆中。

3 將步驟2倒入步驟1中，以手混合。Q86

※待粉狀慢慢消失，並逐漸成團。

4 一邊確認麵團硬度，一邊倒入步驟**2**的調節水[Q83·84]後再次攪拌。

※將水倒於殘留粉狀的地方，較易揉成團。

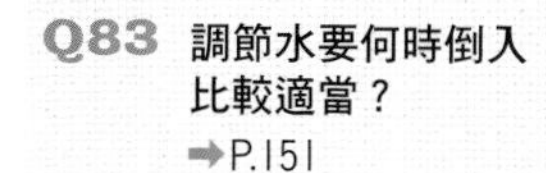

Q83 調節水要何時倒入比較適當？
➡P.151

Q84 調節水要全部用完嗎？
➡P.151

5 一直攪拌至無粉狀，且快成團後，取出移至工作檯，並以刮板將調理盆中的麵團刮乾淨。

20分鐘

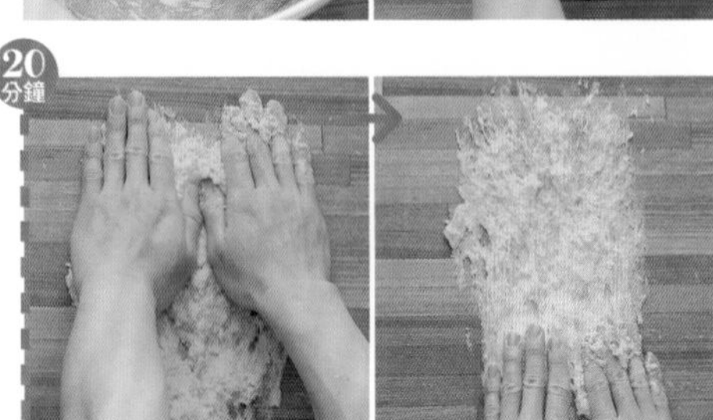

6 將雙手大動作地前後移動，以手掌在工作檯來回擦拌麵團。[Q89·91]

※雖然已經成團，但因材料並未混合得十分均勻，有時會顯得軟硬不一，因此首先就是要揉至軟硬均一。

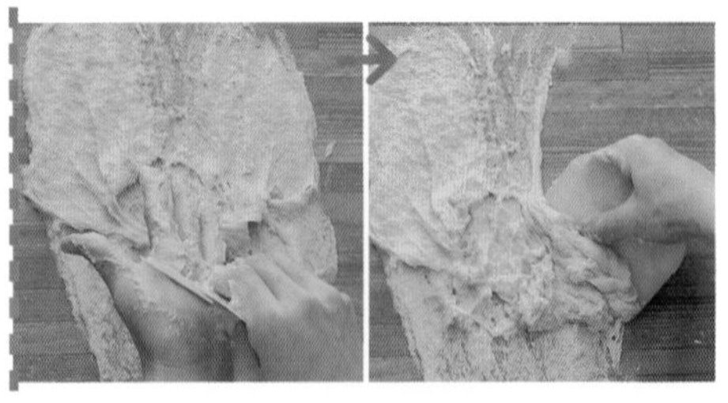

7 搓揉途中如果麵團散得太開，可以刮板聚集。將殘留在刮板及手上的麵團刮下[Q99]再拌入搓揉。

※因為麵團很軟，所以要多次來回地將麵團刮集中後再搓揉。

Q89 以手揉麵時，為什麼要在工作檯上來回擦拌及摔打？
➡P.153

Q91 以手揉麵需要多少時間？
➡P.154

Q99 為什麼要將沾黏在手上及刮板的麵團刮乾淨？
➡P.157

8 將麵團搓揉至軟硬一致，外觀呈現光滑的狀態。

※因為放入很多蛋及蛋黃，麵團又軟又黏，是最易沾黏在手上及工作檯的階段。

9 重複步驟**7**動作，不時將黏在手、刮板及工作檯的麵團刮下再繼續搓揉。麵團邊緣會有少部分從工作檯上剝離（圖片中以虛線標示部分）。

※手會感覺麵團的彈性慢慢地增加，麵團變沉重，因黏稠度降低，沾附在手上的麵團也會開始變少。

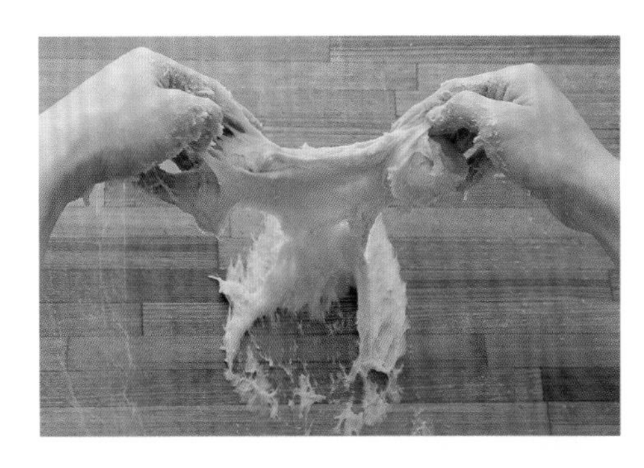

10 將麵團刮集中並迅速提起，整塊面團幾乎都從工作檯剝離。

※麵團產生彈性，能夠從工作檯剝離，此時就可以加入奶油了。

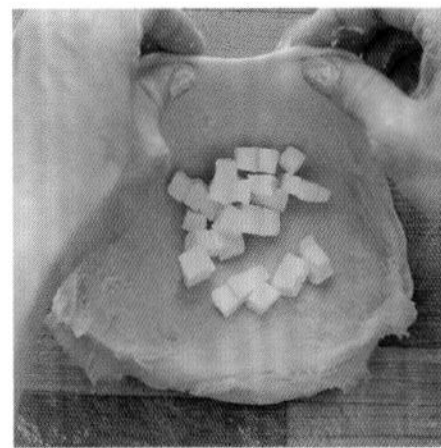

11 將麵團以刮板集中再整平，鋪上⅓量的奶油，將麵團對摺。Q87

※因使用大量奶油，避免一次放入不易混合而分次加入。

Q87 為什麼奶油、油脂類材料需待麵筋成型之後再加入？
➡P.152

10分鐘

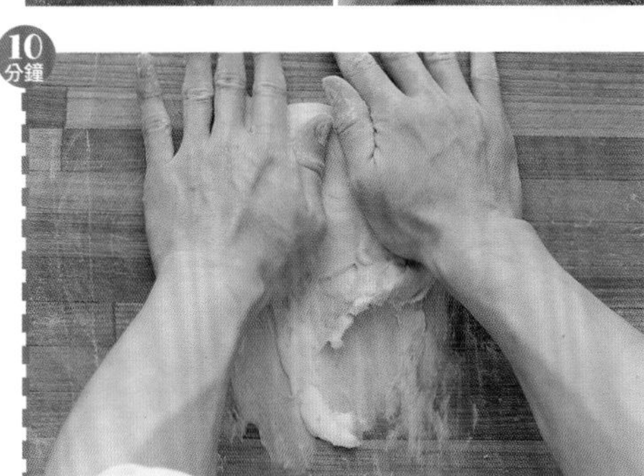

12 在工作檯上擦拌搓揉麵團，使奶油結塊漸漸地消失而融入麵團。

※時常將沾黏在工作檯、刮板及手上的麵團刮下再拌入搓揉。

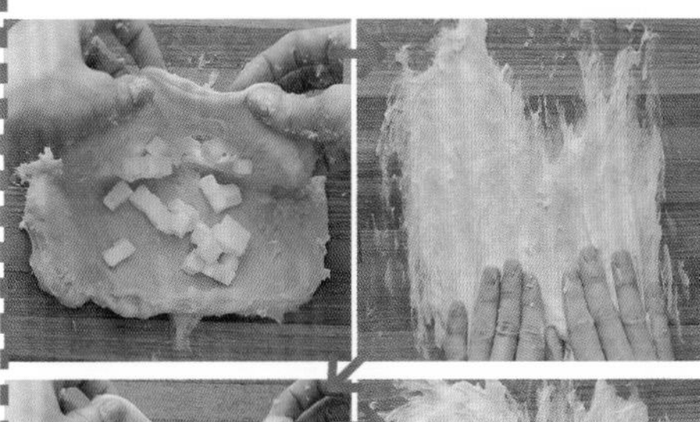

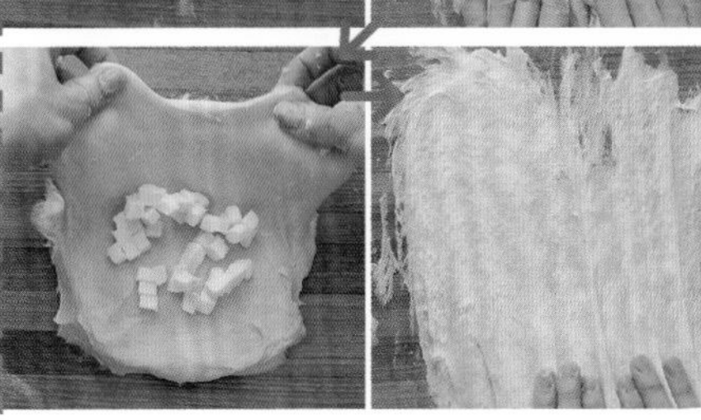

13 重複兩次步驟**11**至**12**的動作，將所有的奶油與麵團混合均勻。

※隨著奶油的融入，麵團彈力減弱而變得光滑，又因為加了許多奶油，幾乎不會黏手。

14 繼續於工作檯上擦拌搓揉，又會恢復彈性，麵團邊緣也會再次剝離，漸漸形成一團。

※此時可開始摔打麵團。

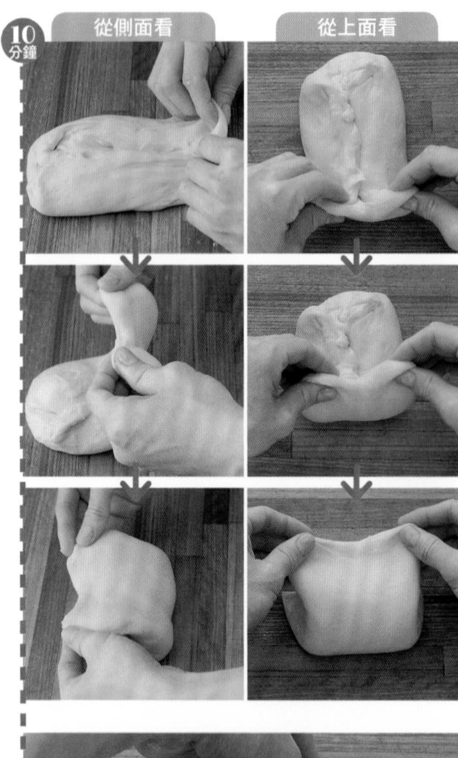

15 將麵團舉起再摔打至工作檯，先朝內側輕拉，再翻回外側。

※舉起麵團時是使用手腕向上彈起，麵團因反彈力量而拉長、拍打到工作檯上。開始摔打時，麵團很軟，容易拉長開來，請斟酌力道。

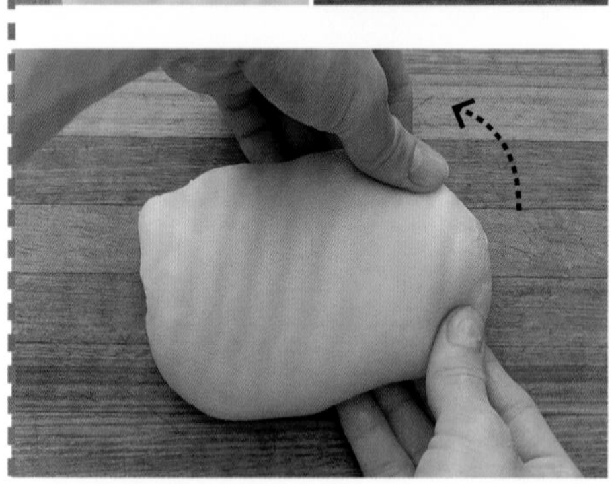

16 將手握麵團的位置轉向90度，變換麵團的方向。

17 重複步驟**15**至**16**的動作，一邊摔一邊揉，至麵團表面呈光滑狀。Q97 · 98

※待麵團出現彈性即可增加摔打的力道。為避免奶油溶出，需儘快完成揉麵作業，當麵團溫度升高至奶油快滲出時，可在麵團下方墊入裝入冷水的塑膠袋降溫。

Q97 為何在以手揉麵途中，麵團緊縮而無法順利搓揉？
➡P.157

Q98 將麵團一邊摔一邊揉時，為何麵團裂開破洞？
➡P.157

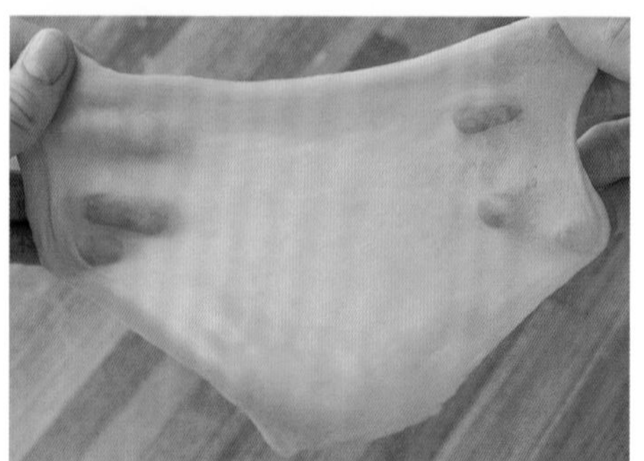

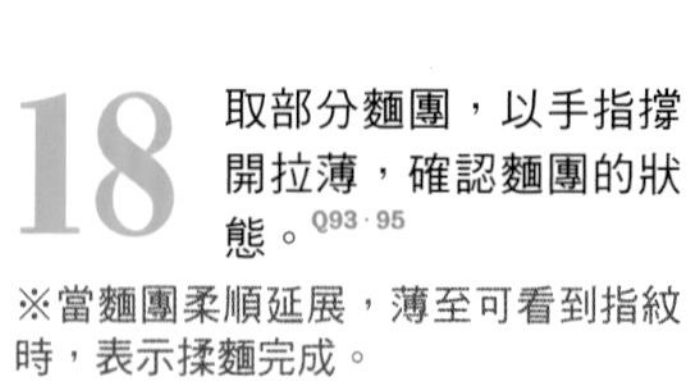

18 取部分麵團，以手指撐開拉薄，確認麵團的狀態。Q93 · 95

※當麵團柔順延展，薄至可看到指紋時，表示揉麵完成。

Q93 如何確認揉麵步驟已完成？
➡P.155

Q95 當揉麵過度或不足時會出現什麼問題？
➡P.156

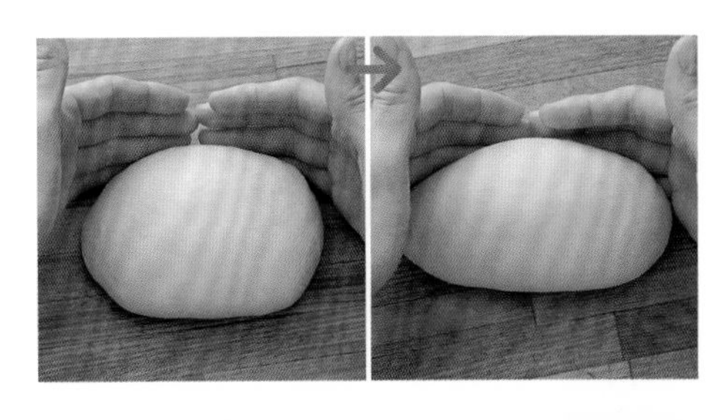

19 雙手輕輕地向內推，整理麵團並讓麵團表面鼓起。

20 將麵團轉90度再向內推。重複數次，將麵團滾成表面鼓起的圓形。

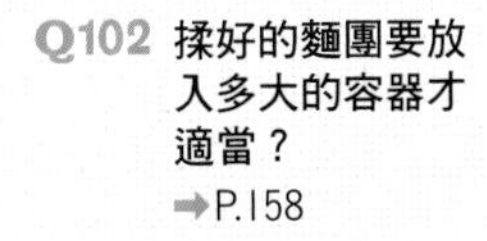

Q102 揉好的麵團要放入多大的容器才適當？
➡P.158

Q96 若攪拌後麵團溫度不符合目標值該怎麼辦？
➡P.156

Q183 布里歐的麵團溫度高過目標值，該怎麼作？
➡P.190

Q57 什麼是發酵器？
➡P.143

21 放入調理盆[Q102]測量麵團溫度[Q77]，約以24℃為準。[Q96·183]

※因加入許多奶油，若麵團溫度太高，奶油會滲出。

發酵

22 放入發酵器[Q57]，以28℃發酵30分鐘。

※由於翻麵後需冷藏發酵，所以不發酵至麵團鬆弛，並提早進行翻麵作業。

翻麵[Q114]

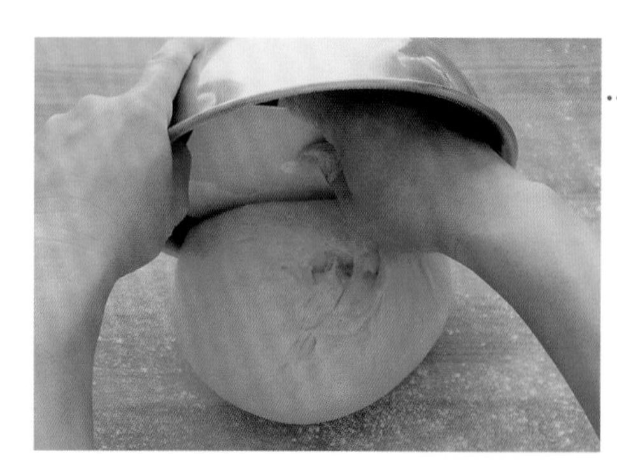

23 麵團正面朝下倒出調理盆。

※在翻麵、分割及成型作業中，若麵團發黏，可視需要撒上手粉。[Q75]

Q114 為什麼要翻麵？
➡P.164

Q75 什麼是手粉？
➡P.149

24 以手由麵團的中間往外側壓平。[Q115・116]

Q115 為什麼要以按壓方式翻麵？
➡P.164

Q116 任何麵包的翻麵方式都一樣嗎？
➡P.164

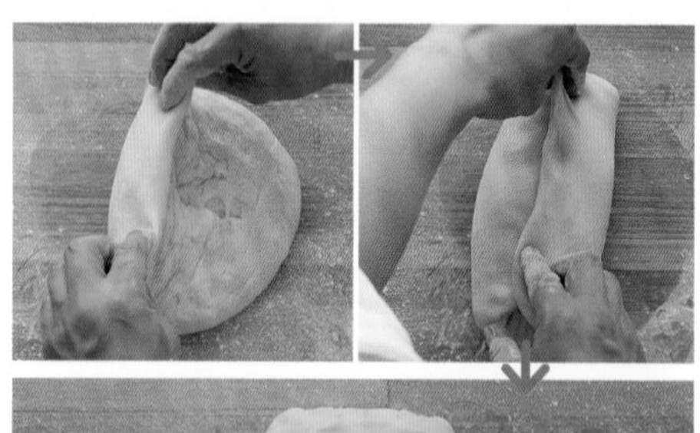

25 將左右兩側分別向中心摺⅓，再以手掌按壓麵團。

26 從麵團上下兩端各朝向中心摺⅓，再以手掌按壓麵團。

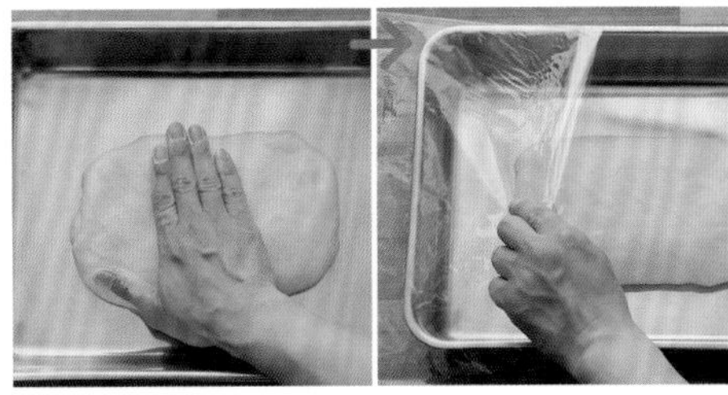
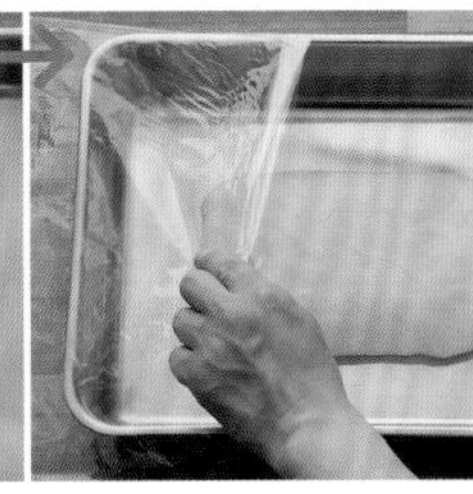

27 將麵團翻面，將平滑一面朝上放入托盤，將整個麵團確實壓平，再覆蓋塑膠膜。

※壓平使麵團厚度一致，才能又快又平均地冷卻，選用導熱快的金屬製托盤，同樣具加速冷卻效果。

Q184 為什麼將布里歐的麵團放入冰箱發酵？

➡P.190

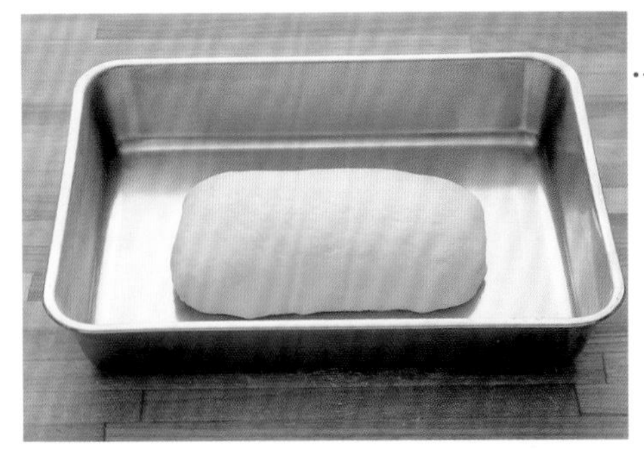

冷藏發酵 Q184

28 放入5℃的冰箱約12小時。

※麵團經冷藏變硬較容易進行後續作業。請維持冷藏溫度，盡量不開關冰箱，發酵時間約需8至16小時。

分割

29 由托盤中取出秤量麵團重量，再計算出10等分後，每一顆的重量。

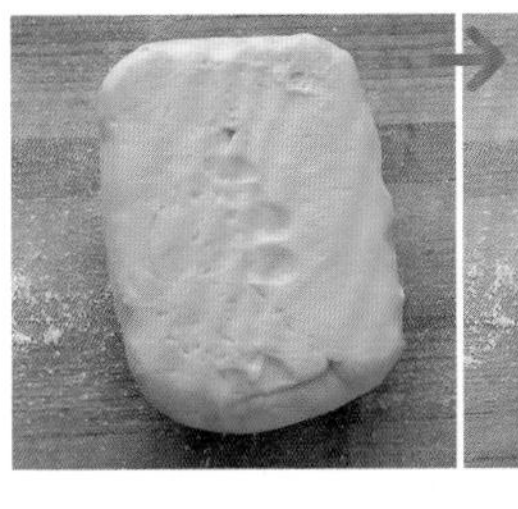
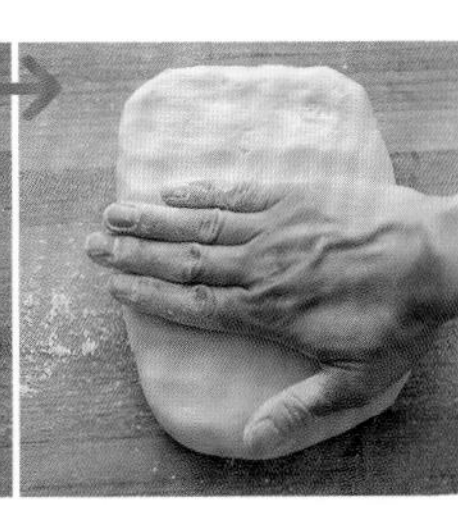

30 將麵團光滑面朝下放至工作檯，以手掌從上方輕按麵團。

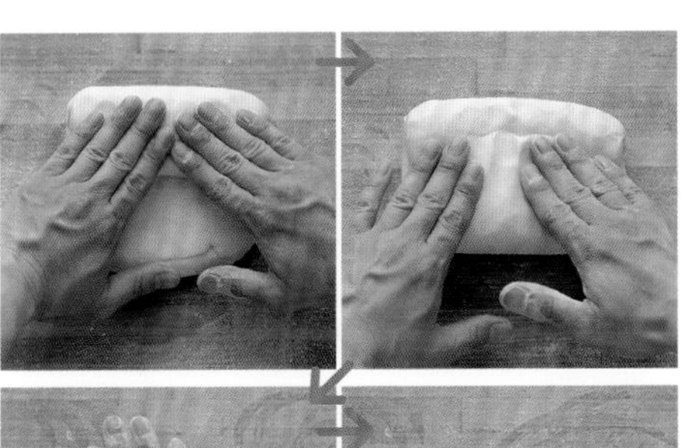
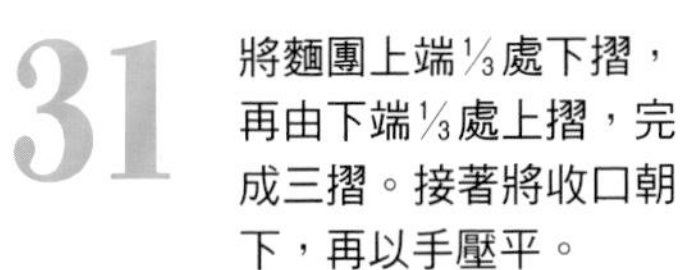

31 將麵團上端⅓處下摺，再由下端⅓處上摺，完成三摺。接著將收口朝下，再以手壓平。

※為方便後續分割作業，此步驟除了整理形狀與厚度外，也讓麵團恢復經冷藏發酵而失去的麵團彈性。

32 以目測方式均分為1/10的分量[Q120]後秤重。

Q120 分割時為什麼要使用刮板等以按壓方式切開？
➡P.165

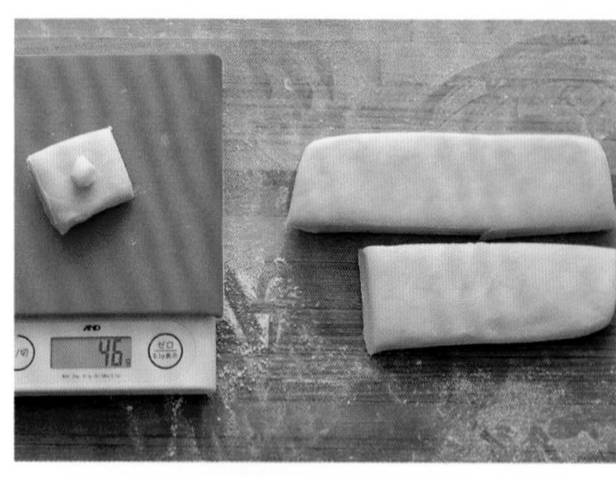

33 對照步驟29所計算一顆的重量並「多退少補」依序調整各顆大小。[Q121]

Q121 為什麼要均等分割？
➡P.166

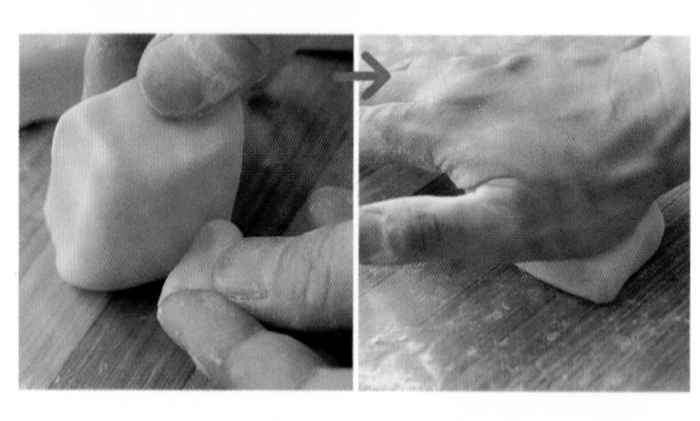

34 將麵團光滑面朝上，若有補足重量的小麵團，盡量補於下側，再從麵團上方壓平。[Q185]

※麵團厚度一致，有助於醒麵時達到相同的鬆弛度。

Q185 為什麼布里歐的麵團要在醒麵之前先壓平？
➡P.191

35 排列於已鋪上烘焙布的薄木板上[Q63]，再覆蓋塑膠膜。

Q63 麵團鋪放於何種布料較合適？
➡P.145

醒麵（中間發酵）

36 在室溫下醒麵20分鐘。

※內、外側的溫差不要太大，使麵團的溫度慢慢升高。依環境而異，大約需要30分鐘以上。

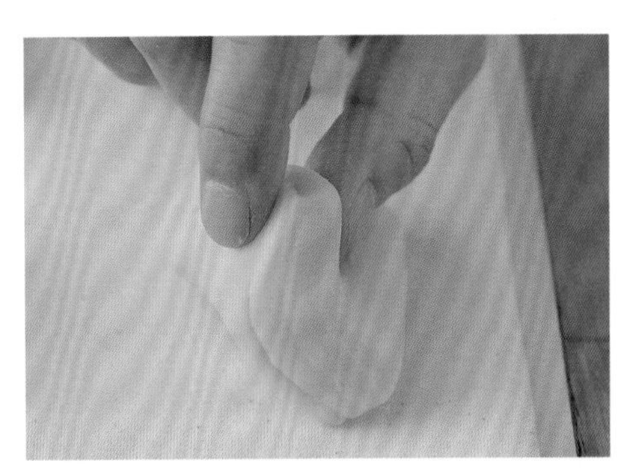

37 麵團溫度一致，且如圖中一般柔軟就算完成了。

※若要精確判別麵團的狀態，可將溫度計由麵團側面斜插至中心點，當溫度在18至20°C就表示OK。

成型

38 麵團置於掌心，輕輕壓出空氣，將平滑的一面朝上，以另一隻手包住麵團。

※在奶油未因手部溫度而滲出時，儘速整理好形狀。

從側面看　從上面看

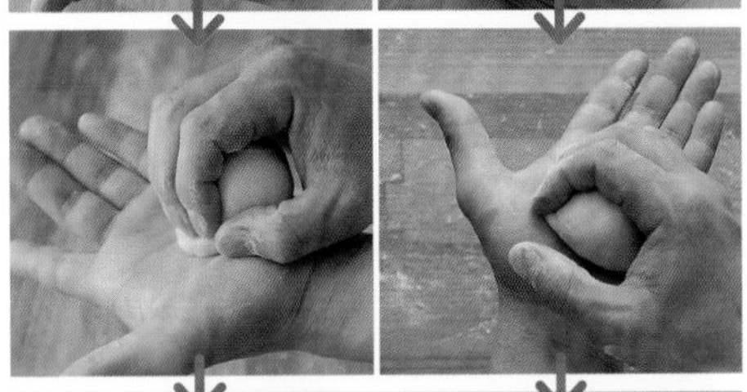

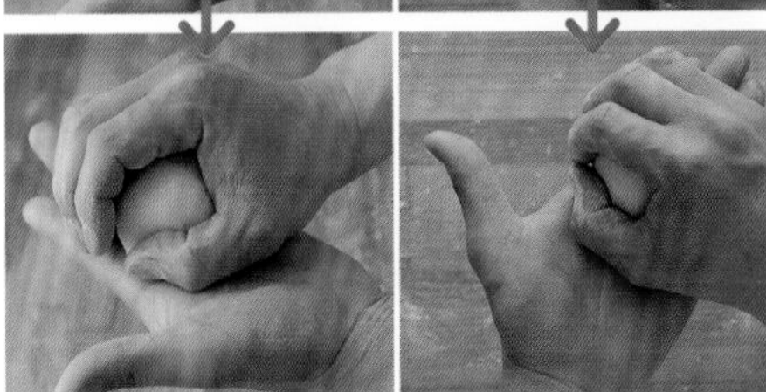

39 右手包覆麵團，利用指腹擠壓麵團下方以反時鐘方向（若是左手則採順時鐘）滾圓，使表面鼓起。Q123・124

※確實滾圓，使麵團膨起。在滾圓及成型的作業中，為預防麵團過度乾燥，可視需要覆蓋塑膠膜。

Q123 如何將麵團滾圓？揉至多圓才算OK？
➡P.167

Q124 為什麼滾圓時要將麵團的表面鼓起？
➡P.168

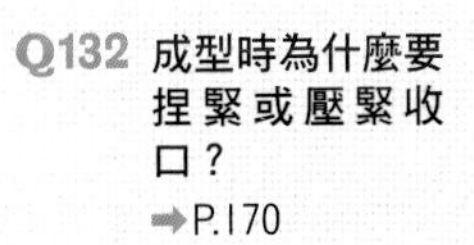

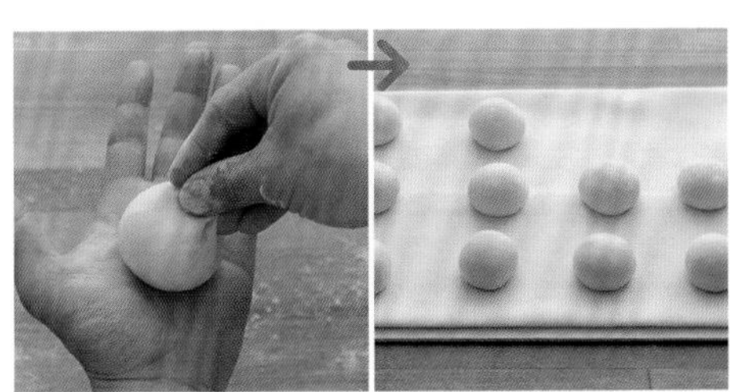

40 以手指捏緊底部收口Q132，排列於布上。覆蓋塑膠膜，在室溫下醒麵，讓麵團稍微鬆弛。

※使麵團鬆弛，有助於延展方便成型。以手指按壓稍後留指痕就算完成。

Q132 成型時為什麼要捏緊或壓緊收口？
➡P.170

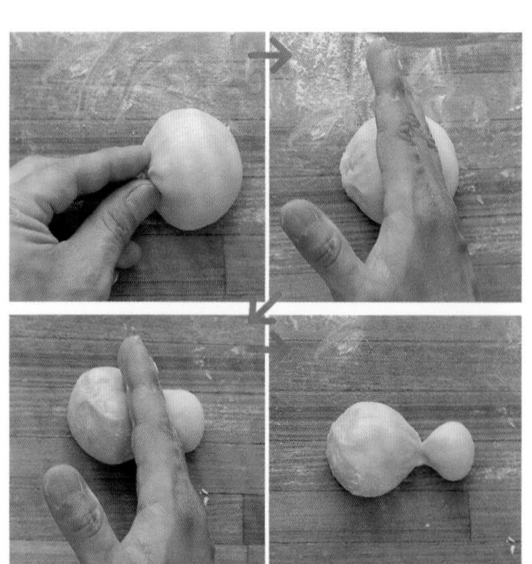

41 將步驟40的麵團放至工作檯，將收口朝向側邊。將手掌立起，利用小拇指的側面，以前後滾動麵團的方式，在距收口約⅔處滾出一道如頸子一般的細線。

※頸線連接大小兩個麵團（頭及身體），細至接近斷裂程度。

42 如圖以手指抓著頸線部分，先將大麵團放入烤模，再將小麵團塞進大麵團的中央。

※放上小麵團時，施力下壓至指尖觸及烤模底部，小心地保持小麵團的形狀。

43 將烤模間隔排列於烤盤上。Q134

Q134 將麵團排列於烤盤時要注意些什麼？
➡P.171

最後發酵

44 放入發酵器，以30°C發酵50分鐘。Q113

※若溫度過高，會使奶油滲出，無法烘烤出膨鬆度。

Q113 如何辨別麵團最後發酵狀態？
➡P.163

Q142 請問塗刷蛋液技巧？
➡P.174

Q143 塗刷蛋液時要注意些什麼？
➡P.175

Q145 為何依配方指示的溫度烘烤但卻烤焦了？
➡P.175

烘烤

45 將蛋液塗抹於麵團表面，Q142・143 放入已預熱至220℃的烤箱中烘烤約12分鐘。Q145

※手持烤模會較方便塗抹，注意蛋液不要積存在大小麵團的交接處。

46 烘烤後，從烤盤取出，檢查一下側面是否呈現金黃色。

Q147 為什麼烘烤後要馬上由烤箱或烤模中取出？
➡P.176

47 在木板上輕敲烤模，就能迅速脫模。Q147

Q186 烤出的僧侶布里歐，麵包的頭和身體界限為何不明顯？
➡P.191

Q187 為什麼烤出的布里歐，頭是歪的呢？
➡P.191

48 將成品放於置涼架上靜置待涼。Q186・187

布里歐麵團變化款—— 1

葡萄麵包

在布里歐麵團中捲入卡士達奶油與葡萄乾，是法國常見的甜麵包。
螺旋狀造型則是比照奶油捲小麵包的作法，
將麵團捲起再切片烘烤而成。
就能完成一道道組合濃郁麵團與奶油餡料的奢華風味。

材料（8個分）

	分量 (g)	烘焙百分比 (%) Q71
法國麵包專用粉	200	100
砂糖	20	10
鹽	4	2
脫脂奶粉	6	3
奶油	100	50
即溶乾酵母	4	2
蛋	50	25
蛋黃	20	10
水	76	38

卡士達奶油	120g
無核葡萄乾	50g
蛋（烘烤時用）	適量
糖粉	適量

※卡士達奶油的作法請參閱P.95。
※錫箔紙模尺寸為底部直徑為9公分、高2公分。

準備工作

- 調整水溫。Q80
- 當奶油硬且冰冷時切為約1cm小塊，直至需使用時從冰箱取出。Q182
  ※若麵團需長時間搓揉，為了不使麵團溫度太高Q77將奶油冷藏。
- 在高溫季節時，建議將所有材料皆預先冷藏。
- 在發酵用的調理盆塗抹雪白油，烤模則抹上回至室溫的奶油。
- 將烘烤時用的蛋充分打散，以茶濾網過濾。
- 將無核葡萄乾以溫水快速洗淨Q53，以濾網瀝乾水分。

麵團溫度	24℃
發酵	30分鐘（28℃）
冷藏發酵	12時間（5℃）
分割	8等分
最後發酵	40分鐘（30℃）
烘烤	12分鐘（210℃）

Q71 什麼是烘培百分比？
➡P.147

Q80 要如何決定材料水的溫度？
➡P.150

Q182 為何將奶油冷藏？
➡P.190

Q77 什麼是麵團溫度？
➡P.149

Q53 葡萄乾為什麼要用溫水洗後再使用？
➡P.142

Q184 為什麼將布里歐的麵團放入冰箱發酵？
➡P.191

Q75 什麼是手粉？
➡P.149

揉麵・發酵・冷藏發酵Q184

1 依製作布里歐（請參閱P.80）的步驟**1**至**28**進行攪拌揉麵、發酵、翻麵與冷藏發酵作業。

※在翻麵與成型的作業中，若麵團發黏，可視需要撒上手粉。Q75

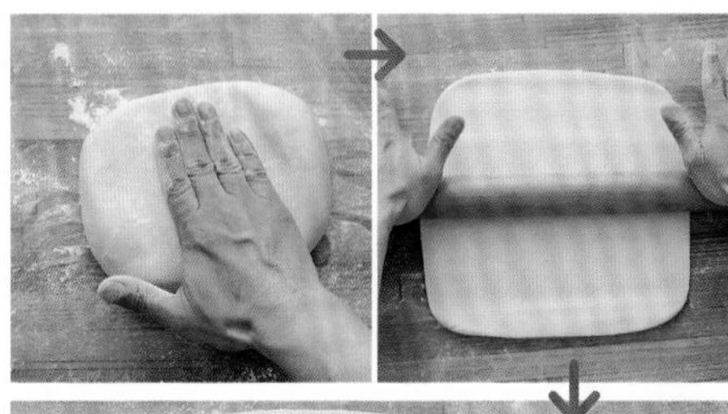

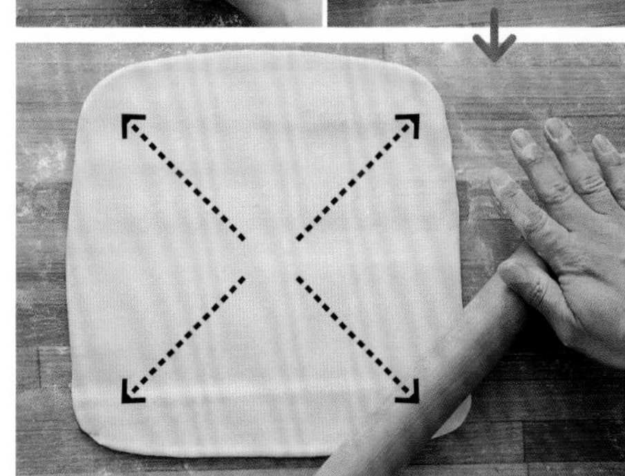

成型

2 將麵團置於工作檯，以手掌壓平，以擀麵棍由中間分別往上下兩端來回擀平，接著將麵團轉90度後重複相同動作，平均地擀薄成約24cm大的四方形。若邊角呈現圓形時，可將擀麵棍由中心點以45度角朝四個角擀過去，盡可能將麵團擀成接近直角邊。

※擀麵動作要快速。當麵團變軟，可先放回冰箱冷藏或冷凍。

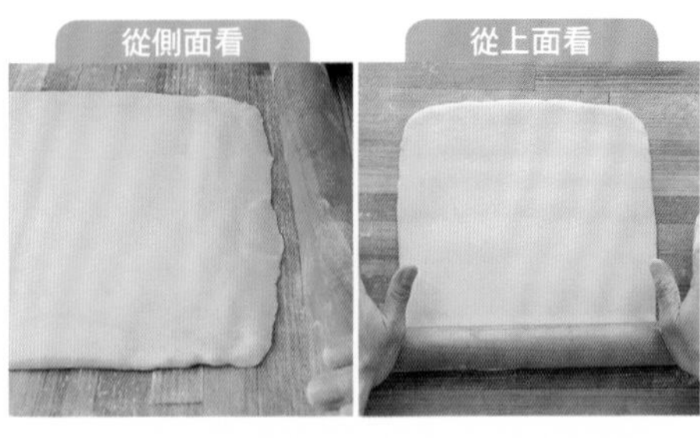

3 將麵團上多餘的手粉拍掉，光滑面朝下，擀薄最末端約2cm的部分。

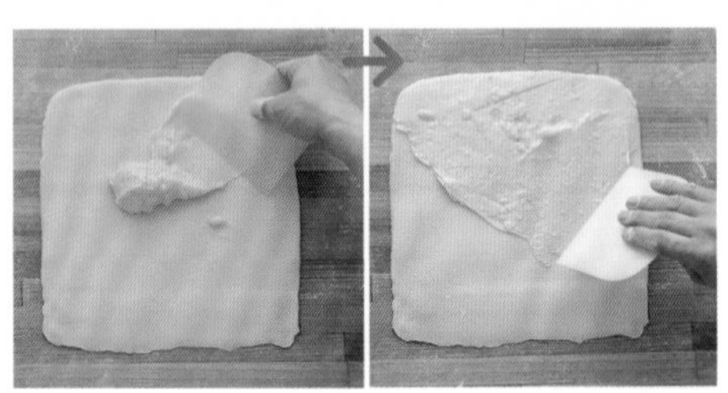

4 除擀薄部分之外，其餘皆塗上卡士達奶油。

※以刮刀將卡士達奶油輕輕拌軟，方便塗抹。將奶油先放於麵團中央，再以刮板向四周抹開。

5 平均地撒上無籽葡萄乾，擀薄的麵團處則以毛刷刷上水分。

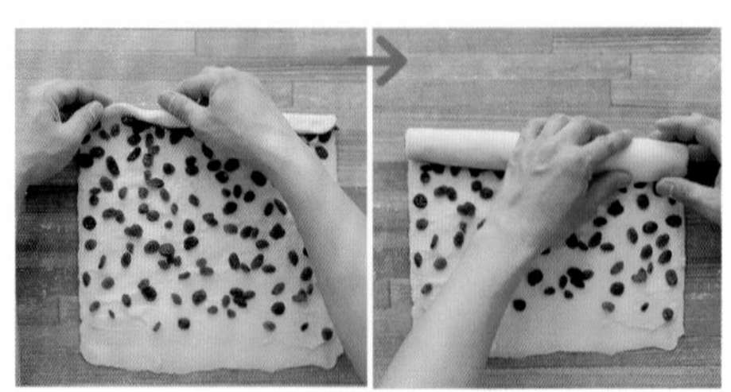

6 從上端往下慢慢捲起，捲好後壓緊收口。[Q132]

※捲緊而不留下空隙。

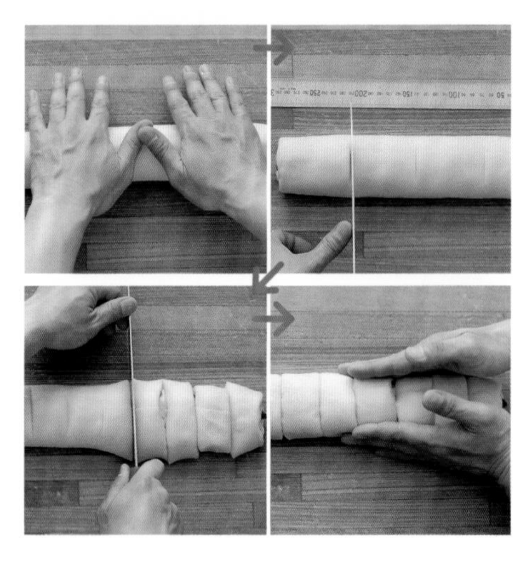

7 以雙手輕輕地滾動捲起的麵團，使厚薄一致，測量長度畫上8等分的記號後，以刀子以按壓方式切開，再整理形狀。

Q132 成型時為什麼要捏緊或壓緊收口？
➡P.170

Q134 將麵團排列於烤盤時要注意些什麼？
➡P.171

Q135 成型的麵團無法一次烤完時該怎麼辦？
➡P.171

8 放入錫箔紙模、排列於烤盤上[Q134、135]，由上方以手按壓。

※將麵團壓成一樣高，是為了烤出均勻的顏色及熟度。

9 成型後的狀態。

Q113 如何分辨麵團最後發酵狀態？
➡P.163

Q142 請問塗刷蛋液技巧？
➡P.174

Q143 塗刷蛋液時要注意些什麼？
➡P.175

Q145 為何依配方指示的溫度烘烤但卻烤焦了？
➡P.175

Q147 為什麼烘烤後要馬上由烤箱或烤模中取出？
➡P.176

最後發酵

10 放入發酵器，以30℃發酵40分鐘。[Q113]

※若溫度過高，會使奶油滲出，無法烘烤出膨鬆度。

烘烤

11 將蛋液塗刷於麵團表面[Q142、143]，放入已預熱至210℃的烤箱烘烤12分鐘[Q145]，取出後置於涼架上冷卻[Q147]，待完全冷卻後將糖粉以篩網過篩薄撒於成品表面。

※蛋液不僅塗刷於表面，側面也要均勻塗刷。

製作卡士達奶油

材料（約300g）

低筋麵粉……25g
牛奶……250g
香草筴……¼支
蛋黃……60g
砂糖……75g

1. 將香草筴以刀縱切取出種子。
2. 將牛奶、香草筴及種子倒入鍋中，以中火煮至即將沸騰，熄火。
3. 將蛋黃倒入調理盆，以打蛋器打散後加入砂糖，持續拌打至呈現泛白。
4. 將低筋麵粉倒入步驟③中混合，再慢慢地倒入步驟②的牛奶中拌勻。
5. 將步驟④以濾網過篩後倒入加熱牛奶的鍋中，以中火加熱，一邊以打蛋器攪拌一邊煮至沸騰。
6. 將煮至呈現光滑的奶油狀後，倒入托盤，以保鮮膜覆蓋表面，隔冰水冷卻。

布里歐麵團變化款—— 2

柑橘巧克力布里歐

柑橘清新的酸與微微的苦味，和巧克力是絕妙搭配，
絕對成為甜點世界的最佳拍檔。
因為抹上馬卡龍麵糊後進行烘烤，
形成表層酥脆，裡層鬆軟濕潤，是獨特又難忘的口感。

材料（8個份）

	分量（g）	烘焙百分比（%）Q71
法國麵包專用粉	200	100
砂糖	20	10
鹽	4	2
脫脂奶粉	6	3
奶油	100	50
即溶乾酵母	4	2
蛋	50	25
蛋黃	20	10
水	76	38
杏仁粉	20	10
糖粉	40	20

蛋白	30g
糖粉	30g
卵白	30g至35g
糖粉（裝飾用）	適量

※紙模尺寸為底部直徑6.5cm、高5cm。

準備工作

- 調整水溫。Q80
- 當奶油硬且冰冷時切為約1cm小塊，直至需使用時從冰箱取出。Q182
  ※若麵團需長時間搓揉，為了不使麵團溫度太高Q77將奶油冷藏。
- 在高溫季節時，建議將所有材料皆預先冷藏。
- 將桔皮切成寬2mm的小丁。
- 在發酵用的調理盆內側薄塗一層雪白油。

麵團溫度	24℃
發酵	30分鐘（28℃）
冷藏發酵	12時間（5℃）
分割	8等分
醒麵	20分鐘～
最後發酵	60分鐘（30℃）
烘烤	14分鐘（190℃）

Q71 什麼是烘焙百分比？
➡P.147

Q80 要如何決定材料的溫度？
➡P.151

Q182 為何要將奶油冷藏？
➡P.190

Q77 什麼是麵團溫度？
➡P.149

揉麵

1 依製作布里歐（請參閱P.80）的步驟1至18攪拌、搓揉麵團、壓平後，均勻撒上桔皮小丁與巧克力碎片。

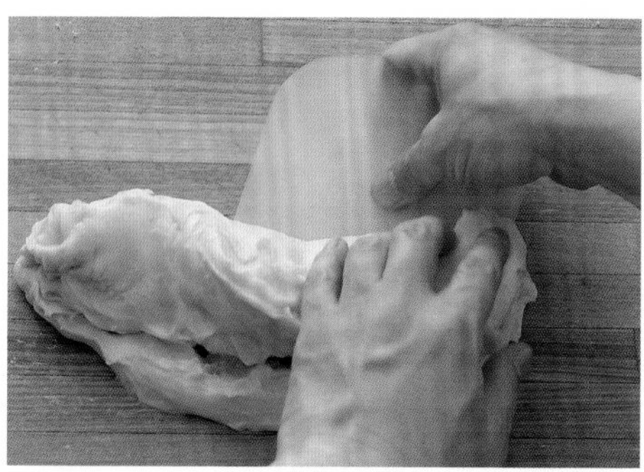

2 利用刮板將麵團對摺重疊。

3 在工作檯上擦拌麵團，使整體混合均勻。

※動作要快，以免手溫及摩擦的熱度使巧克力碎片溶化。

4 依製作布里歐（請參閱P.80）的步驟**19**至**20**將麵團滾圓後放入調理盆[Q102]，測量麵團溫度，約以24°C為準。[Q96・183]

Q102 揉好的麵團要放入多大的容器才適當？
➡P.158

Q96 若攪拌後麵團溫度不符合目標值該怎麼辦？
➡P.156

Q183 布里歐的麵團溫度高過目標值，該怎麼作？
➡P.190

發酵

5 放入發酵器[Q57]，以28°C發酵30分鐘。

※由於翻麵後需冷藏發酵，所以不發酵至麵團鬆弛，並提早進行翻麵作業。

Q57 什麼是發酵器？
➡P.143

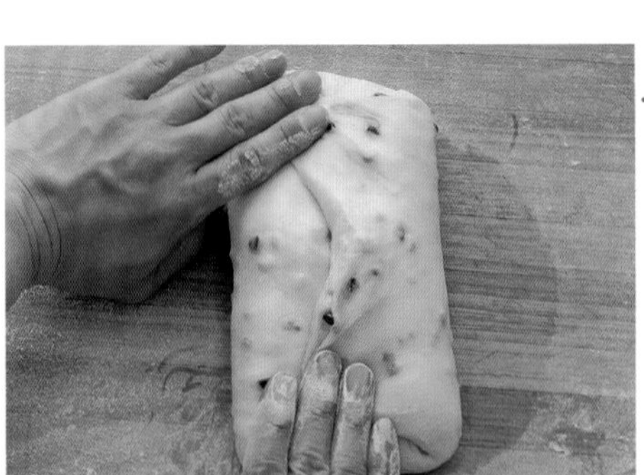

翻麵[Q114]

6 依製作布里歐（請參閱P.80）的步驟**23**至**26**作法將麵團排出空氣。

※在翻麵、分割及成型作業中，若麵團發黏，可視需要撒上手粉。[Q75]

Q114 為什麼要翻麵？
➡P.164

Q75 什麼是手粉？
➡P.149

7 將麵團翻面，將平滑一面朝上放入托盤，將整個麵團確實壓平，再覆蓋塑膠膜。

※壓平使麵團厚度一致，才能又快又平均地冷卻，選用導熱快的金屬製托盤，同樣有加速冷卻的效果。

冷藏發酵[Q184]

8 放入5°C的冰箱約12小時。

※麵團經冷藏變硬較容易進行後續作業。請維持冷藏溫度，盡量不開關冰箱，發酵時間約需8至16小時。

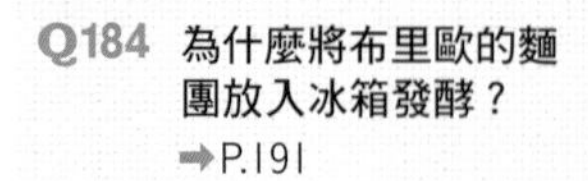

Q184 為什麼將布里歐的麵團放入冰箱發酵？
➡P.191

分割

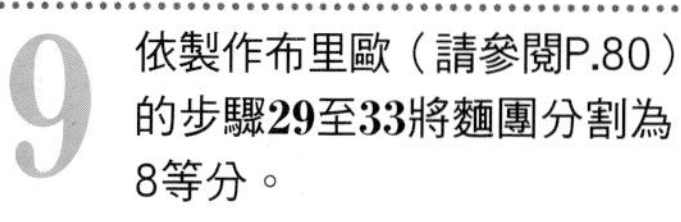

9 依製作布里歐（請參閱P.80）的步驟**29**至**33**將麵團分割為8等分。

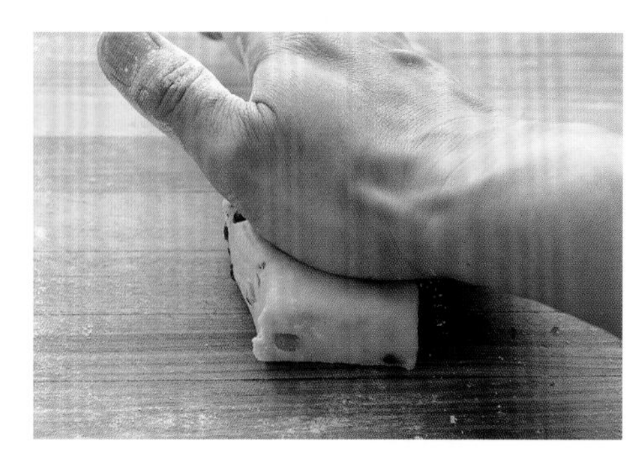

10 將麵團光滑面朝上，若有補足重量的小麵團，盡量補於下側，再從麵團上方壓平。[Q185]

※使麵團厚度一致，有助於醒麵時達到相同的鬆弛度。

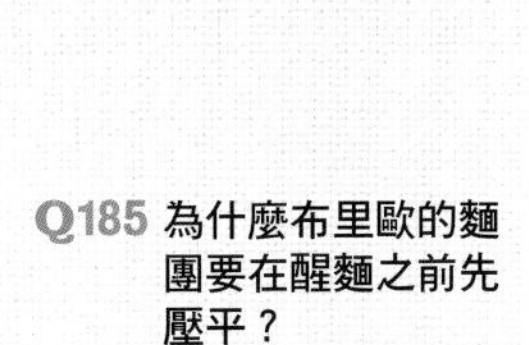

Q185 為什麼布里歐的麵團要在醒麵之前先壓平？
➡P.191

11 排列於已鋪上烘焙布的的薄木板上[Q63]，再覆蓋塑膠膜。

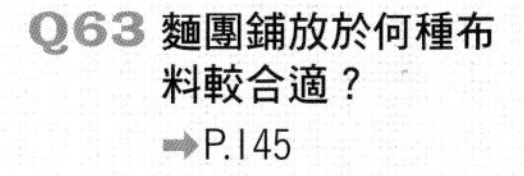

Q63 麵團鋪放於何種布料較合適？
➡P.145

醒麵（中間發酵）

12 在室溫下醒麵20分鐘。

※內、外側的溫差不要太大，使麵團的溫度慢慢升高。依環境而異，大約需要30分鐘以上。麵團狀態約同製作布里歐（請參閱P.80）的步驟**37**所述，若要精確判別麵團的狀態，可將溫度計由麵團側面斜插至中心點，當溫度在18至20℃就表示OK。

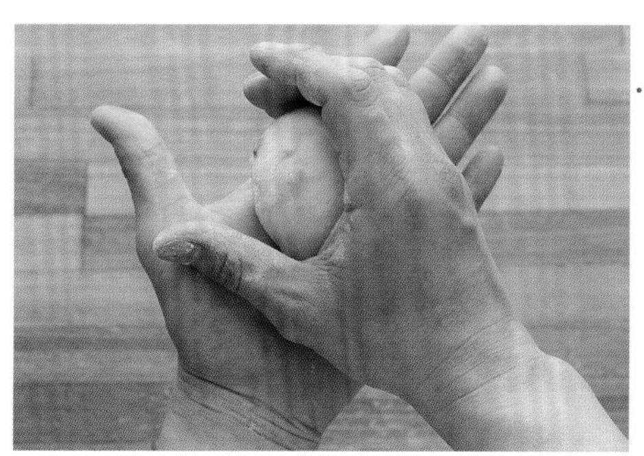

成型

13 依製作布里歐（請參閱P.80）的步驟**38**至**39**將麵團滾圓。

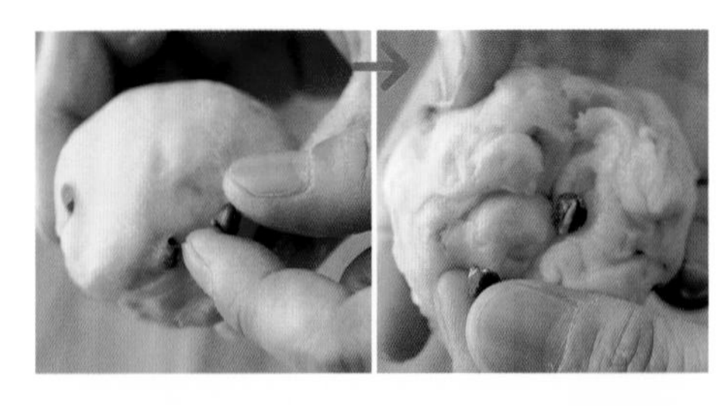

14 將滾圓麵團時凸出於麵團表面的巧克力碎片取下，塞入麵團底部。

15 以手抓緊底部後捏緊收口。Q132

Q132 成型時為什麼要捏緊或壓緊收口？
➡P.170

16 將圓麵團放入紙模中，間格排列於烤盤上。Q134

POINT
收口朝下。Q133

Q134 將麵團排列於烤盤時要注意些什麼？
➡P.171

Q133 為什麼排列麵團時，將收口朝下？
➡P.171

最後發酵

17 放入發酵器，以30°C發酵60分鐘。Q113

※若溫度過高，會使奶油滲出，無法烘烤出膨鬆度。

POINT
以目測方式，麵團的高度約等同於紙模高度即可。

Q113 如何辨別麵團最後發酵狀態？
➡P.163

馬卡龍麵糊

18 建議趁最後發酵的空檔，製作馬卡龍麵糊。將杏仁粉與糖粉以打蛋器混合，再以濾網過濾。

19 預留少量已打至泛白的蛋白，其餘倒入調理盆，充分混合至無硬塊狀態。

20 將預留的蛋白以打蛋器拌攪，拌至容易塗抹的軟硬度，大約是以打蛋器舀起時即呈糊狀落下的狀態。

烘烤

21 將馬卡龍麵糊以刷子均勻塗刷於步驟**17**的麵團表面。

22 將糖粉以濾網過濾，薄撒一層於麵團表面至呈現白色狀，靜置至糖粉溶化。

※薄撒糖粉時，可先鋪入一張紙於下方，方便將散落的糖粉回收使用。

23 糖粉溶入表面呈現半透明狀後，再撒上一層已過篩的糖粉，放入已預熱至190°C的烤箱中，烘烤14分鐘 Q145，取出於置涼架上靜置待涼。Q147

※為了呈現白色糖粉的模樣，需趁著第二層糖粉還未融化前，儘快放入烤箱中烘烤。

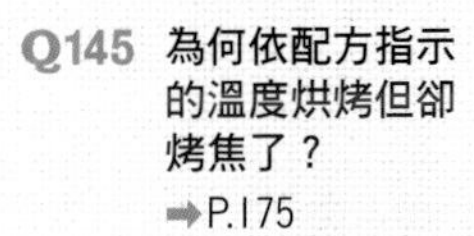

Q145 為何依配方指示的溫度烘烤但卻烤焦了？
➡P.175

Q147 為什麼烘烤後要馬上由烤箱或烤模中取出？
➡P.176

可頌

將麵皮擀薄後層層疊起的可頌，具輕食感及濃厚的奶油風味，
擁有難以動搖的超高人氣。
將滿滿的奶油摺入層次狀的麵皮內，
是一款利用派皮作法製成的獨特麵包。

材料（8個份）

	分量（g）	烘焙百分比（%）Q71
法國麵包專用粉	200	100
砂糖	20	10
鹽	4	2
脫脂奶粉	6	3
奶油	20	10
即溶乾酵母	4	2
蛋	10	5
水	100	50
奶油（摺入用）	100	50
蛋（烘烤時用）	適量	

準備工作

- 調整水溫。Q80
- 奶油直到使用之前都先置於冰箱冷藏。
- 在發酵用的調理盆內塗抹一層雪白油。
- 將烘烤時使用的蛋充分打散，再以茶濾網過濾，備用。

麵團溫度	24°C
發酵	20分鐘（26°C）
冷藏發酵	12時間（5°C）
摺疊	三褶×3次（每一次都以-15°C醒麵30至40分鐘）
最後發酵	60分鐘（30°C）
烘烤	12分鐘（220°C）

Q71 什麼是烘培百分比？
➡P.147

Q80 要如何決定材料水的溫度？
➡P.150

Q78 什麼是材料水、調節水？
➡P.150

Q85 為什麼要先混合水以外的材料？
➡P.151

揉麵

1 將配方中的水撥出一部分當成調節水Q78，然後將即溶乾酵母倒入剩餘的水中，靜置一會兒。

※因為攪拌時間短，若酵母和粉類同時倒入，可能會無法完全溶化，所以先以水泡開後使用。

2 倒入法國麵包專用粉、砂糖、鹽及脫脂奶粉，以打蛋器充分混合。Q85

Q190 為什麼奶油要一開始就加進來攪拌？
➡P.193

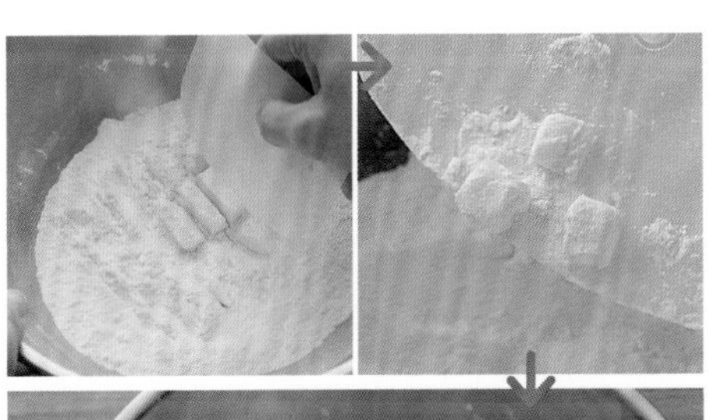

3 加入奶油Q190，以刮板切成寬7至8mm小丁塊，再以雙手搓拌，使奶油與粉類混合。

※在奶油未溶化前加快作業速度。先混合粉類及奶油，盡量縮短攪拌時間，避免麵團產生彈性。若是攪拌過度使彈性過大，在擀平麵團時容易產生縮縮，增加摺疊上的困難。

4 待步驟1的酵母溶化後，倒入打散的蛋液，以打蛋器混合。

※蛋的用量雖然不多，但對麵團影響很大，請以刮杓等刮乾淨，不要殘留。

5 將步驟4倒進步驟3中，以手攪拌。Q86

Q86 加水後是不是要立刻攪拌？
➡P.152

6 一邊確認麵團的硬度，一邊倒入步驟1的調節水Q83・84後再次攪拌。

※將水倒於殘留粉狀的地方，較易揉成團。

Q83 調節水要何時倒入比較適當？
➡P.151

Q84 調節水要全部用完嗎？
➡P.151

7 一直拌至無粉狀且即將快成團後，取出放到工作檯，並以刮板將沾黏在調理盆的麵團刮乾淨。

4分鐘

8 將雙手大動作地前後移動，以手掌在工作檯來回擦拌麵團。Q91

※雖然已經成團，但因材料並未混合至十分均勻，有時會顯得軟硬不一，因此首先要揉至軟硬均一。

Q91 以手揉麵需多少時間？
➡P.154

9 仔細以刮板刮下沾黏在刮板及手上的麵團。Q99

Q99 為什麼要將沾黏在手上及刮板的麵團刮乾淨？
➡P.157

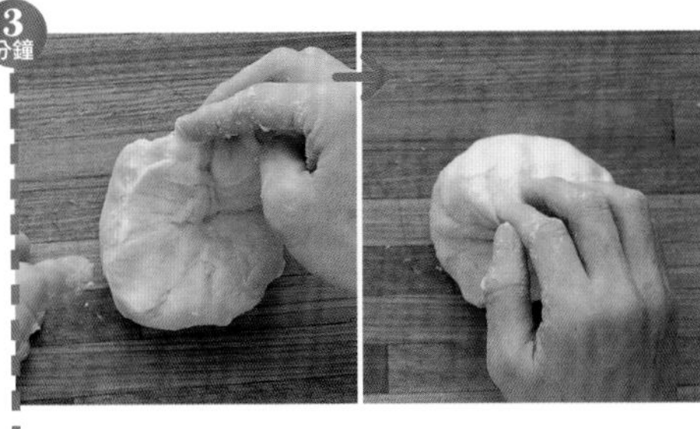

10 揉成團後，將麵團上端向下對摺。將麵團上端向下對摺，以雙手朝操作者身體一側輕推，使表面鼓起。

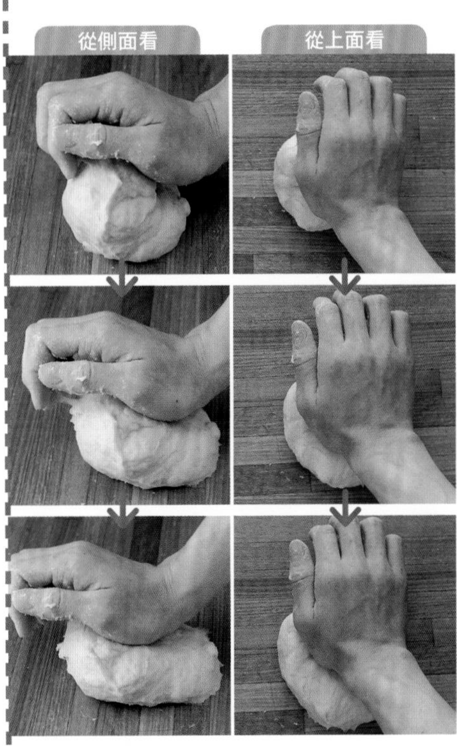

11 再以手將麵團推向對側，同時以手掌根按壓麵團。

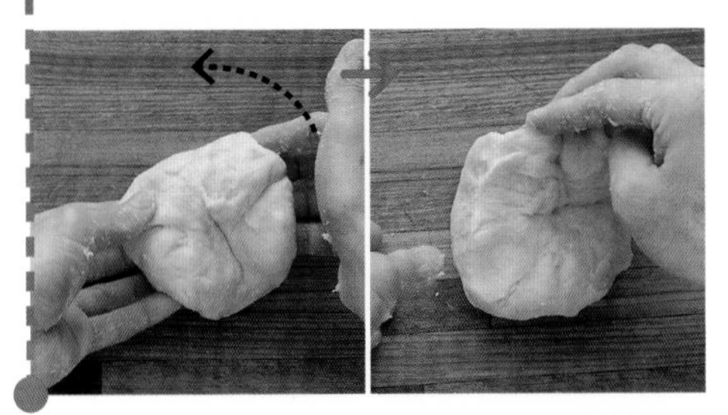

12 一邊轉動麵團方向，一邊反覆以步驟**10**至**11**的動作搓揉麵團。

※會有點黏手，但麵團表面也漸漸變光滑。

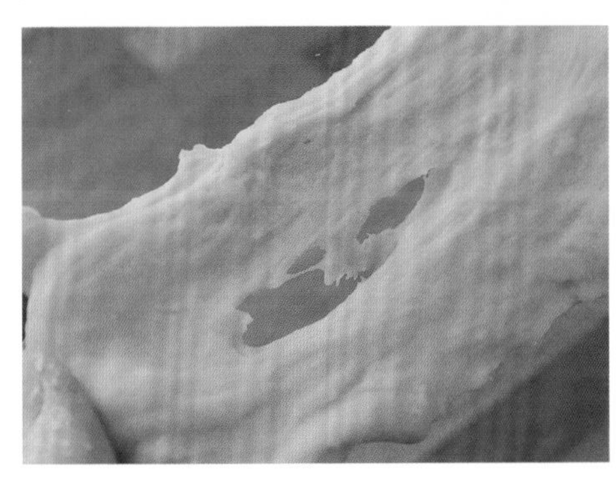

13 取部分麵團，以手指撐開拉薄，確認麵團的狀態。

※因麵團偏硬不易延展，強行拉大會立刻斷裂，大約揉至如圖片所示的狀態。

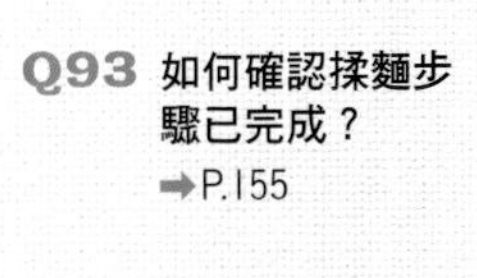

Q93 如何確認揉麵步驟已完成？
➡P.155

Q95 當揉麵過度或不足時會出現什麼問題？
➡P.156

14 雙手輕輕地向內推，整理麵團並讓麵團表面鼓起。

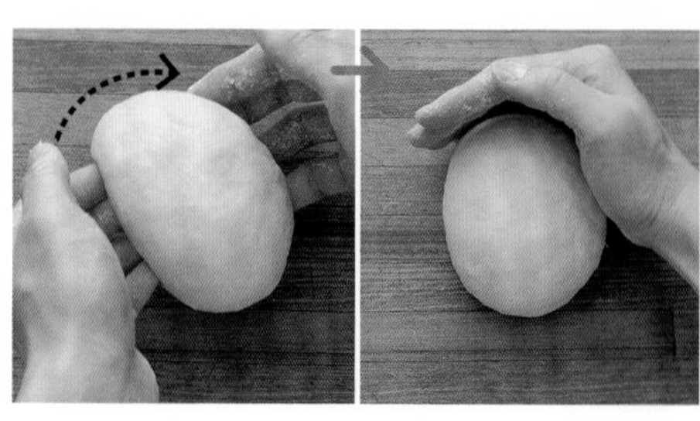

15 將麵團轉90度再向內推。重複數次，將麵團滾成表面鼓起的圓形。

16 放入調理盆[Q102]測量麵團溫度[Q77]，約以24°C為準。[Q96]

Q102 揉好的麵團要放入多大的容器才適當？
➡P.158

Q77 什麼是麵團溫度？
➡P.149

Q96 若攪拌後麵團溫度不符合目標值該怎麼辦？
➡P.156

發酵

17 放入發酵器[Q57]，以26°C發酵20分鐘。

※由於翻麵後需冷藏發酵，所以不發酵至麵團鬆弛，並提早進行翻麵作業。

Q57 什麼是發酵器？
➡P.143

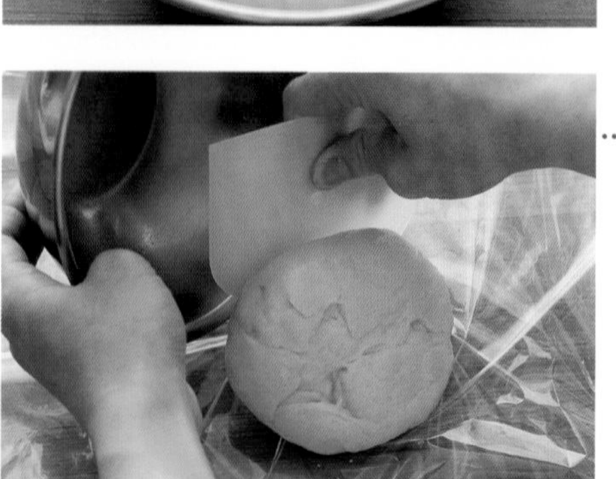

翻麵[Q114]

18 將塑膠膜鋪於工作檯上，麵團正面朝下倒出調理盆。

Q114 為什麼要翻麵？
➡P.164

Q115 為什麼要以按壓方式翻麵？
➡P.164

19 以手指由麵團中心往四周輕按[Q115]，使整體厚度一致。

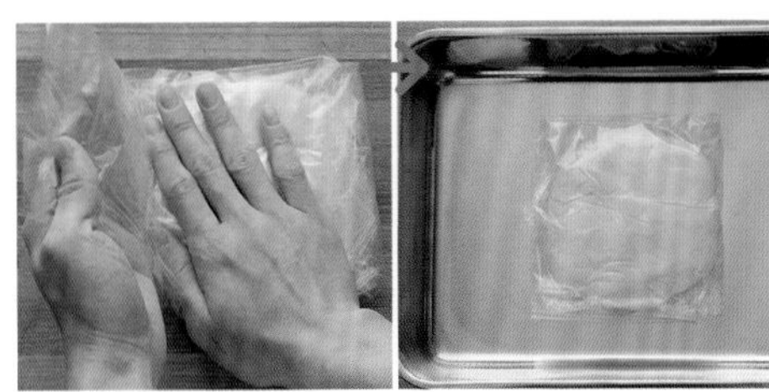

20 以塑膠膜包覆，放入托盤中。

※為使麵團快又平均地冷卻，請選用導熱快的金屬製托盤。

Q191 為什麼可頌的麵團要放入冰箱發酵？
➡P.193

冷藏發酵[Q191]

21 放入5℃的冰箱約12小時。

※麵團經冷藏變硬較容易進行後續作業。請維持冷藏溫度，盡量不開關冰箱，發酵時間約需8至16小時。

Q75 什麼是手粉？
➡P.149

準備摺入用的奶油

22 取出已冷藏變硬的奶油，放至已撒上手粉的工作檯[Q75]，也將手粉撒於奶油上。

※奶油軟化後易沾附於工作檯與擀麵棍上，可視需要撒上手粉，建議將手粉放入冰箱冷藏。

Q193 奶油太硬無法拍打開，可放入微波爐稍微加熱嗎？
➡P.193

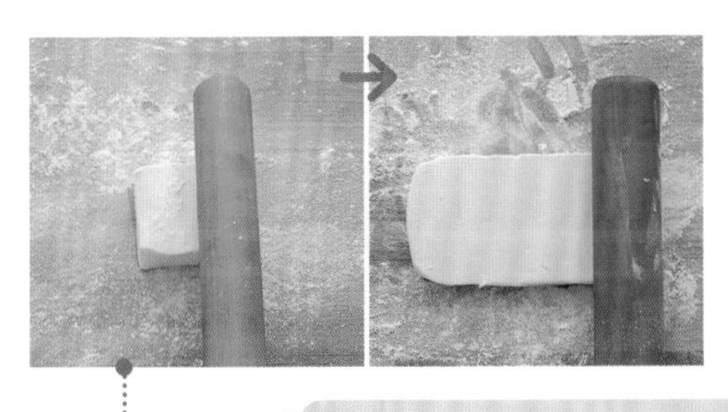

23 握住擀麵棍的一端，以另一端均勻敲打奶油。[Q193]

※如果擀麵棍的末端打到奶油，奶油易凹陷變形，請小心。

POINT

※握住擀麵棍末端的位置會較容易施力，手不要靠在桌面也較容易作業。

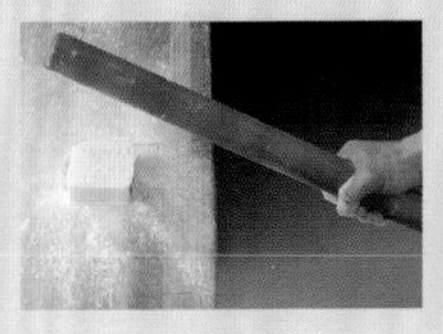

24 當奶油敲平至一定程度，將左右端向中間摺疊。

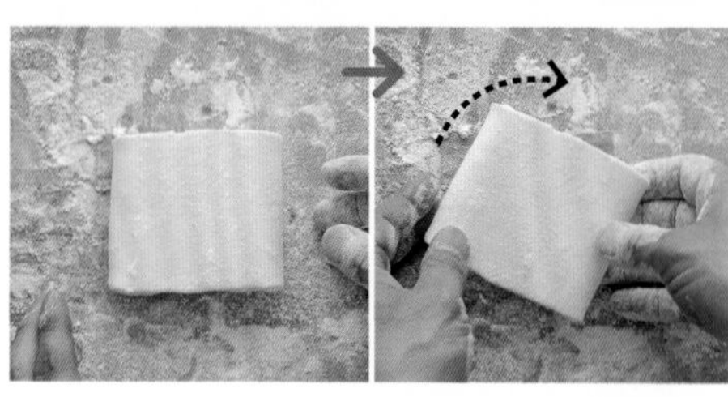

25 翻面，旋轉90度。

26 重複步驟**23**至**25**的動作，將奶油軟化。

※途中若奶油變得太軟，可再放入冰箱。

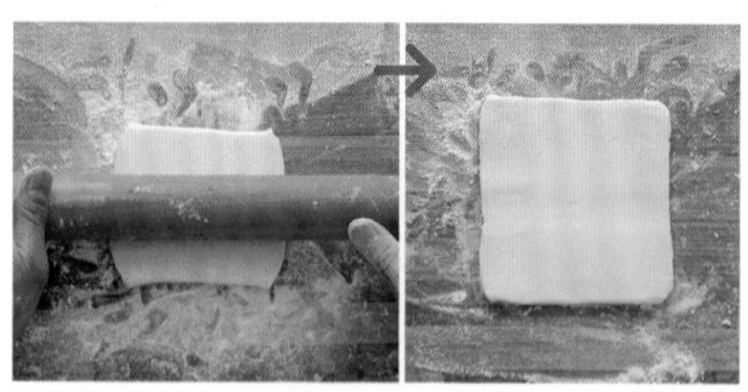

27 以指尖按壓奶油，若留下指痕表示變軟了，以擀麵棍擀成約12cm的正方形。Q192

Q192 **為何無法將摺入用奶油擀成四角形？**
➡P.193

28 最佳狀態是奶油表裡硬度一致，以手稍微摺彎也不會裂開。

※太硬會影響延展性，導致奶油在摺入過程中破裂，無法均勻包裹，相反的，要是太軟，奶油會滲入麵團，無法呈現層次。

摺入

29 將步驟**21**的麵團放於工作檯，將擀麵棍置於中間$\frac{1}{3}$的位置。

※在摺入及成型的作業中，若麵團變得黏手，可視需要在麵團或工作檯撒入手粉，建議將手粉放入冰箱冷藏。

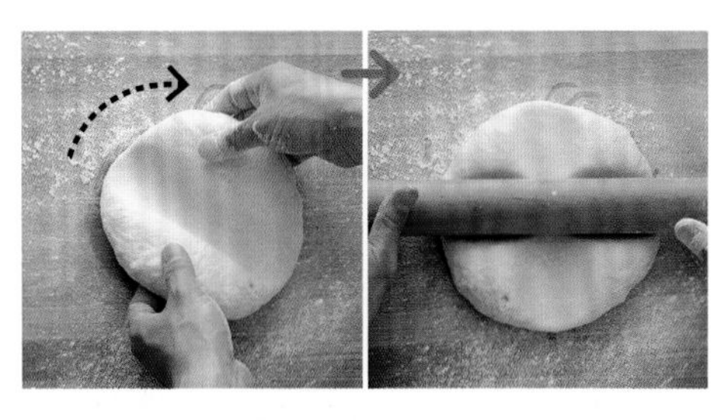

30 將麵團轉90度，擀麵棍再置於中間⅓的位置。

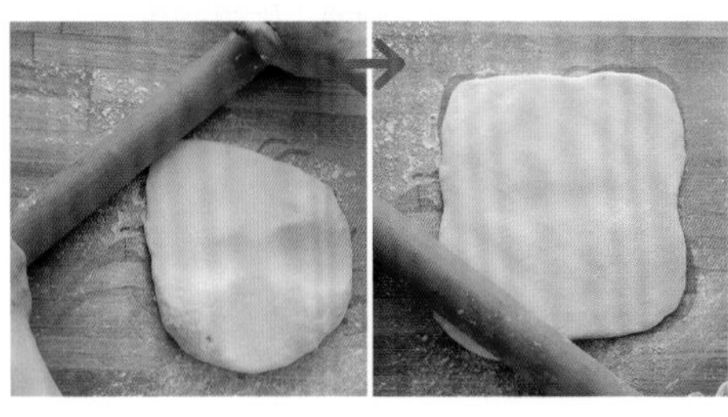

31 由中心以45度擀向四角的方向，將麵團擀成四角形。

32 將麵團　至比奶油面積大後，以毛刷刷去多餘的手粉。步驟**28**的奶油上多餘的手粉也要刷掉。

※殘留太多手粉，將無法烤出漂亮的層次。

33 將奶油以45度鋪放於麵團上。

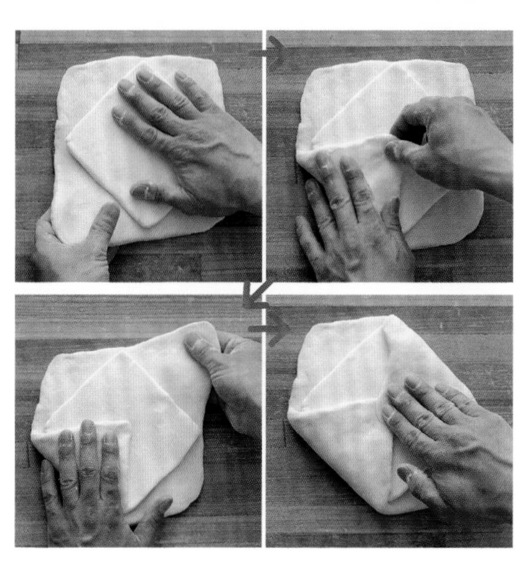

34 以手稍微拉長麵團的四個角，以對角線的方向包覆奶油，重疊的部分以手指壓緊。

35 將奶油的四個角全部包覆後，將重疊部分牢牢壓緊。

36 稍微拉長麵團的四邊，覆蓋中間的縫隙，以手指確實壓緊收口，將奶油完全包覆。

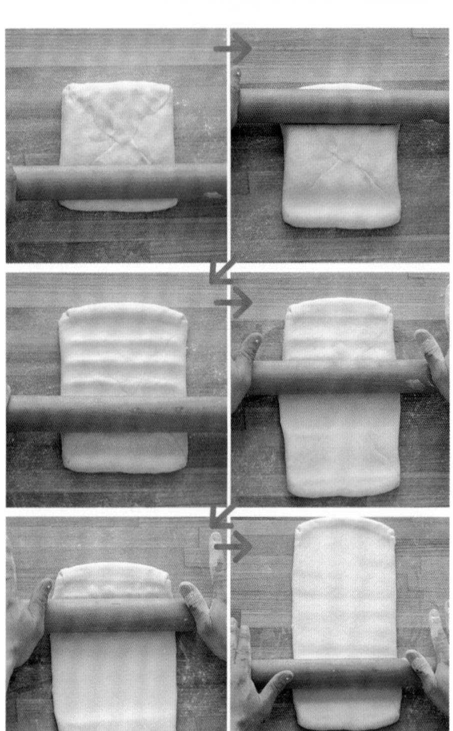

37 先以擀麵棍按壓麵團的上下兩端，平均地壓平麵團，再由中央約⅓的位置以擀麵棍向上擀平，再回到中央位置，以擀麵棍向下擀平。Q195

※先按壓上下端目的是稍固定，避免變形，若擀平途中麵團變軟，可以塑膠膜包覆後放入冷凍庫中。

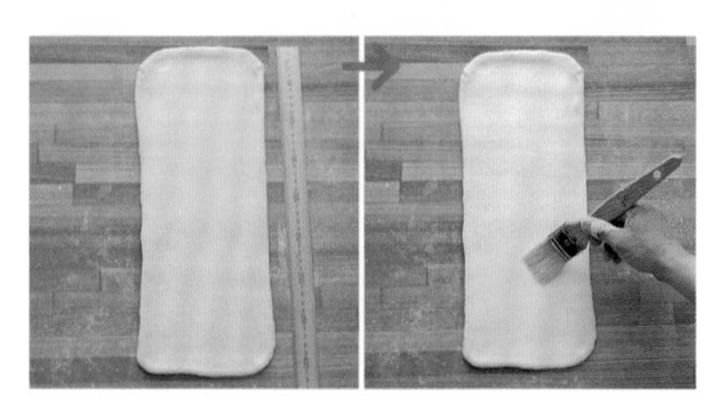

38 反覆將擀麵棍由中間朝上下端擀平，將麵團擀成寬14cm×長42cm，並以毛刷刷去多餘的手粉。

Q195 製作可頌麵團在擀平時軟掉了，該怎麼辦？

➡P.194

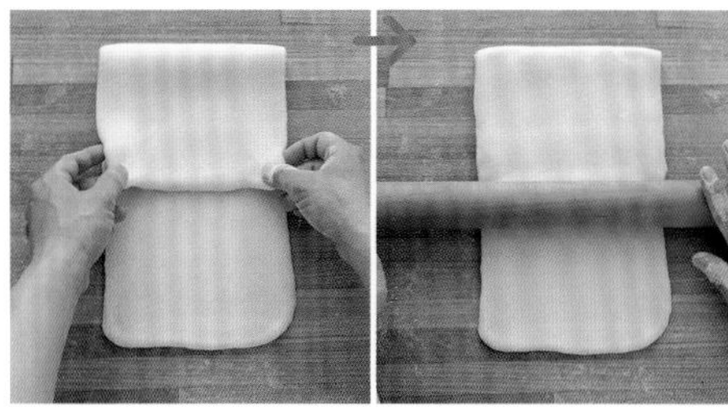
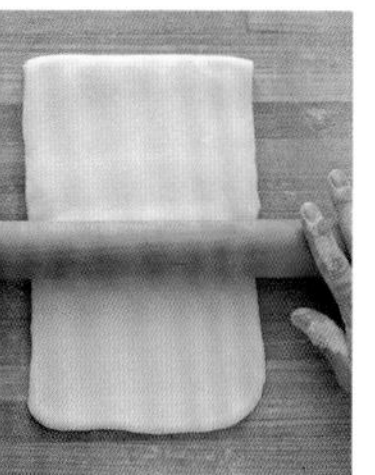

39 由上方⅓處向下對摺，刷去多餘的手粉，再以擀麵棍按壓收口。

※將麵團兩端邊緣稍微擀薄，會較容易摺疊。

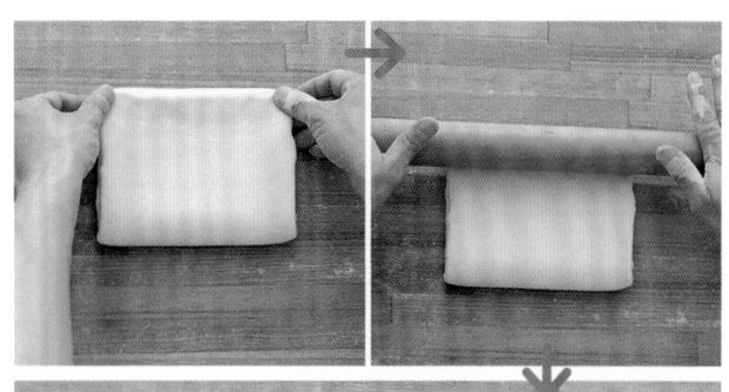

40 由下方⅓向上對摺，先以擀麵棍按壓收口，再將麵團來回地擀平。

※再次全部擀平的目的在於使摺疊的麵團黏合，並使麵團厚度相同，使冷卻程度一致。

41 將麵團以塑膠膜完全包覆，以免空氣進入。

42 置於托盤中再放進-15℃的冷凍庫，醒麵30至40分鐘。

※將摺疊後已變軟的麵團放入冷凍庫，冰凍至必須用力才能摺彎的程度。

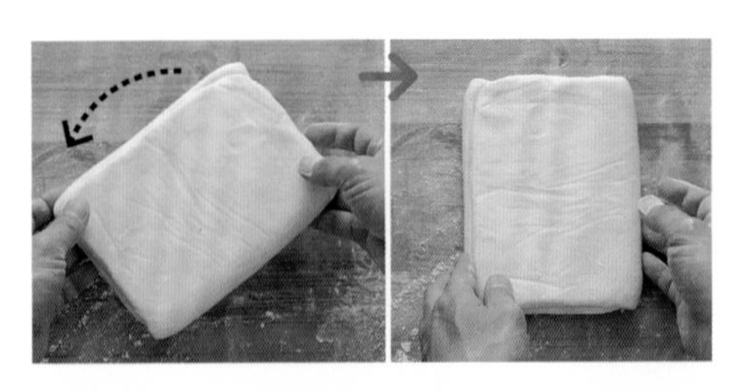

43 將麵團收口朝上放於工作檯上，再旋轉90度。

※將麵團轉向是為了要在第二次摺疊時將收口摺於裡面，原因在於同一個方向較不易擀開，所以每次摺都換方向。

44 將麵團以擀麵棍擀平，且重複步驟**38**將麵團擀成寬14cm×長42cm，並刷除多餘的手粉。

45 重複步驟**39**至**40**的作法，進行第二次的三褶。

46 將麵團以塑膠膜包覆後置於托盤，放進-15℃的冷凍庫，醒麵約30至40分鐘。

47 重複步驟**43**至**45**的作法，進行第三次的三褶。[Q197]

Q197 摺疊次數不同，會對成品造成什麼影響？

➡P.194

48 將麵團以塑膠膜包覆後置於托盤，放進-15℃的冷凍庫，醒麵約30至40分鐘。

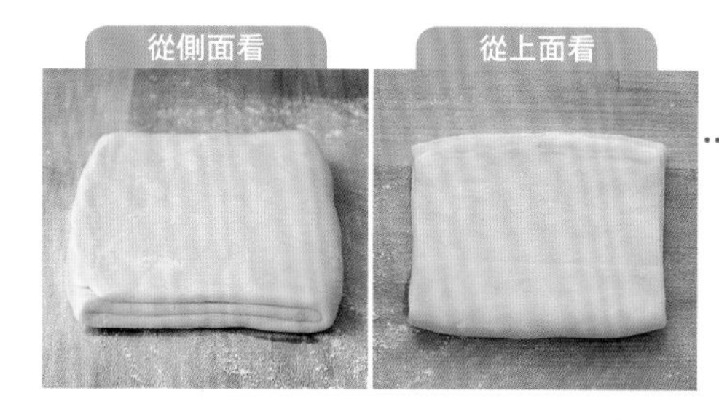

成型

49 將麵團收口朝上，以和第三次三摺相同方向放到工作檯。

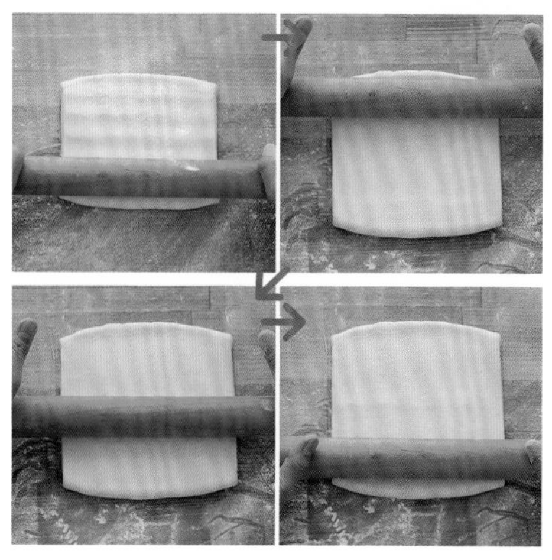

50 先將整個麵團擀過一遍，再由中間往上及中間往下，反覆地將麵團擀平。

51 若作業中遇至上下端翹起變形，可將擀麵棍以傾斜角度，多擀幾次上下端的部分，重新整理成四角形。

52 擀平為長約18cm。

53 將麵團轉向90度。

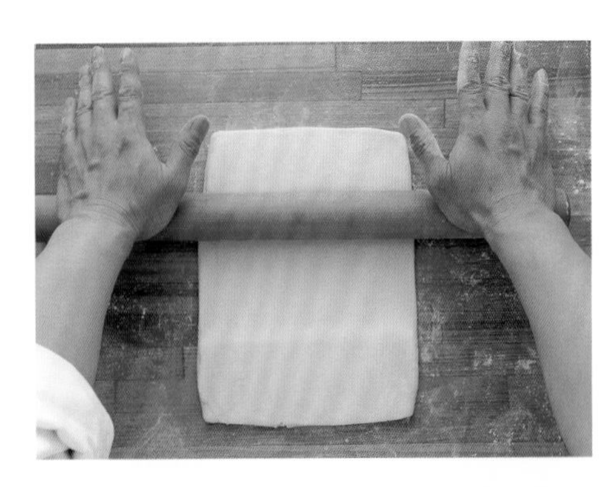

54 擀麵棍放在麵團中央約⅓的位置。

55 由中間開始往上擀平，回至中間，再由中間往下擀平。

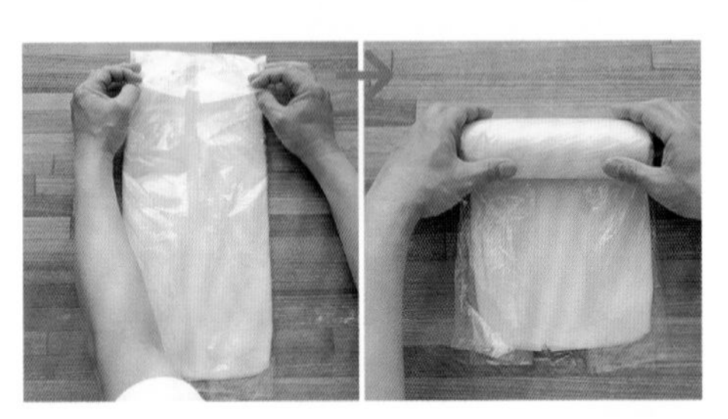

56 作業中如果麵團變軟，就以塑膠膜包覆後放入冷凍庫。

※可將長麵團捲起，以節省空間。

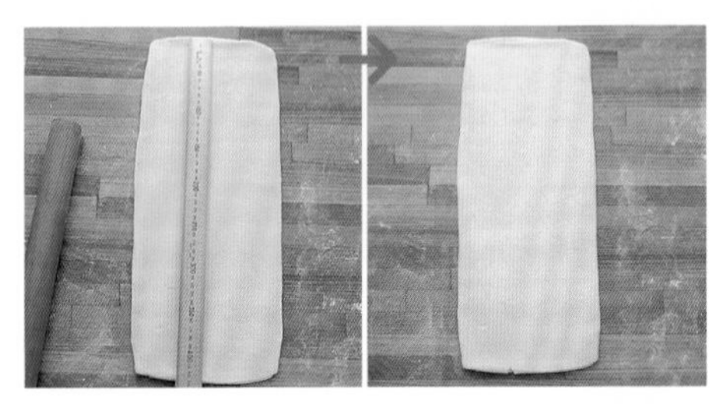

57 重複步驟**55**的動作將麵團擀成約寬18cm×長40cm的長條形。

※擀平後如果麵團變軟，可比照步驟56放入冷凍庫。

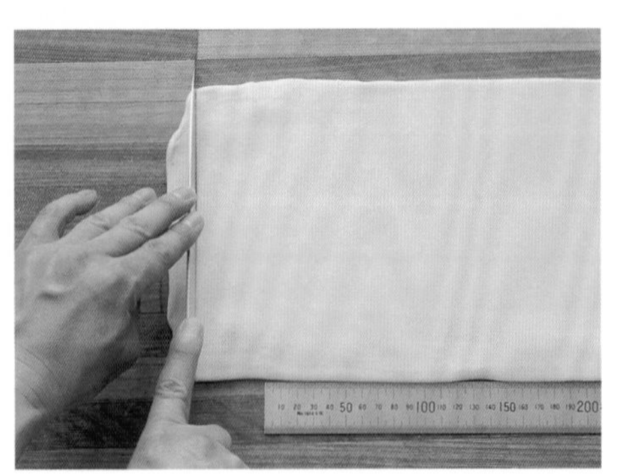

58 將麵團橫向鋪在工作檯，將刀子以按壓方式將兩邊稍微切掉一些。

※切割時若將刀子前後移動，層次會產生歪斜而無法烤出漂亮的層次。

59 在麵團上端每間隔9cm處作記號，共四處記號。

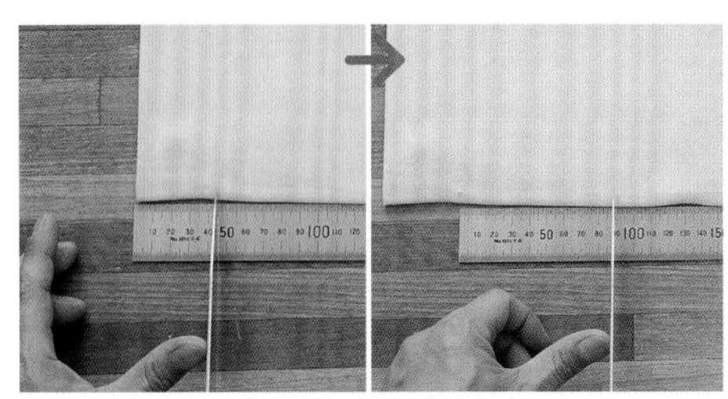

60 先在麵團下端距邊端4.5cm處作記號，之後每間隔9cm作記號，共五個記號。

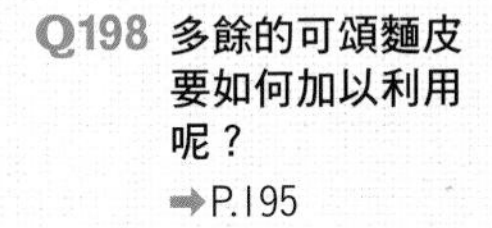

Q198 多餘的可頌麵皮要如何加以利用呢？

➡P.195

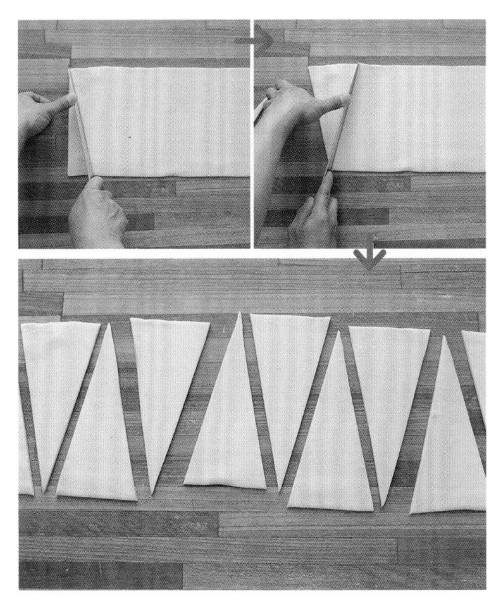

61 將麵團上下方的記號連接，將刀子以按壓方式切成等邊三角形。[Q198]

62 將等邊三角形的尖端朝向下，一隻手握住底邊，另一隻抓住約中間處並輕輕地向下拉長。

※要慢慢地拉長而不是使力拉扯。

63 將麵團上端稍微反摺。

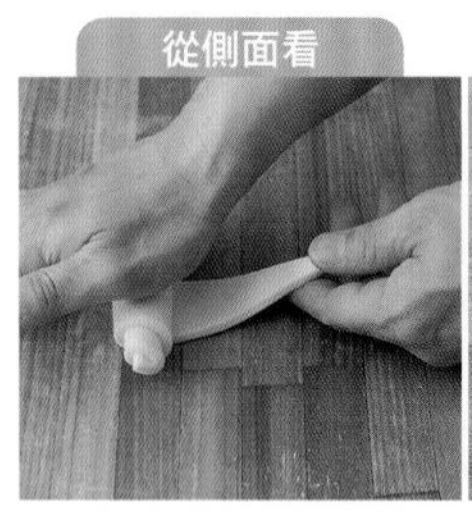

64 從麵團上方反摺處，朝向身體側慢慢地捲起，捲至一半的位置。

※注意：如果捲太緊，烤後反而會裂開。

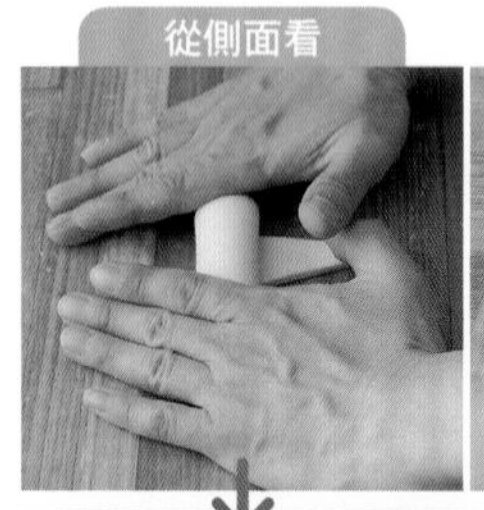

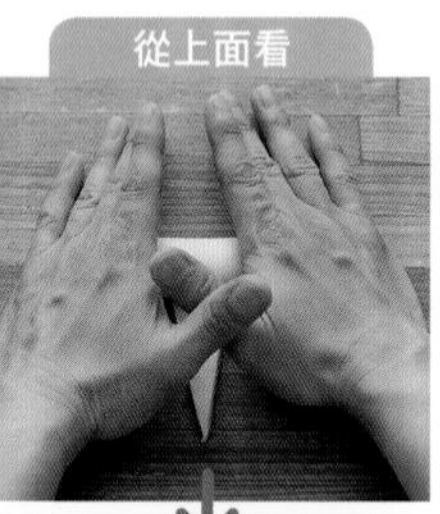

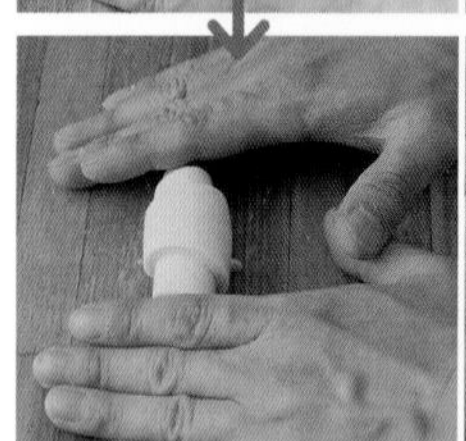

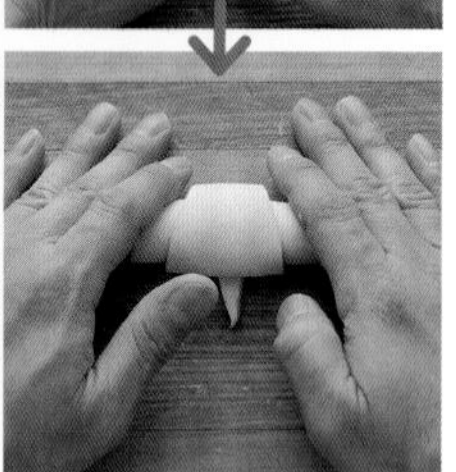

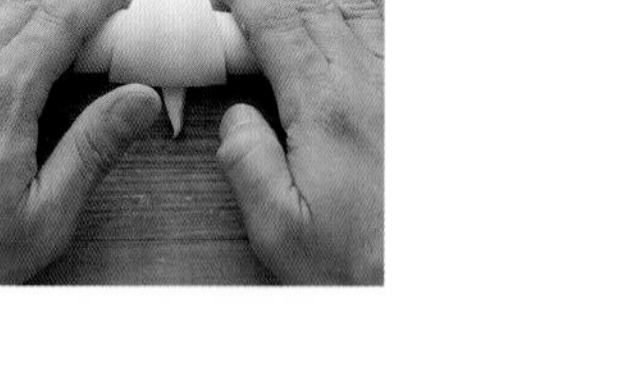

65 剩下的部分，以雙手一起捲。

※為了不破壞麵團的層次，盡量不要壓壞切邊部分。

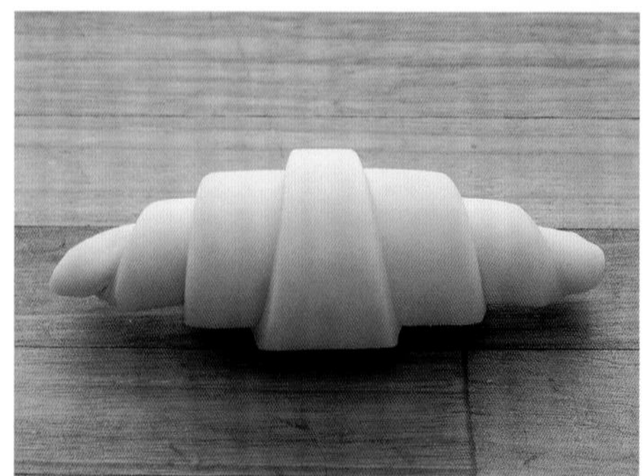

66 捲好的模樣。

※左右形狀對稱，烘烤後才漂亮。

Q133 為什麼排列麵團時，將收口朝下？
➡P.171

Q134 將麵團排列於烤盤時要注意些什麼？
➡P.171

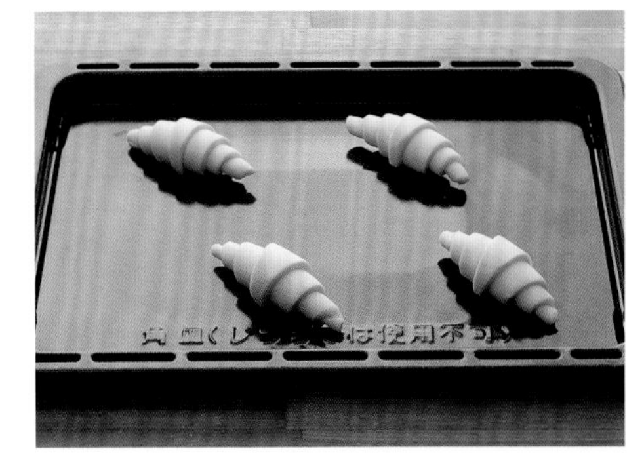

67 將收口朝下[Q133]，排列於烤盤上。[Q134]

※若必須分次烘烤，為避免麵團乾燥，先以塑膠膜包覆後放入冷凍庫約10分鐘，待烤前再進行成型成業。若麵團太硬不易成型，可先置於室溫下回軟。請留意，若將麵團凍太久將無法烤出漂亮的層次。

Q113 如何分辨麵團最後發酵狀態？
➡P.163

Q196 為什麼在最後發酵時油會滲出來？
➡P.194

最後發酵

68 放入發酵器，以30℃發酵60分鐘。[Q113]

※溫度過時高奶油會滲出，無法烤出膨鬆度。[Q196]

Q142 請問塗刷蛋液技巧？
➡P.174

Q143 塗刷蛋液時要注意些什麼？
➡P.175

Q145 為何依配方指示的溫度烘烤但卻烤焦了？
➡P.175

Q147 為什麼烘烤後要馬上由烤箱或烤模中取出？
➡P.176

烘烤

69 將蛋液平行地薄刷一層於麵團的表面與卷紋處[Q142・143]，放入已預熱至220℃的烤箱中，烘烤12分鐘。[Q145]

※請小心塗刷蛋液，別讓蛋液滴至烤盤上。

Q194 為何烘烤後的可頌沒有漂亮的層次感？
➡P.194

Q199 為何烘烤後的可頌裂開了？
➡P.196

70 從烤箱中取出，置於涼架上靜置待涼。[Q147・194・199]

可頌麵團變化款

巧克力麵包

將可頌麵皮捲入甜巧力的法國傳統麵包。
派皮的香酥口感、滋味豐富，和巧克力十分對味，
難怪成為法國高人氣的經典款麵包。

材料（8個份）

	分量(g)	烘焙百分比(%) Q71
法國麵包專用粉	200	100
砂糖	20	10
鹽	4	2
脫脂奶粉	6	3
奶油	20	10
即溶乾酵母	4	2
蛋	10	5
水	100	50
奶油（摺疊用）	100	50

巧克力（6cm×3cm）	8片
蛋（烘烤時用）	適量

準備工作

- 調整水溫。Q80
- 奶油直到使用之前都先置於冰箱冷藏。
- 在發酵用的調理盆內塗抹一層雪白油。
- 將烘烤時使用的蛋充分打散，再以茶濾網過濾。

麵團溫度	24℃
發酵	20分鐘（26℃）
冷藏發酵	12時間（5℃）
摺疊	摺三褶×3次（每一次都以-15℃醒麵30至40分鐘）
最後發酵	50分鐘（30℃）
烘烤	12分鐘（220℃）

Q71 什麼是烘培百分比？
➡P.147

Q80 如何決定材料水的溫度？
➡P.150

Q191 為什麼可頌的麵團要放入冰箱發酵？
➡P.193

Q75 什麼是手粉？
➡P.149

揉麵・發酵・冷藏發酵 Q191 摺疊

1 依製作可頌（請參閱P.102）的步驟**1**至**48**搓揉、發酵與摺疊麵團。

成型

2 依製作可頌（請參閱P.102）的步驟**49**至**56**，將麵團擀成寬16cm×長44cm的長條形。

※奶油軟化後易沾附於工作檯與擀麵棍上，可視需要撒上手粉Q75，建議將手粉放入冰箱冷藏。

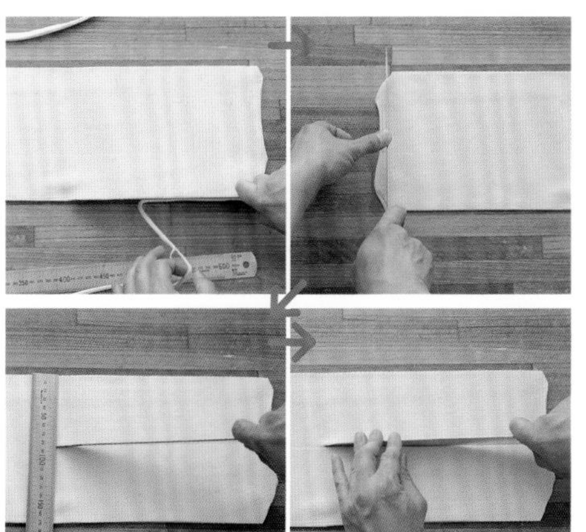

3 將麵團橫放在工作檯，將刀子以按壓方式將麵糰上下端及左邊修剪整齊，於左右兩端作上橫向對切的記號後，以刀子切開。

※切割時若將刀子前後移動，層次會產生歪斜而無法烤出漂亮的層次。

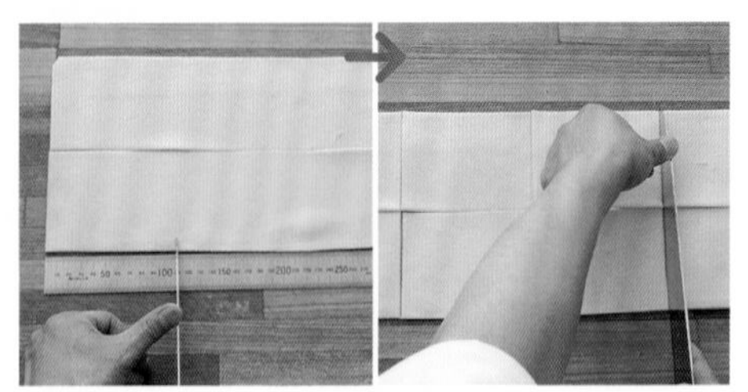

4

在麵團上下兩端每間隔1cm處作記號，連結上下端記號後，以刀按壓切開。

※麵團所切的等份，可依巧克力的形狀及大小而異，以能完全包住為原則。

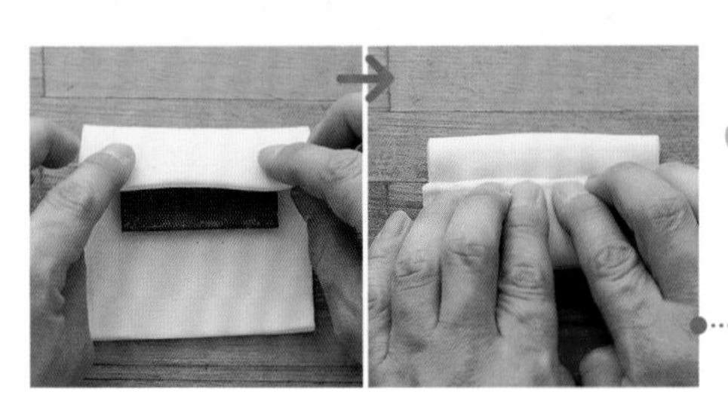

5

將麵團擺成縱長形，在正中間鋪上巧克力[Q201]，再以麵團上下端包覆，以手指輕壓麵團重疊處壓緊收口。

POINT
約重疊1cm。

Q201 製作巧克力麵包可使用一般市售的巧克力嗎？
➡P.196

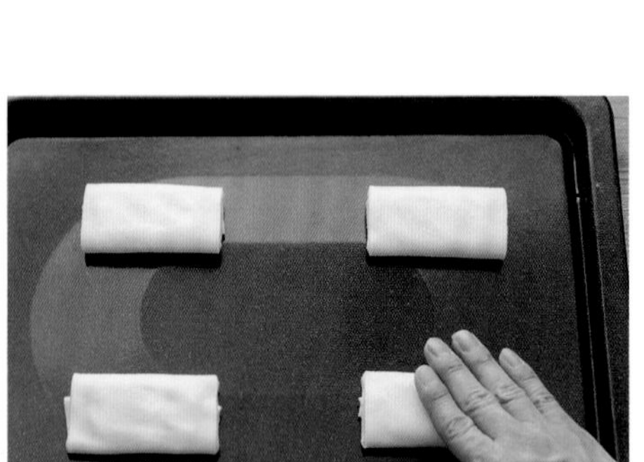

6

將收口朝下排列於烤盤上[Q113·114]，由麵團上方以手輕輕地按壓。

※若必須分次烘烤，為避免麵團乾燥，先以塑膠膜包覆後放入冷凍庫約10分鐘，待烤前再進行成型成業。若麵團太硬不易成型，可先置於室溫下回軟。請留意，若將麵團凍太久將無法烤出漂亮的層次。

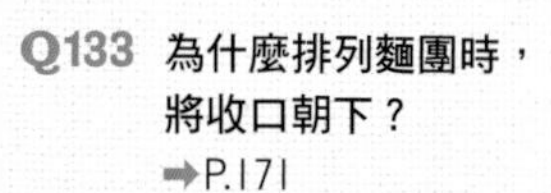

Q133 為什麼排列麵團時，將收口朝下？
➡P.171

Q134 將麵團排列於烤盤時要注意些什麼？
➡P.171

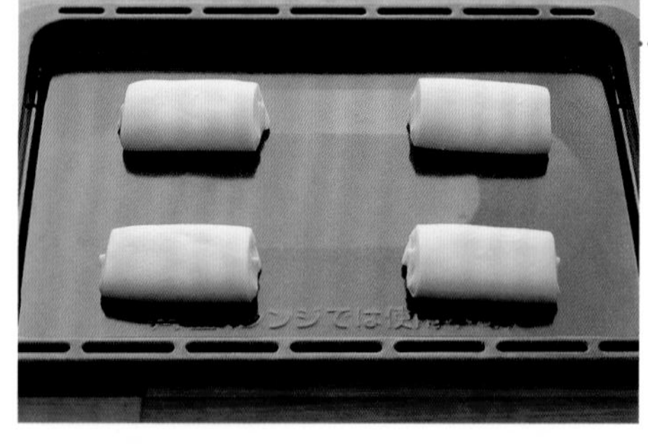

最後發酵

7

放入發酵器，以30℃發酵50分鐘。[Q113]

※若溫度過高，會使奶油滲出，無法烘烤出膨鬆度。

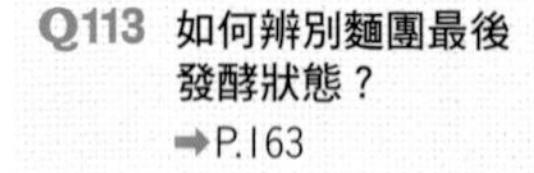

Q113 如何辨別麵團最後發酵狀態？
➡P.163

Q142 請問塗刷蛋液技巧？
➡P.174

Q143 塗刷蛋液時要注意些什麼？
➡P.175

烘烤

8

在麵皮表面刷上蛋液[Q142·143]，放入已預熱至220℃的烤箱中，烘烤12分鐘[Q145]，取出置於涼架冷卻。[Q147·200]

Q145 為何依配方指示的溫度烘烤但卻烤焦了？
➡P.175

Q147 為什麼烘烤後要馬上由烤箱或烤模中取出？
➡P.176

Q200 為什麼麵包烤好後會斜向一邊？
➡P.196

PART 2

製作麵包Q&A

「為什麼需要這道程序？」
「為什麼要成為達到那樣的狀態？」……
抱持這樣的疑問，並試著去找出原因，
對於製作麵包有更深的理解是很重要的。
此單元從科學方面說明麵團膨大機制，
至包含訣竅、作法的原因為何，
逐一為你解開諸多疑問。
藉由解決問題，明白各項作業的意義及更了解材料，
讓製作麵包變得樂趣無窮！

製作麵包技術審定：梶原慶春・浅田和宏
科學資料審查定：木村万紀子

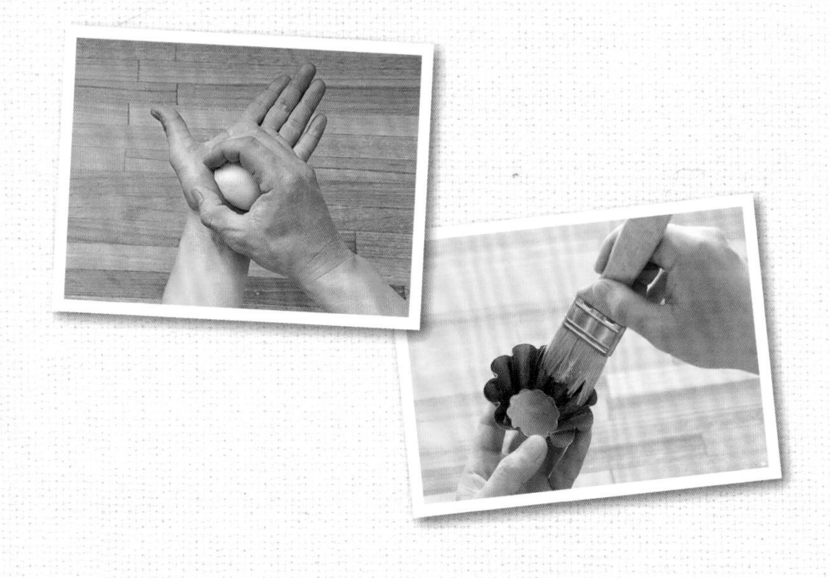

材料&工具

Q1 製作麵包的必要材料有哪些？

A 基本材料有麵粉、水、酵母及鹽。

在麵粉中加入相當於其重量約60%至70%的水，攪拌搓揉出含彈性的麵團，再經過烘烤，廣義來說就可以稱為麵包了。只是不會像我們平常吃的麵包那般膨鬆，又稱為無發酵麵包。

相對於此，要製作膨起發酵的麵包，就需要麵粉、水、酵母及鹽四種材料。其中的酵母會產生二氧化碳，使麵團脹大；鹽則是決定麵包味道的不可欠缺材料。

除了這四種基本材料之外，若再加入糖類、乳製品、油脂及蛋等副材料，可以增添甜味、風味、柔軟度及體積形狀，變化出各種不同口感的麵包。

Q2 麵粉的成分是什麼？

A 主要的成分是澱粉及蛋白質。

一般市售的麵粉的兩種主要成分中，澱粉占70至76%、蛋白質占6.5至14.5%，剩下的是礦物質及水分等。

雖然澱粉占了大半成分，但製作麵包、蛋糕或麵條時，影響最多於使用的麵粉中含有多少比例的蛋白質，以麵包為例，蛋白質的量相差零點幾個百分點，就會產生不同的體積及口感。

在日本是以蛋白質的含量作為麵粉的分類依據（請參閱Q5．Q6）。

Q3 麵粉的作用是什麼？

A 除了作為麵包的身體之外，也是支撐脹大麵團的骨架。

巧妙地利用麵粉的成分製作成麵包，因此麵粉的主成分：澱粉及蛋白質就扮演了關鍵角色，這兩項成分在攪拌、揉麵、發酵，至烘烤的一連串過程中產生變化、交替作用，最後製作成麵包。

◆蛋白質的作用

在攪拌作業中，充分搓揉麵團，麵粉中的蛋白質會產生所謂的「麵筋」（請參閱Q4），在麵團中先擴散成網狀，再逐漸變成層狀薄膜、在內側吸入澱粉。麵筋薄膜包覆氣泡（主要是酵母所產生的二氧化碳）、相互交錯。麵筋有兩大作用，一是在發酵作業中，將酵母因為酒精發酵（請參閱Q17）所產生的二氧化碳保留在麵團中，不論酵母產生多少二氧化碳，若不把它們鎖在麵團中，麵團就會像破洞的帆船無法脹大鼓起，因此在發酵前要充分揉麵，製作出如橡膠帆船一般可承接空氣、延展性的薄膜，這點相當重要，而這層薄膜就是麵粉的麵筋，隨著二氧化碳量的增加，麵筋薄膜從內側擠壓撐大，使麵團整個脹大。

第二作用是形成麵團的骨骼，麵筋以網狀組織支撐脹大的麵團不致塌陷，經烘烤過後，會變硬成為堅固的骨骼。

◆澱粉的作用

澱粉在烘烤作業時先吸水變軟，之後再隨著溫度升高，水分蒸發到某一個程度時又變硬（請參閱Q137），最後成為烤膨麵包的身體，柔軟地支撐整個組織。

若將麵包比喻成建築物，它就是一幢擁有許多房間的豪華公寓，房間的空間可比擬為麵包的氣孔，房間內積滿二氧化碳而膨起，澱粉則是讓牆壁更堅固的水泥，麵筋則是分布於澱粉粒子之間的鋼筋，支撐著麵包。

Q4 麵筋是什麼？

A 由麵粉的蛋白質所形成的帶黏性及彈性的物質。

搓揉麵團時，會感覺到一股回推的力量，其實是來自麵粉的麵筋彈性。

麵筋並不是一開始就存在於麵粉中。麵粉加一定量的水攪拌後，原本所含的小麥穀蛋白（glutenin）及穀膠蛋白（gliadin）就會與水結合，形成所謂的麵筋。雖然含蛋白質的食品很多，但兩種蛋白質含量十分平衡的只有麵粉，會產生麵筋也是麵粉特有的性質。

麵筋是由纖維交織纏繞的網狀組織，特徵是有黏性及彈性。麵團揉得愈久，麵筋愈多，網狀組織變更細密，黏性及彈性也更強。

藉由操作及實際觸摸，充分感受它的特徵。首先在麵粉中加入相對於其重量60至70%的水，充分攪拌混合為麵團後，將麵團放入水中一邊搓一邊洗，澱粉會逐漸流出，最後只剩下麵筋，試著以手拉開會形成膜狀，且可以感覺到像口香糖般的黏性及彈性。

想要在麵團中製造更多堅固的麵筋，加入適量的水及充分搓揉是最重要的兩點。水加得太多或太少，或搓揉不足，都只能製造出脆弱又少量的麵筋。

● 麵粉產生的麵筋及其特徵

由麵粉（使用高筋麵粉）麵團（左）中搓洗出的麵筋（右）。

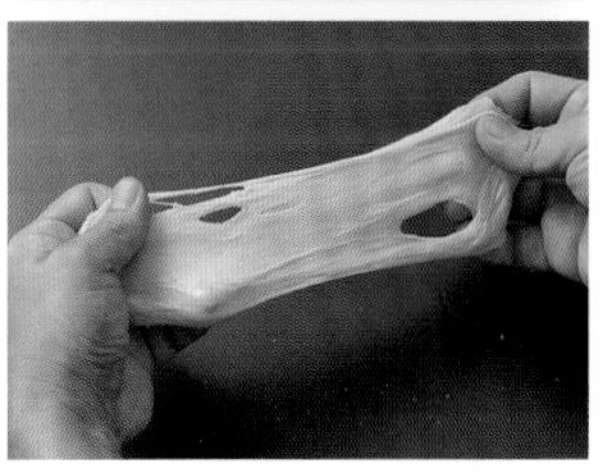

將搓洗後的麵筋拉長後的狀態。

Q5 麵粉有哪些種類？

A 高筋麵粉、準高筋麵粉、中筋麵粉及低筋麵粉。

日本販售的麵粉種類堪稱世界第一。在日本，由麵粉製成的食品種類相當多，包括麵包、蛋糕及麵條等。即使是麵包使用的麵粉，也可依據麵粉特性，再細分成土司專用粉及法國麵包專用粉等。而土司因應不同需求，又再細分成土司專用粉及法國麵包專用粉等。而土司因應不同需粉，又再細分可製作出具體積感或外皮酥脆等麵粉，種類多到不勝枚舉。不過日本生產的麵粉高達96%是供專業使用，家庭用的種類則僅占極少數，有高筋麵粉、準高筋麵粉、中筋麵粉及低筋麵粉四種。

麵粉雖然包含澱粉、蛋白質、灰分（礦物質）與水等成分，但很難以化學分析得出的數值加以分類。實際上也沒有更細的分類規格。不論是製作麵包、蛋糕或麵條，蛋白質所產生的麵筋（請參閱Q4）性質都會帶來很大的影響，所以日本是依蛋白質的含量進行分類。

蛋白質含量最高的是高筋麵粉。高筋麵粉揉成的麵團因為能產生很多麵筋，所以黏性及彈性也強。接著蛋白質含量依準高筋麵粉、中筋麵粉及低筋麵粉的順序遞減，產生的麵筋量減少，黏性及彈性當然也一併減弱。

● 高筋麵粉及低筋麵粉的麵筋含量比較

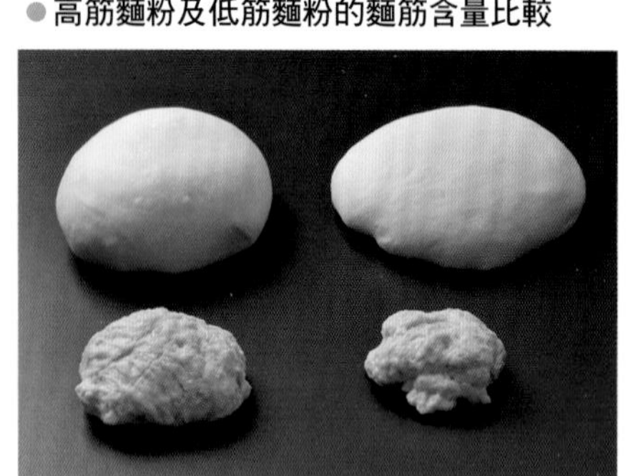

高筋麵粉麵團（左後）中搓洗出的麵筋（左前）
低筋麵粉麵團（右後）中搓洗出的麵筋（右前）

詳細說明❶ 麵粉的蛋白質含量是由什麼決定的？

麵粉的原料可概分成顆粒硬的硬質小麥及軟質小麥。硬質小麥的特徵是比軟質小麥包含更多的蛋白質。

小麥依產地及品種的不同，其中蛋白質的量與質也會有所差異，然而即使品種相同，仍會受到氣候、土質與施肥方式等因素的影響。例如：在加拿大適合用於製作麵包的小麥，移到氣候相似的北海道栽種，結果也不相同。

麵粉的差別則在於高低筋麵粉所含蛋白質的量及質等區分種類的不同。通常高筋麵粉是由蛋白質含量高的硬質小麥製成，低筋麵粉的原料則是蛋白質含量低的軟質小麥。另外，有的只使用單一品種，有的在製作過程中摻入數種軟硬質小麥，有的是則加入多種硬質（軟質）小麥，總之是配合要求的蛋白質量與質而進行調整。

詳細說明❷ 何謂麵粉等級？

麵粉可依蛋白質的含量分類，也可按麵筋多寡歸類。灰分是指磷、鉀、鈣、鎂及鐵等礦物質，大量存在於小麥的外皮與胚芽中。依據小麥在磨粉過程中混入多少外皮及胚芽，從灰分值低的排起，分成一等、二等、三等及末等，市售的麵粉多半是一等與二等，但並不會特別註明。

法國則是依據麵粉的灰分作分類，這點與日本分類方式大不相同。

Q6 適合製作麵包的麵粉是哪一種？

A 高筋麵粉或準高筋麵粉。

為了使麵包脹大膨起，在搓揉麵團時，必須選用從蛋白質中產生許多麵筋的種類。

在發酵及至烘烤的過程中，當麵團脹大時，麵筋的作用就在將氣泡內的二氧化碳鎖在麵團內，防止它們跑出去，同時也扮演骨骼的角色，支撐脹大的麵團不塌陷，因此，使用蛋白質含量高的麵粉，麵包就會大大膨起。

高筋麵粉不只蛋白質含量高、可產生很多麵筋，在黏性及彈性上也強過低筋麵粉，更適合製作麵包，但根據麵包種類，也可選用準高筋麵粉。

●不同種類麵粉的蛋白質含量與用途

	蛋白質含量	用途
低筋麵粉	約6.5至8.5%	甜點與料理等
中筋麵粉	約8.0至10.5%	麵條與甜點等
準高筋麵粉	約10.5至12.0%	麵包與麵條等
高筋麵粉	約11.5至14.5%	麵包等

Q7 法國麵包專用粉是什麼種類的麵粉？

A 專門製作法國麵包之類的硬式麵包。

法國麵包專用粉顧名思義及是製作法國麵包的專用麵粉（請參閱Q168）。蛋白質含量約11.0至12.5％，介於高筋麵粉與準高筋麵粉之間，雖說是法國麵包專用，但也可用於製作硬式與半硬式麵包，本書介紹的可頌即是此類。

Q8 除麵粉之外，另有什麼粉類也可製作麵包？

A 全麥粉與裸麥粉也經常使用。

法國麵包專用粉也有各種品牌，可於烘焙材料行購得。

製作麵包主要是使用麵粉，風味獨特的全麥粉與裸麥粉也是選項之一。

一般的麵粉是將近小麥的中心部分磨成粉，全麥粉則如文字所示，是以整顆小麥粒磨粉，因為包含外皮及胚芽，食物纖維、維他命及灰分（礦物質）都比一般的麵粉高，又因外皮等會阻斷麵筋組織，所以使用量多時，麵包也不易脹大。

裸麥粉是德國與北歐的傳統麵包材料，不同於小麥，裸麥粉幾乎不含形成麵筋的蛋白質，所以搓揉麵團也不會產生麵筋，也因為如此，加入許多裸麥粉的麵包，儘管酵母會釋出二氧化碳，卻不會被鎖在麵團中，烤出的麵包特徵是不膨、氣孔緊密厚實。

全麥粉及裸麥粉，從粗磨顆粒到細磨成粉等多種，可依麵包風味及口感選購。

Q9 使用日本產麵粉有何注意事項？

A 必須調整水的用量。

日本用於製作麵包的小麥有99％是由海外輸入，其中美國及加拿大是最大宗。日本生產的小麥和這兩地相比，特徵是蛋白質含量少，就算是標榜麵包專用的日本麵粉，比起以進口小麥為原料的產品，仍不易產生麵筋，所以不適合用來製作又鬆又軟的麵包，製作出的口感比較接近有嚼勁的濕潤麵包。

使用日本麵粉，雖然製作方法不變，但有時要減少水的用量，麵粉的蛋白質會在攪拌搓揉時吸收水分產生麵筋，日本麵粉因本身蛋白質含量少，所需要的水分自然隨之減少。

全麥粉（上）・裸麥粉（下）

Q10 選用米粉製作麵包時有何注意事項？

A 請添加小麥蛋白粉或混合麵粉。

米粉不同於麵粉，不含會產生麵筋的蛋白質，所以光是用米粉製作麵包，無法在麵團中形成麵筋薄膜鎖住酵母釋出的二氧化碳，製作不出有膨鬆感的麵包。

添加市售的小麥蛋白粉或米粉與麵粉混合使用，麵團比較容易膨脹。

Q11 如何保存麵粉？

A 保存在涼爽、乾燥的地方。

麵粉適合存放在涼爽、冷熱溫差小、乾燥的地方，溫度偏高會使麵粉中的酵素產生作用、品質劣化。存放時要確實密封，防止濕氣及害蟲入侵。

由於麵粉容易吸附氣味，避免與氣味強的物品一同放置。

包裝上標示的賞味期限，是指未開封狀態下的品質保存期，開封後即使未過賞味期，請盡早使用完畢。

Q12 麵粉一定要過篩後再使用嗎？

A 用於製作麵包的粉類不過篩也ＯＫ。

麵粉過篩的好處是去除異物、防止結塊，及在被壓縮的麵粉顆粒之間注入空氣等。

麵包和海綿蛋糕等甜點的膨脹機制不同，不會因為麵粉沒過篩就無法膨脹。此外，製作麵包的高筋麵粉，比起製作蛋糕使用的低筋麵粉，還有一特色即是不易結塊（請參閱Q76）。

在麵粉的顆粒間注入空氣，的確有助於和其他材料的混合，且能均勻吸收水分，但過篩後製作出的麵包成果並不會讓人感覺有太大的差異。

可視狀況自行判斷是否需要過篩。

水Q&A

Q13 水的作用是什麼呢？

A 沒有水，麵粉就無法製成麵包。

水是製作麵包時不可或缺的材料，尤其是在驅動麵粉所含的成分發揮作用時，更是扮演了重要角色。

麵粉中的澱粉，和水一起加熱後，會開始吸水糊化（請參閱Q137）、變軟，成為人體可以消化的狀態。

形成麵筋也需要藉助水分。麵粉加水攪拌搓揉，蛋白質吸收水分後才變化成麵筋。

其他還包括溶化鹽，或活化酵母或酵素等材料，都需要加入水的作用。

Q14 有適合製作麵包的水嗎？

A 自來水大致就沒問題了。

在日本，使用自水就能作出十分美味的麵包。市售的礦泉水雖然也OK，但水的硬度與pH值（酸鹼值）會影響麵包的成果，在選用水時有必要事先了解（請參閱Q15・Q16）。

Q15 水的硬度會影響麵包的成果嗎？

A 嚴格來說，比日本自來水稍高的硬度是最適合的。

一般認為硬度100mg／L的水最適合製作麵包。

硬度為水中礦物質鈣及鎂含量多寡的一項指標。依各個國家不同，硬度的表示方法及分法也不一致，WHO（世界衛生組織）的分類則如P.128的表格所示。

日本的水硬度多半於50mg／L左右，接近軟水或稍軟水，用於製作麵包雖然沒什麼問題，但硬度稍微偏低。

接近硬度100mg／L的水之所以適合的理由是，可以強化麵筋的韌性。相反的，硬度低的水會使麵筋軟化，麵團變得黏稠。

使用市售礦泉水時請事先確認硬度。進口的水很多硬度都偏高。硬度太高會使麵筋韌性過強，導致麵團緊縮，出現凹凸不平的月球表面現象（請參閱Q127），還會延緩發酵，讓麵包在保存中變硬。

●水的硬度區分表

種類	硬度
極硬水	180mg/ℓ以上
硬水	120至180mg/ℓ（未滿）
稍硬水	60至120mg/ℓ（未滿）
軟水	60mg/ℓ以下

※因各地區水質不同，請讀者於台灣自來水公司網站查詢各地區水質硬度。

Q16 可以使用鹼性離子水嗎？

A 酵母喜歡弱酸性的環境，鹼性水並不適合。

酵母在弱酸性的環境下作用最活潑，鹼性或強酸都會對發酵產生阻礙。

麵團從攪拌至烘烤，一般維持在pH5.5至5.6的弱酸環境。原因是製作麵包的很多材料就是弱酸性，加上酵母釋出的二氧化碳溶於水，及乳酸菌或醋酸菌所產生的有機菌，使麵團的pH值自然傾向酸性，此範圍的pH值正好適合酵母活動，加上酸又能適度軟化麵筋增加麵團的延展性，使麵團變得更容易膨脹。

由於在麵包的材料中，水的用量算是多的，也大大地左右了麵團的pH值，所以水本身的pH值必須讓麵團保持弱酸性。但是鹼性離子水是pH值8.0至9.5的弱鹼性，若用於製作麵包，麵團一旦傾向鹼性，酵母的活動力就會降低，無法產生足夠的二氧化碳使麵團膨脹。

總之，日本的自來水為pH7的中性，用來製作麵包是沒問題的。

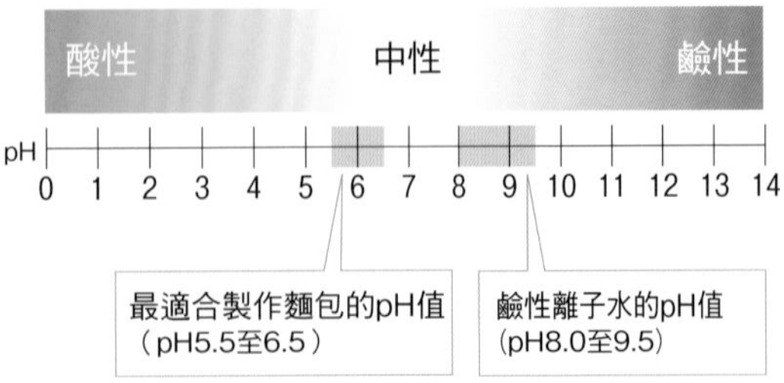

酸性　中性　鹼性

pH 0 1 2 3 4 5 6 7 8 9 10 11 12 13 14

最適合製作麵包的pH值（pH5.5至6.5）

鹼性離子水的pH值（pH8.0至9.5）

pH：酸鹼值

用於表示水溶液酸鹼程度的數值。pH7是中性，比7大是鹼性，值愈大鹼性愈強。比7小是酸性，值愈小酸性愈強。接近pH7是弱酸性，接近pH0是強酸性。鹼性也一樣，有弱鹼性及強鹼性。

Q17 酵母的作用是什麼呢？

A 釋放二氧化碳，使麵團膨脹。

酵母的作用是使麵團膨脹，主要是利用酵母酒精發酵的原理。

所謂酒精發酵是酵母將糖（葡萄糖或果糖）分解成二氧化碳及酒精，產生少量的能量反應。

在製作麵包時，酵母產生的二氧化碳會變成氣泡，擠壓周圍的麵團，使麵團整個脹大。至於酒精則會增加麵團的延展性，並賦與麵包獨特的風味或香氣。

Q18 要讓麵團中的酵母活潑地運作，需要怎麼作才好呢？

A 必須提供水及養分，並保持適當的溫度。

市售的酵母在保存期間是處於休眠狀態。要讓酵母甦醒，除了水及適合酵母活動的溫度之外，需要糖作為養分，提供一個足以讓酵母活潑運作的環境。

在麵包的材料中，供應酵母養分的糖，主要是來自麵粉的澱粉及砂糖等，但是糖的種類繁多，其中酵母可直接使用的是分子小的葡萄糖及果糖，所以麵粉的澱粉及砂糖要透過酵素分解成小分子後，才能作為酵母的養分。

最適合酵母活動的溫度，是釋放出最多二氧化碳的37至38℃，超過此溫度活動力開始變差，溫度至60℃酵母就會死掉；若低於適合溫度，活性也會降低，在4℃以下就進入休眠狀態，停止活動。然而不同於在試管中活化酵母的情況，實際製作麵包時，除了適合釋放氣體的溫度之外，還需配合麵團的狀態等因素決定作業溫度。

例如：發酵作業是在25至35℃下進行，低於酵母可釋出氣體的最佳溫度。這麼一來，由於氣體釋出量稍低於顛峰，麵團膨脹至一定程度便需要花費多一點時間。我們不是要讓酵母作短跑，而是希望如跑馬拉松一般，保持長時間穩定釋出氣體的狀態。

此外，伴隨著發酵中氣體的釋出，

麵團會受到拉扯，所以兼顧麵團的狀態也很重要，也就是說控制氣體的釋出量，使麵團在無負擔下順利膨脹，花費時間發酵的另一個優點是，在麵團中蓄積可轉化為麵包風味的物質。

實務上必須考量各種因素，取得平衡後，再設定讓酵母活潑運作的環境。

詳細說明❶ 有助發酵的酵素作用

麵包材料中所含的糖，從大分子至小分子皆有。

分子小的葡萄糖及果糖，酵母可直接在進行酒精發酵時加以利用，分子稍大的蔗糖（一個葡萄糖結合一個果糖）或麥芽糖（兩個葡萄糖的結合），及分子更大的澱粉（許多葡萄糖的結合），必須分解到小至葡萄糖與果糖後才能使用。

能分解這些糖分的是被稱為「酵素」的物質。麵粉中含有澱粉酵素（amylase），酵母中則有麥芽糖酶（maltase）及蔗糖轉化酶（invertase）兩種酵素。

麵粉中的澱粉，先利用麵粉的澱粉酵素分解成麥芽糖，接著藉由酵母中的麥芽糖酶從麥芽糖分解成葡萄糖。砂糖大致是由蔗糖組成，可透過酵母中的蔗糖轉化酶分解成葡萄糖與果糖。

先利用酵素分解成葡萄糖與果糖後，再作為酵母的養分進行酒精發酵。

●酵素分解糖的過程

澱粉
澱粉酵素
麥芽糖
蔗糖
麥芽糖酶
蔗糖轉化酶
葡萄糖
果糖
進行酒精發酵

詳細說明❷ 發酵用的澱粉及作為麵包身體的澱粉

麵粉工廠以機器將小麥顆粒碾磨成粉末，製成麵粉。碾磨過程會損傷小麥中約10％以內的澱粉稱為損傷澱粉。

澱粉一般在常溫下不易吸收水分，在揉麵或發酵作業中幾乎不吸水，但受損的澱粉在常溫下也會吸水，吸水後容易受酵素作用分解成葡萄糖，成為酵母進行酒精發酵的養分。

其餘大部分未損傷的澱粉，在揉麵及發酵過程幾乎未產生變化，到了烘烤階段，麵團的溫度達至約60℃後才開始吸水膨脹，成為麵團鼓起的身體。

Q19 Yeast是什麼？

A Yeast就是酵母，屬於菌類生物。

Yeast是酵母的意思，但並非單指麵包用酵母。和黴菌及細菌等相同，酵母也是存在於自然界的微生物，為菌類的單細胞生物。

酵母有各式各樣種類，從中挑選出最適合製作麵包的酵母，再經過工業萃取培養的單一種類，一般就稱為酵母。

順道一提，一公克的生酵母（請參閱Q20）約有100億以上的單細胞存在其中。

酵母在適合活動的溫度及pH值下，以糖為養分進行運作。有氧時呼吸、增殖；缺乏氧氣時不增殖而進行酒精發酵，將糖分解成二氧化碳及酒精。利用酵母的發酵作用，選擇適合的酵母種類，製作麵包、啤酒、清酒或紅酒等發酵食品。

1μm

酵母的在顯微鏡下的照片
提供者：Oriental酵母株式会社

Q20 製作麵包所使用的酵母有哪些種類？

A 有新鮮酵母、乾酵母及即溶乾酵母。

市售的酵母主要分成新鮮酵母、乾酵母和即溶乾酵母三種。

◆新鮮酵母

從自然界中選出最適合作麵包的酵母當成種菌。將此種菌加以增殖，再加入糖蜜（葡萄糖及果糖）等養分的培養液中，調整溫度及pH值，並送進大量氧氣，進行工業萃取培養，再以遠心分離機，由培養液中分離出酵母，再經洗淨、脫水及壓縮成塊狀，就是所謂的新鮮酵母。水分含量高達70％，冷藏保存約一個月，溶於水後即可使用。

◆乾酵母

和新鮮酵母不同種類，培養出即使乾燥也不會死掉只是呈休眠狀態的酵母，從培養液分離後，低溫乾燥，製成粒狀。水分含量約7至8％，常溫通風保存。未開封約可保存兩年。使用時，先以相當於乾酵母5至6倍量的40℃溫熱水浸泡約10至15分鐘，進行預備發酵後再使用。

◆即溶乾酵母

容易溶解於粉或水的顆粒狀乾酵母，最大特徵是可和粉類同時倒入攪拌。發酵力強過乾酵母。水分含量約4至5％，常溫通風保存。未開封下可保存約兩年。

配合加入麵團的砂糖用量，可細分成：(1)高糖麵團適用：適合麵包和蛋糕等砂糖用量多的麵團；(2)低糖麵團適用：適合法國麵包及土司等砂糖用量少的麵團（請參閱Q23・Q24）。另外，低糖麵團專用又分成有&無添加維他命C兩種（請參閱Q25）。

新鮮酵母

乾酵母

即溶乾酵母

1 新鮮酵母
2 乾酵母
3 即溶乾酵母
4 即溶乾酵母
（低糖麵團適用・添加維他命C）
5 即溶乾酵母
（低糖麵團適用・無添加維他命C）
6 即溶乾酵母（高糖麵團適用）

Q21 不同種類的麵包適用不同的酵母嗎？

A 砂糖多的柔軟麵包或配方簡單的硬式麵包，使用不同的酵母。

一般來說，砂糖配方的柔軟麵包大多使用新鮮酵母。乾酵母適合配方簡單的硬式麵包，使用於加入許多砂糖的麵包反而會降低發酵力。至於即溶乾酵母也傾向用於硬麵包，如果是高糖麵團適用的酵母，就算用於加入許多砂糖的麵包也沒問題。

Q22 若想使用配方之外的酵母時該怎麼作？

A 以10：5：4的比例置換。

希望使用不同於配方中的酵母製作麵包時，以新鮮酵母：乾酵母：即溶乾酵母＝10：5：4的比例置換，大致可得到相同程度的發酵力。

前提是要使用符合糖類配方量的酵母。硬要以新鮮酵母製作簡單配方的硬式麵包，或以乾酵母來製作砂糖用量高的柔軟麵包，就太困難了。

建議先以這樣的比例試試，再依烘烤出的麵包狀態，在下一次製作時調整酵母用量。

Q23 高糖麵團適用的即溶乾酵母是在砂糖分量為多少時才能使用？

A 砂糖分量約為麵粉的5％以上。

當砂糖的分量約為麵粉5％以上時就，可以使用高糖麵團適用的即溶乾酵母。

Q24 如果將高糖麵團適用改為低糖麵團用，將低糖麵團用改為高糖麵團適用，結果會如何？

A 將高糖麵團適用改於低糖麵團適用，將無法順利發酵。

將低糖麵團適用的即溶乾酵母，用在已加入砂糖的麵團，只要砂糖用量不是太多，麵團還是會膨脹至一定的程度。以砂糖不超過麵粉用量10％以內為限，超過時，仍建議使用高糖麵團適用的酵母。

如果將高糖麵團適用的酵母，用在未加進砂糖的麵團，將無法順利發酵，麵團不能充分膨脹。

詳細說明 低糖麵團適用酵母與高糖麵團適用酵母，有什麼不同？

低糖麵團適用酵母與高糖麵團適用酵母相異點有兩大項。

①滲透壓的耐久性不同

低糖麵團適用的即溶乾酵母，在多砂糖的環境下，細胞容易遭到破壞、發酵力降低，例如：水果沾砂糖後靜置一下，因滲透壓的關係，水果細胞內的水分會外溢而使水果變軟；相同狀況也發生在酵母身上，當麵團中包含許多砂糖時，酵母中的細胞被奪去水分，使得細胞被破壞，乾酵母的情況也一樣。

另一方面，高糖麵團適用的即溶乾酵母，其細胞對滲透壓具耐久性，就算使用在含砂糖的配方中也沒問題，新鮮酵母的情況亦同。

②分解糖的酵素不同

酵母是以糖為養分進行酒精發酵，但分子太大的糖，要先藉助酵素分解成葡萄糖及果糖後才能使用（請參閱Q18．詳細說明①）。

酵母中分解糖的酵素則有麥芽糖酶及蔗糖轉化酶兩種。高糖麵團適用與低糖麵團適用兩種酵母的酵素比例是不一樣的。

在不含砂糖的麵團內進行酒精發酵時，先由麵粉的澱粉酵素將麵粉的澱粉分解成麥芽糖，接著再由酵母本身的麥芽糖酶將麥芽糖分解成葡萄糖，分兩階段進行。不加砂糖的麵團，酵母就是以這樣的運作機制取得糖分。

至於加入砂糖的麵團，澱粉在被分解成葡萄糖的同時，酵母本身的蔗糖轉化酶也將砂糖中所含的蔗糖分解成葡萄糖及果糖。如此一來，就能較快用於發酵上。

高糖麵團適用的即溶乾酵母，蔗糖轉化酶的活性較強，分解砂糖的能力佳。因此適合砂糖多的麵團，若用於不含砂糖的麵團，就無法順利發酵。

不含砂糖的麵團要使用麥芽糖酶活性強的低糖麵團適用酵母。

Q25 酵母中有無添加維他命C有何差別？

A 添加維他命C可以讓麵團產生彈性。

市售即溶乾酵母大部分都有添加維他命C。維他命C會對麵團中的麵筋產生作用，強化麵團的彈性。

以手揉製麵團時，容易出現攪拌不足的問題。若使用加了維他命C的即溶乾酵母，就可以強化麵團的彈性，烘烤出體積感，降低失敗麵團的機率。

Q26 即溶乾酵母也可以水溶化嗎？

A 以水溶化後，要立刻使用。

即溶乾酵母並不需要以水溶化，它的優點是可直接加入粉類中攪拌混合。當然加水溶化也無不可，只是酵母一旦碰到水就開始活動，因此必須立刻使用。

其他酵母基本上要先以水溶化後再使用，固態的新鮮酵母溶化後較容易分散至麵團中，至於乾酵母則以40℃的溫熱水浸泡10至15分鐘進行預備發酵後再使用，只要遇水後都請儘快使用。

Q27 即溶乾酵母與粉類混合時，為什麼要放入於距鹽遠一點的位置？

A 即溶乾酵母的確會因鹽而降低活動力，但也不需太刻意計較。

鹽會抑制酵母活動，所以常會聽到調理盆倒入麵粉後，鹽與即溶乾酵母要分開倒入以避免碰在一起的說法。話雖如此，但酵母並不是一接觸鹽活動力就迅速降低，何況倒入水後就將全部材料混合，因此書中所寫，不必太過刻意，至多就是不要將鹽直接撒在即溶乾酵母上。

Q28 如何保存酵母呢？

A 基本上請以冷藏保存。

新鮮酵母是活酵母細胞的集合體，當溫度上升就會開始活動，在4℃以下即進入休眠狀態，停止活動。因為這樣的性質，新鮮酵母要一直放在冰箱中保存。

乾酵母與即溶乾酵母因水分含量少，即使溫度上升也不會從休眠中甦醒，未開封前可放置陰涼處，開封後就要密封保存於冰箱中。不論哪一種酵母，一旦開封都會讓活性降低，即使仍在賞味期間，仍宜儘快用畢。

Q29 什麼是天然酵母？

A 自然存在於水果及穀物等素材中的酵母。

市售酵母是從存在於自然界的酵母中擷取適合製作麵包的酵母，以人工方式萃取、培養。

至於天然酵母，則是自然附著於水果及穀物等食材中的酵母。在這些素材中加入水及所需的糖類，放置數日使酵母增殖製成培養液，將此培養液和粉搓揉發酵，就成為天然酵母種，或稱為自製酵母種。

天然酵母中所含的酵母，不是單一種類，而且原本使用的素材中就不只酵母，附著的乳酸菌與醋酸菌等細菌也會一併增殖，它們會產生有機酸（乳酸與醋酸等），形成獨特的香氣或酸味。

在利用水果與穀物等自製天然酵母種時，以不同素材起種，變換出不同的味道，也是一種樂趣。

市售天然酵母種，有和乾酵母一樣的粉末狀，也有和粉類混合成的麵團狀等。

單就「天然」和「人工」的字面意義，當然會覺得自然的比較好，但市售酵母和天然酵母都是生物，這點是不變的，並不是非用哪一種就一定能烤出美味的麵包，只要針對喜歡的口感選擇使用的酵母即可。

Q30 使用天然酵母和市售酵母比起來，製作出的成品會有什麼不同嗎？

A 麵包的膨鬆度、風味及口感不同。

市售酵母的發酵力強又穩定，若是材料與作法相同，可大約計算出發酵時間，容易烤出相同狀態的麵包，這是它的優點。

另一方面，天然酵母的發酵力弱，需要較長的發酵時間。但會增加有機酸等副產物，形成複雜而深奧的風味（請參閱Q101）。

麵包的外皮及裡層都會呈現市售酵母無法比擬的獨特口感。這是天然酵母的特徵之一。

鹽Q&A

Q31 鹽的作用為何？

A 除添加鹹味之外，也會影響麵包的彈性與體積。

通常我們在吃麵包時不太能感受到鹽的味道，但若不放鹽，麵包的味道將完全不一樣。

鹽是決定麵包味道的重要材料，同時可強化麵團的結構。為什麼製作甜麵包時也一定要加鹽的理由，就在於鹽的作用不只是增添鹹味而已。

鹽的用量雖然沒那麼多，但只放一點，便能夠對麵包的味道及麵團的物理性質產生很大影響。

①調合麵包的味道

不放鹽的麵包，總感覺少了點什麼。加鹽不只可帶出鹹味，還能引出麵包的風味與砂糖的甘甜，讓麵包變得更加美味可口。

②強化麵筋的黏性及彈性

在麵團中產生麵筋時，藉助鹽的作用，可以使麵筋的網狀組織變得更細密，形成彈性強的緊實麵團，烤出紋理細緻又有體積感的麵包。

③控制發酵的速度

如果酒精發酵速度太快，二氧化碳在短時間內大量釋出，麵包會變得缺乏香氣、沒有味道（請參閱Q101）。如果加入讓人感到美味的適量鹽，可抑制酵母的活動，適度持續發酵，但放太多鹽，不僅會太鹹，二氧化碳的釋出量也將顯著減少。

④抑制雜菌繁殖

鹽有抑制雜菌繁殖的作用，讓酵母可以在適合的環境下活動。

Q32 有適合製作麵包的鹽嗎？

A 可隨個人喜好，但要注意氯化鈉的含量。

若講究鹹味及風味，可以選用海鹽或岩鹽等，但要注意主成分氯化鈉的含量，90％以上的含量就適合用於製作麵包。

鹽是由氯化鈉製造出鹹味，若再加上鹽滷（鎂與鈣等的化合物）成分，就會變得圓潤甘順。

有氯化鈉含量在99％以上的鹽，也有鹽滷成分高、氯化鈉成分少的鹽，以製作麵包而言，發揮作用的是氯化鈉，所以必須注意氯化鈉的含量，若氯化鈉的含量非常少，會影響到麵包的成果。

脫脂奶粉Q&A

Q33 脫脂奶粉的作用是什麼？

A 除增添牛奶風味，還能讓麵包烤出芳香可口的金黃色。

想要賦與麵包奶香味時，可以加入脫脂奶粉。而如果希望吃的時候能清楚感受牛奶風味，則要摻入約為麵粉用量7%至8%以上的脫脂奶粉。

即使少於這個量，一樣會有讓烘烤顏色變深的效果，因脫脂奶粉中的乳糖是糖的一種，具有上色的作用。

詳細說明　乳糖不能作為酵母的養分嗎？

乳糖是葡萄糖和半乳糖的結合。許多糖可在發酵時作為酵母的養分（請參閱Q18），但乳糖無法直接使用，由於麵粉或酵母中皆沒有可以分解乳糖的酵素，無法將它分解成小分子後再用，因為這個緣故，乳糖在烘烤前都一直殘留在麵團中。

當麵團加熱烘烤時，麵粉等原本含有的蛋白質或氨基酸會與還原糖反應，釋出烤成茶褐色及香氣的物質，引發梅納（carbonyl-amine）反應（請參閱Q36・詳細說明）。因為乳糖是還原糖，所以可促進此一反應，讓麵包烤出漂亮的金黃色。

Q34 為什麼使用脫脂奶粉而不用牛奶？

A 因為脫脂奶粉便宜又方便。

製作麵包時之所以建議使用脫脂奶粉，理由在於便宜、保存期限長，而且方便，一般家中通常備有牛奶，若以牛奶取代脫脂奶粉也是OK的（請參閱Q35）。

Q35 若以牛奶取代脫脂奶粉，該怎麼作呢？

A 要以10倍量的牛奶替換，且減少水的分量。

脫脂奶粉去除了牛奶中的水分及乳脂肪，若要用牛奶取代脫脂奶粉，可將脫脂奶粉想像成相當於10%牛奶的重量，又為什麼是10%呢？

牛奶中含蛋白質、碳水化合物、脂質（乳脂肪）及礦物質等固形物。去除乳脂肪後的固形物（無脂固形物），在一般的牛奶中約含10%左右，大致等同於脫脂奶粉。

因為是將粉末狀的脫脂奶粉置換成液狀牛奶，要記得減少配方中水的用量。牛奶10%的重量為無脂固形物，相當於脫脂奶粉，若考慮剩下的90%是水分，就要相對的減少此部分的水用量。

加入牛奶的時機是在粉類混合之後，先從材料中的水取一小部分當成調節水（請參閱Q78），再將牛奶倒入剩餘的水中，最後再倒入粉中。

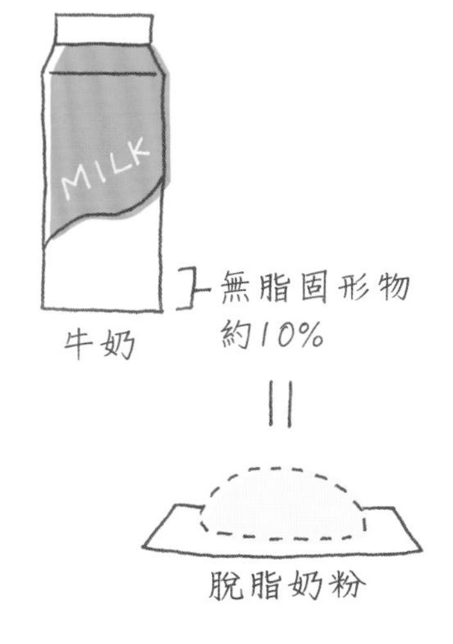

Q36 砂糖的作用是什麼？

A 增加甜味、加深烘烤顏色，及烤出濕潤感。

添加砂糖的第一目的是增添甜味。此外還有幾個效果。

①增添甜味

②成為酵母的營養來源

酵母藉由本身的酵素蔗糖轉化酶，將砂糖主成分蔗糖分解成葡萄糖與果糖，再以它們為養分進行酒精發酵（請參閱Q18・詳細說明①）。

③加深烘烤後的顏色

製作麵包也有不加砂糖的配方，但砂糖的量愈多，愈容易上色。

上色機制是一種化學反應，當材料中所含的蛋白質或氨基酸，與還原糖在高溫下一起加熱，就會呈現茶褐色，並散發香氣，稱為羰胺反應（梅納反應）。

在只有麵粉、蛋、脫脂奶粉及奶油的配方中，雖然未放砂糖，但因為材料中原本就含有蛋白質、氨基酸與還原糖，一樣可烤出金黃色澤，只不過加砂糖，還原糖會變多，可加速反應，使烘烤顏色變濃。

此外，烘烤顏色雖然幾乎來自羰胺反應，但在更高溫同時會同時引起焦糖化反應，最典型的就是布丁的焦糖醬，糖遇高溫產生熱分解而變成茶褐色，釋出如焦糖醬一般的甘甜香，若溫度再度上升，香味開始變焦苦味。

④烤出濕潤感

砂糖中有吸附及保持水的「保水性」。

麵團在烤箱中烘烤時，會蒸發掉一部分的水分，但若配方中有砂糖，則會將水分鎖住在麵團內而不易流失，烤出濕潤感。

⑤不易變硬

麵包放愈久愈硬。除了因水分蒸發外，形成鬆軟口感的麵粉中澱粉，其結構也會隨著時間過去而改變、轉硬。

當麵團進入烘烤階段，澱粉遇熱後，原本細密的結構產生鬆弛、出現空隙，並開始吸取麵團中的水分。澱粉因為「糊化」（請參閱Q137）而變軟，不久就成為膨大麵包的身體，而麵包之所以又慢慢變硬，是因為糊化的澱粉「老化」（請參閱Q154），恢復糊化前的細密結構，將鎖在結構中的水分排出，使鬆弛部分緊縮變硬。

如果在麵團中加入砂糖，砂糖會在溶於水的狀態下滲入澱粉結構的空隙，如此一來，即使澱粉老化，因具保水性的砂糖留在澱粉內，所以不易變硬。

詳細說明 什麼是上色機制「羰胺反應」？

將食品加熱會呈茶褐色，主要是來自所謂羰胺反應（梅納反應）的化學變化。食品中所含的「蛋白質（結合許多氨基酸的物質）或氨基酸」與「還原糖（請參閱※）」，一起在約160℃以上的高溫加熱，就會形成茶褐色的物質（類黑色素，melanoidin，或譯梅納汀）及散發特殊香氣的物質。

燒烤肉、魚、蛋時會呈現茶褐色也是相同原理。只要食品中含蛋白質或氨基酸，及還原糖就會出現這樣的反應，而麵包材料中的麵粉、脫脂奶粉及奶油中都包含這類物質。

另一方面，砂糖的主成分蔗糖，不屬於還原糖，就不含蛋白質或氨基酸。但是蔗糖遇酸或熱會分解成葡萄糖及果糖，若和含蛋白質或氨基酸的其他材料一起加熱，就可以促進羰胺反應。

※還原糖：葡萄糖、果糖、麥芽糖及乳糖等被歸類為還原糖。反應性高的部分（還原末端基）要和蛋白質或氨基酸結合，就會出現羰胺反應。砂糖的主成分蔗糖是葡萄糖與果糖的結合，並非還原糖。為什麼呢？因為它是葡萄糖與果糖的兩個還原末端基結合，但整體結構並沒有還原末端基。

Q37 製作麵包時使用什麼種類的糖較好？

A 通常是使用白砂糖。

日本家庭經常使用上白糖，但歐美並沒有上白糖。基本上所謂的砂糖就是指白砂糖，也因此在製作麵包或蛋糕時，一般是使用白砂糖。在日本可以容易買到上白糖或白砂糖，區分清楚兩者的特性，再善加使用即可。

詳細說明 白砂糖和上白糖有何差別？

上白糖中蔗糖占了大半成分，轉化糖（請參閱※）及灰分（礦物質）僅占極小部分。上白糖的轉化糖多於白砂糖，也因此兩者形成下列性質上的差異。

※轉化糖：蔗糖水解為葡萄糖及果糖後的混合物，由等量的葡萄糖和果糖組成。

①甜味

白砂糖甜味清爽，上白糖回甘。轉化糖的甜味感覺也比蔗糖強。

②濕潤感

以上白糖取代白砂糖，製作出的麵包口感濕潤。上白糖愈多，麵包愈濕黏。轉化糖的保水性高，烘烤時水分不易從麵團中蒸發。

③柔軟性

使用上白糖的麵包隨著時間過去，還是保有柔軟性。麵包會變硬是因為糊化的澱粉開始老化，使得原本鎖在結構中的水分被釋出的緣故。砂糖具保水性，可防止澱粉老化，讓麵包不易變硬（請參閱Q36），而轉化糖多的上白糖保水性更高，效果當然也就愈好。

④烘烤顏色

轉化糖屬於還原糖，容易引發羰胺反應（請參閱Q36・詳細說明），烤出的顏色比上白糖更深。

本書所有的麵包皆使用白砂糖，若根據各種性質上的差異，也可改以上白糖，製作出搭配內餡的濕潤麵包。依據想製作的麵包種類選擇使用糖類。

● 白砂糖&上白糖的比較

	蔗糖	轉化糖	灰分	水分
白砂糖	99.97%	0.01%	0.00%	0.01%
上白糖	97.69%	1.20%	0.01%	0.68%

資料來源：『砂糖百科』（社団法人糖業協会・精糖工業会編）

※建議將白砂糖以台灣特級白砂糖（特砂）替換，上白糖則以細粒砂糖（細砂）取代使用。

Q38 油脂的作用是什麼呢？

A 烘烤出體積、細緻感及柔軟度。

麵包的種類繁多，大部分皆會添加油脂。相對於麵粉的油脂比例，土司是2至8％，奶油捲小麵包是10至15％，布里歐是30至60％。

添加油脂的最大目的於提升濃郁滋味，讓外皮變得薄且軟、裡層綿密柔軟，又有體積感的麵包。

加入油脂也可防止麵包在保存期間變硬。主要是油脂形成的包膜（coating）使水分不易從麵包中蒸發，也有一說法是油脂在麵包組織中如薄膜般擴散，使整體組織保有柔軟性。

Q39 製作麵包常使用什麼油脂呢？

A 奶油、人造奶油與雪白油。

麵包一般使用奶油、人造奶油與雪白油等固態油脂。

配方中添加油脂的麵包，作法是先攪拌搓揉麵粉、水、酵母與鹽等油脂以外的材料，當麵團形成麵筋、出現彈性後，再拌入油脂，此方法可以有效率的進行揉麵作業（請參閱Q87）。

待固態油脂適度軟化後再與已產生彈性的麵團揉麵，較容易快速地均勻混合，若改用液態油脂，麵團常會變滑而很難與油脂混合為一，所以一般使用固態油脂。

部分麵包會加入橄欖油或沙拉油等液態油脂，此時油脂必須一開始就與其他所有材料一起攪拌混合，才能順利作業。

詳細說明　固態油脂具有可塑性的優點。

奶油及雪白油等固態油脂如黏土一般，受力後會改變形狀，具有可塑性。製作麵包時可以活用這項優點，如下介紹。

一是摻入固態油脂的麵團，在膨脹而被拉大時，油脂也會隨著麵團延展，且保持延展狀態下的形狀，進而使麵團容易維持住膨脹狀態，烤出有體積感的麵包。請試著仔細思考一下它的原理。

被揉入的油脂沿著麵團中的麵筋薄膜或澱粉粒的空隙擴散開來，當麵團被拉開時，麵筋往施加拉大力量的方向延展，此時沿麵筋薄膜擴散的油脂就扮演潤滑劑的角色，提供麵團良好的延展性。當麵團延展性佳，在發酵及烘烤時，麵團便能順利的撐開、膨脹。固態油脂因為具可塑性，會和麵筋一起往施力的方向延展，並保持膨起的形狀。

二是液態油脂既無可塑性，也沒有固態油脂的硬度，當使用量約為麵粉的5％時，不論是固態或液態油脂，烤出的麵包體積不會有差別，但當液態油脂用量達10％以上，雖然麵團還是會脹很大，但也容易塌陷。原因在於脹大的麵團無法保持緊繃度（請參閱Q128・詳細說明），所以不能持續呈現膨脹狀態。順道一提，固態油脂可以多到50至60％，本書中介紹的布里歐是奶油味濃厚的麵包，加了非常多的奶油，而之所以加了這麼多奶油還能維持膨度，即是固態奶油的可塑性所賜。

Q40 如何選擇油脂種類呢？

A 考量麵包的風味及口感後選擇。

奶油、人造奶油與雪白油都可製作麵包，請掌握個別特性後選擇。

◆奶油

奶油是集合生乳中的乳脂肪所製成的乳製品，可賦與麵包獨特的風味。加熱後會產生羰胺反應（請參閱Q36・詳細說明），散發香氣。

◆人造奶油

人造奶油是以前法國人為取代奶油而開發的產品，在動物性或植物性油脂中加入奶粉或發酵乳及食鹽等，再和水乳化製成。具有類似奶油的風味，價格便宜，加上能發揮可塑性的溫度帶又比奶油大，被認為適合作麵包而被廣泛使用。

◆雪白油

雪白油是以植物性油脂或動物性油脂為主要原料，專為揉入用固態油脂而開發，幾乎由100％的油脂組成，不含水分及乳成分，白色，幾乎沒有味道也不帶香氣，不適合塗抹麵包食用，僅作為麵包或蛋糕的材料。

使用雪白油最大特徵是具有起酥的特性，烘焙出的麵包或餅乾呈現鬆脆的輕食感，另一個優點是揉麵時，容易和麵團均勻混合。

Q41 為什麼雪白油和奶油有時會併用？

A 結合雪白油的酥脆口感與奶油的特殊風味。

麵包配方中若只有奶油，雖然可以增添奶油獨特的風味及豐富口感，但用量多，食用時容易讓人感到負擔；另一方面如果只使用雪白油，雖然完全無法呈現油脂帶來的風味，但外皮酥脆，口感酥鬆，散發輕食感。

將兩種各具特性的油脂，依個人偏好的比例混合使用，可以發揮截長補短，既呈現雪白油的口感酥鬆，又保有奶油的風味。

Q42 奶油置於室溫下要回軟至什麼狀態才適當？

A 以手指稍用力按壓，即可插進奶油內的硬度。

剛從冰箱拿出的奶油又冷又硬的，若直接放入盆中攪拌，將無法和其他材料混合，因此必須事先取出回溫，等變軟後再使用。

試著以手指按壓奶油，稍微用點力手指就可插入的硬度就是最適合的狀態，若一下子就插進去，則表示太軟了。

●確認奶油硬度的方法

太硬
以手指按壓完全不會變形。

適當硬度
以指腹用力可稍微插入。

太軟
以指腹輕碰就插入了。

Q43 溶化後的奶油可以再使用嗎？

A 液狀奶油不易和麵團混合。

在麵包的麵團中加入奶油，一般是先混合奶油以外的材料，等麵團產生麵筋，產生彈性後，再加入奶油攪拌（請參閱Q87）。

奶油等固態油脂如黏土一樣，受力後會改變形狀，具有可塑性。它會沿麵筋薄膜擴散成薄層狀，變得容易混合。

但奶油只在適當軟度時才能發揮這項特質（請參閱Q42），溶化後的奶油已經失去可塑性，無法再和出現彈性的麵團混合（請參閱Q39）。其中的水分（約占16％）會從溶化的奶油中分離，影響麵團的硬度，所以建議不可再使用了。

詳細說明　溶化後的奶油可放入冰箱凝固後再使用嗎？

奶油溶成液狀後再放入冰箱的確會再變硬，但光滑的質感已經變粗糙，溫度稍一升高就會立刻溶化，溶化後即失去其可塑性。

這種狀態的奶油有可能因發酵溫度而溶出，使得麵包無法如預期的膨脹，因此再放入冰箱凝固的奶油和溶化掉奶油一樣，建議都不再使用。本書是將奶油置於室溫下回軟，原因是以微波爐或隔熱水加熱，稍一不小心就可能變成液狀。

Q44 使用無鹽奶油比較好嗎？

A 若是使用含鹽奶油，就要減少鹽的用量。

本書是使用無鹽（不加食鹽）奶油，但改含鹽奶油也沒關係。

一般的有鹽奶油約含1至2％的鹽分。奶油用量少時，即使使用含鹽奶油，因只含微量鹽分，所以沒必要改變鹽的用量，但如果奶油用量大時，就要將鹽分減量了。可事先算出奶油用量的鹽分，再減少鹽量，但也可以視烤出的麵包味道依偏好再調整鹽的用量。

使用含鹽人造奶油的狀況相同。

蛋Q&A

Q45 蛋的作用是什麼？

A 會影響麵包的味道、口感及顏色。

本書中使用M號蛋，蛋黃約18至20公克&約蛋白35公克，蛋黃及蛋白對麵團的影響不同，各自的特徵如下。

①對味道的影響

蛋黃可提供麵包濃厚風味。要能感受到這股濃郁，全蛋的用量必須是麵粉的15％以上，蛋黃則是6％以上。

②對口感的影響

蛋黃中的脂質約占⅓、含有稱為卵磷脂（lecithin）的乳化劑（請參閱※）。因為卵磷脂的作用，烘焙出的麵包裡層質地細緻、濕潤又柔軟，又有體積感。

蛋白中約有一半是稱為白蛋白（albumin）的蛋白質，遇熱凝固後會形成脆脆的口感。

※乳化劑：當成媒介（乳化作用），使原本無法融合的水及油合而為一。

③對顏色的影響

蛋黃中含有從黃色轉為橘色系的類胡蘿蔔素（carotenoid），使得裡層呈現微黃色，視覺上看來更可口。

Q46 使用全蛋和只用蛋黃有何不同？

A 使用全蛋口感更清脆。

通常是使用全蛋或蛋黃，蛋白太多，烤出的麵包會變得乾巴巴的。

相反的，若只用蛋黃，烘焙出的口感既濕潤又柔軟，但如果是像布里歐這類蛋的用量偏多的配方，如果只使用蛋黃，吃起來會覺得有負擔，此時搭配全蛋，就能呈現出輕快口感。

麥芽精Q&A

Q47 麥芽精是什麼？

A 麥芽糖的濃縮精華。

麥芽精是由發芽的大麥熬煮成的麥芽糖濃縮精華。

大麥在發芽時，澱粉酶（amylase）酵素會開始活性化，將大麥中的澱粉分解成麥芽糖。麥芽精中除麥芽糖外，也含有澱粉酶，可將麵團中麵粉的澱粉分解成麥芽糖（請參閱Q18・詳細說明①）。

Q48 麥芽精的作用是什麼？

A 作為酵母的營養源及加深烤烘顏色。

麥芽精主要是用在法國麵包等配方的簡單硬式麵包。加入麥芽精後，開始在穩定狀態下進行發酵，且即使未摻甜味砂糖等也能烤出金黃色。

①助穩定的進行發酵

本書在製作法國麵包時會添加麥芽精。法國麵包既未加入砂糖，酵母的量也控制在最低限度，酵母以糖為養分進行酒精發酵，釋出二氧化碳才使得麵包膨起脹大，法國麵包在酵母本身量少，又沒加糖的條件下，就需要長時間慢慢發酵。此外，揉好的麵團放入發酵器，也不是立刻進行酒精發酵。

能夠提供酵母養分進行酒精發酵的是葡萄糖與果糖等小分子的糖（請參閱Q18・詳細說明①）。如果麵團中有添加砂糖（99%的成分是蔗糖），酵母會將蔗糖分解成葡萄糖及果糖，可立即當成養分吸收，很快即開始進行酒精發酵。然而法國麵包是大分子的小麥澱粉，先由其本身的酵素（澱粉酶）分解成麥芽糖，再由酵母分解成葡萄糖後才能當成養分使用，所以酵母在實際進行酒精發酵之前還會花上一些時間。

麥芽精含有麥芽糖與澱粉酶，在不加砂糖的麵團中加入麥芽精，酵母會吸收麥芽糖，以穩定狀態開始發酵，而麥芽精所含的澱粉酶會促進澱粉的分解，慢慢增加麵團中的麥芽糖，讓發酵狀態變得更加穩定。

②加深烘烤顏色

麵團中因為放入麥芽精而增多的麥芽糖，並不會全部都供應酒精發酵，會有部分殘留，在烘烤時引發羰胺反應（請參閱Q36・詳細說明）。麥芽糖是一種還原糖，容易引起此一反應，烤成金黃色。

Q49 若手邊沒有麥芽精，該怎麼辦？

A 直接從配方中刪去麥芽精，其他材料分量照舊。

沒有麥芽精一樣可以製作麵包，就算以其他材料代替麥芽精，也可以在不改變分量的狀況下製作，只是麵包不易呈現金黃色。

●有無使用麥芽精烤出的麵包差異

有加麥芽精（右），沒有加入麥芽精（左）。

Q50 為什麼麥芽精需以水溶化後再使用？

A 因為它很黏不易處理。

麥芽精又黏又稠的，直接使用時無法攪拌均勻。

先從配方的水中取出部分當成調節水（請參閱Q78），以剩下的水溶解麥芽精，再加進其他材料中攪拌混合。

Q51 若改用麥芽粉，用量及用法為何？

A 用量因產品不同而有所差異，直接加進粉類中混合即可。

麥芽粉是將發芽大麥乾燥後磨成的粉末。有的產品還會添加乳化劑或維他命C等其他成分，所以沒有標準的使用量，請遵照產品上的說明，由於都是粉末狀，幾乎所有的產品都可在攪拌時直接與其他粉類材料一併混合。

麥芽粉

堅果與乾果Q&A

Q52 拌入麵團的堅果建議先經過烘烤嗎？

A 因為烘烤過後會比較香。

核桃或杏仁果等堅果不能生食，必須經過加熱處理。將生堅果拌入麵團內，因為還要加熱烘烤，即使不事先烘烤過也OK。但堅果不是直火受熱，會少掉一些香氣。

本書會先烘烤過再使用，目的在引出堅果的芳香，如果是當成頂層配料，則直接使用即可。

Q53 為什麼將葡萄乾以溫水洗後再使用？

A 目的在去除異物及果皮外層的油脂。

葡萄乾要事先清洗，除去附著的異物後再使用。

有的產品為避免顆粒互相沾黏，外層會有一層油，此時就要改以溫水清洗。

● 清洗葡萄乾的方式

以溫水快速沖洗。

以濾網瀝去水分。

Q54 堅果或果乾類，放入多少恰當？

A 約為麵粉重量的15至70%。

要放多少堅果或果乾，其實是視個人喜好而定，但通常是相當於麵粉重量的15至70%，分量愈多，麵團愈不易脹大，烤起來的麵包體積則愈小。

Q55 加入堅果或果乾，會使麵團變硬嗎？

A 的確會因吸取麵團的水分而讓麵團變硬。

乾燥的堅果或果乾，會吸走麵團不少的水分，當麵團慢慢被奪去水分，搓揉後將逐漸緊縮變硬。

麵團緊縮的狀況會隨堅果或與果乾的用量、乾燥程度、堅果是否烘烤等因素而異，可多試幾次，根據烤出的狀態再調整水的用量。

工具Q&A

Q56 製作麵包的工作檯必須是木製的嗎？

A 什麼材質都可，只是木製優點多。

工作檯的材質除木製之外，還有不鏽鋼、大理石及塑膠材質等，任一種都可以用於製作麵包，只是木製材質具有不少優點。

例如：比起不鏽鋼與大理石，木製的比較不會沾黏麵團，可少撒一些手粉。同時不會像塑膠製工作檯容易讓麵團打滑，以刮板等切割時，也有保護刀刃不易損傷的優點。

若室溫偏低，不鏽鋼製容易變得冰冷，大理石製雖不易受室溫影響，但有保持低溫的性質，兩者都可能導致麵團的溫度下降，木製就沒有這類問題。

Q57 什麼是發酵器？

A 維持適合發酵的溫度與濕度的工具。

發酵器可維持適合發酵的溫度與濕度，也有能夠以電力調節溫度與濕度的麵包專用款。

Q58 沒有發酵器時，該怎麼辦？

A 可改用烤箱所附的發酵功能或利用附蓋的容器。

麵包店一定備有發酵器，但一般家庭應該很少見。

可以利用烤箱的發酵功能，如果烤箱也沒這項功能，那就將溫度設定在最低讓它短時間運轉，也可讓烤箱內的溫度接近發酵溫度。

餐具瀝水籃、保麗龍箱、保冷盒或衣物箱等附蓋的容器，也都是可以利用的工具，在溫濕度的調節上，如果是瀝水籃就將熱水倒進籃子內，若其他容器則是放進一杯溫熱水於容器中。不論是哪種方式，都需以溫度計測量以進行溫度調整。

●**將瀝水籃作為發酵器**

組裝好瀝水籃，再倒入溫熱水。

放入麵團和溫度計，蓋上蓋子。

置於避免陽光直射處，定時檢查發酵中的溫度，以維持適當溫度，當溫度一下降，就再倒入熱水或更換熱水。

Q59 烤箱的發酵功能，在溫度設定上沒那麼精細，該怎麼辦？

A 利用開關發酵功能的方式調溫。

一開始先設好發酵溫度，再以溫度計測量溫度是否正確，由於各個烤箱機型差異，實際上可能會有幾度的落差。

烤箱有發酵功能但不能設度溫度時，可能大部分都會高於本書標示的溫度，此時可將溫度計放在烤箱，再利用開開關關發酵功能的方式，將溫度調整到接近目標值。

也可能是有幾個階段的溫度可以選，但都和目標值不符，遇此狀況，可先設定高於目標值的溫度，之後再依前述方法調整溫度。

Q60 利用烤箱的發酵功能發酵，為何麵團卻乾了？

A 可以在烤箱內放入一個裝有熱水的容器。

有些烤箱是利用蒸氣一邊保濕一邊發酵的機種，如果不是，麵團就容易乾掉，因應對策是在烤箱內放入裝有熱水的容器，利用熱水的蒸氣進行保濕。

若還是快要乾掉的樣子，可蓋上不易起毛的布（帆布、抹布或棉麻布等，請參閱Q63），當麵團真的很乾時，布上再覆蓋塑膠膜或保鮮膜，或直接以噴霧器噴濕麵團的表面。

Q61 如果使用烤箱的發酵功能，就無法預熱烤箱準備烘烤了嗎？

A 可提早結束烤箱內的最後發酵作業，切換至預熱功能。

經過最後發酵而膨大的麵團正處於最佳狀態，立刻將它放入烤箱中烘烤是最理想的。

如果是利用烤箱進行發酵，就必須等最後發酵結束才能預熱烤箱，但在到達設定溫度需要一段時間，使得麵團需置於室溫下繼續發酵。

解決之道是提早結束最後發酵時間、從烤箱中取出麵團，並切換至預熱功能，麵團則在室溫下繼續發酵至最佳狀態。請注意若室溫偏高，發酵速度就變快；若室溫低就變慢，請視實際狀況拿捏提及結束最後發酵的時間。

另外要留意別讓取出的麵團乾掉，請參閱Q60的方法加以防範。

Q62 烤盤需事先預熱嗎？

A 烘烤硬式麵包前必需先預熱。

在烘烤硬式麵包時，若下火太弱，就會無法順利膨脹，烤不出麵包該有的體積，所以在預熱烤箱時請連同烤盤一起加熱。

Q63 麵團鋪放於何種布料上較合適？

A 帆布、抹布及棉麻布。

鋪放麵團的布要避免使用毛巾之類會產生纖維的材質。不易起毛、不會沾黏麵團的帆布、抹布及棉麻布等是最適合的。本書中使用帆布。

富彈性的厚帆布及抹布等都適用。

Q64 使用擀麵棍的訣竅為何？

A 基本動作是在麵團上平均施力。

在麵團上轉動擀麵棍時，施力要平均，過分用力可能會損傷麵團，或使麵團黏附在工作檯上而變形，請多注意。

擀麵時要不時確認麵團有無沾黏，並多次轉動麵團，視需要撒上手粉。

詳細說明 **除延展麵團之外，擀麵棍還有其他用途。**

除延展麵團，成型時也會以擀麵棍確實將麵團中的空氣排出。

在改變延展麵團的方向時也很方便，如果是以手握住麵團的兩端，麵團會因重量而下垂，造成局部拉薄的情形，以擀麵棍將麵團捲起，換方向後再放下麵團即可避免上述情形。

將麵團以擀麵棍捲起後移動。

實際操作

Q65 如何製作麵包？

A 製作流程是揉麵→膨大→成型→膨大→烘烤。

麵包的基本作業流程如下。

①揉麵（攪拌）

將材料攪拌搓揉，製作麵團。

②發酵

將麵團置於酵母可活潑運作的環境下，促進酵母進行酒精發酵，釋出二氧化碳讓麵團膨大，同時製作散發香氣及風味的物質，使麵團熟成更添滋味。

③翻麵

按壓或摺疊麵團，強化麵團因為發酵而鬆弛的彈性，同時也釋出麵團中的酒精，活化酵母。是否翻麵需視麵包種類而定，翻麵後再次發酵。

④分割

配合成品的大小分切麵團。

⑤滾圓

將麵團滾成球狀，或輕輕地摺疊整理成團，讓經發酵而鬆弛的麵團表面產生張力。

⑥醒麵（中間發酵）

使滾圓（成團）的麵團稍微鬆弛、釋放緊繃感，加強延展性，方便成型。

⑦成型

形塑麵團的形狀。

⑧最後發酵

將麵團置於酵母旺盛運作的環境，藉由酒精發酵撐大麵團。

⑨入窯

指麵團放入烤箱，塗抹蛋液或加入割紋都是此階段進行。

⑩烘烤

烘烤麵團。

⑪出窯

將烤好的麵包從烤箱取出。

Q66 麵包有哪些製法？

A 分為直接法與中種法兩種。

麵包的製法可概分為直接法與中種法兩種。

◆直接法（直接攪拌法）

將所有材料依序倒入攪拌，製成麵團，為一般常見的製作麵包方法。本書介紹的麵包全都是使用直接法，理由是程序簡單易懂、麵團的發酵時間短於中種法，一般家庭中製作起來會比較簡便。而容易活用素材也是此方法的特色。

◆中種法

所謂中種法是先攪拌部分麵粉、酵母及水等材料，經發酵、熟成後，當成發酵種使用，剩餘的材料再與發酵種一起攪拌製作麵團。其中液狀的發酵種稱為「液種」、麵團狀的稱為「麵種」，不論哪一種，都能烤出裡層柔軟、延展性佳、體積適中的麵包，這是中種法的優點。

Q67 麵包可分為幾種？

A 常用來形容麵包特徵的用語有簡樸、濃郁、軟式、硬式。

簡樸指「簡單」、「無脂肪」，麵團的材料幾乎就是基本材料而已。所謂基本材料是指麵粉、水、酵母及鹽四種作麵包所不可或缺的材料；相對的，濃郁是指「豐富」、「濃厚」，除基本材料外還搭配許多副材料（糖類、油脂、乳製品及蛋），未規定加多少副食材才能表現濃郁味道。

接著是硬式。這裡的「硬」不單指外皮硬，而是可充分顯現烘烤後麵粉的香氣及發酵所形成的風味，主要也指簡樸配方的麵包；相反的，外皮及裡層都柔軟膨鬆的就是所謂的「軟式」麵包，多半是使用濃郁配方，而比硬式麵包再軟一點的稱為半硬式麵包。

本書介紹的麵包究竟是屬於哪一類，請參閱P.14。

準備工作Q&A

Q68 什麼樣的環境適合製作麵包？

A 室溫20至25℃，濕度50至70%。

為了讓麵團保持適當狀態，請先準備適當作業環境。室溫20至25℃、濕度50至70%是最理想的。但即使未能完全符合這些數值，只要能一邊注意麵團是否太乾或過分濕黏等，還是可以進行製作。

配方中所寫的「在室溫下回軟」、「在室溫下發酵」等，是以室溫25℃為前提，由於溫度太高或太低都會對麵團造成影響，若真的溫差太多，請放入發酵器內發酵。

Q69 製作麵包需要多大的空間？

A 約50cm平方大的空間。

在家中以手揉麵，雖因製作量而異，但50cm平方的空間應該已方便作業，其實只要肯花點心思，在更狹小的空間也能作業。

Q70 製作麵包之前要注意哪些事項？

A 備齊材料與器具，保持清潔。

在展開一連串的作業之前，先逐一秤量好所需材料，並備妥需要使用的器具，器具、工作場所及雙手都要清洗乾淨。

Q71 什麼是烘焙百分比？

A 以麵粉為基準，計算出其他材料的百分比。

烘焙百分比是製作麵包的方便表記法之一，顧名思義就是將麵包的材料以百分比（%）表示，但不是所有材料合計等於100%，而是將麵粉的用量設定為100%，然後算出各材料對應麵粉的百分比。

本書使用了兩種表記法，一是公

克，一是烘焙百分比。針對專業人士的麵包配方只會寫上烘焙百分比，原因在於，專業人士每天作的量並不固定，以麵粉為基準標示所有材料比例的烘焙百分比，只需簡單計算就可算出所有材料的分量。

Q72 將材料秤重時要注意什麼事？

A 務必正確秤量。

製作麵包要成功，精確秤重是很重要的。本書雖然以公克表示材料的分量，但請盡可能準備最小秤量單位為0.1公克，或至少為一公克的電子磅秤。

Q73 不能以量杯代替磅秤嗎？

A 因為容易產生誤差，建議不要。

量杯的刻度不夠精細，欠缺精確性。1g的水的相當於1㎖，也許可以量杯秤量，但會因液體的表面張力而出現誤差，還是秤重比較準確。特別是油和水之外的液體，1g並不等於1㎖，建議不以量杯測量。

至於粉類的計算，使用量杯也會因為裝得鬆或緊而產生誤差。

Q74 材料量太少而無法秤重，怎麼辦？

A 先以手邊的工具秤出最小的量，再均分出所需分量。

家中沒有可秤不滿1g重的磅秤，很多人煩惱不知該如何精確秤重。

首先，以手邊的磅秤秤出最小單位的量，放置平坦處，再以目測方式均分出所需分量。例如需要0.5g，就先秤1g的量，再以目測對分。

● **少量材料的秤重方式**

1 正確秤出磅秤最小單位的量，均勻鋪放在工作檯。
2 目測分成兩半。
3 分成兩半。
4 再各自分成兩半（均分的次數隨需要量而定）。

Q75 什麼是手粉？

A 撒在麵團或工作檯上避免沾黏的麵粉。

手粉是指為避免麵團沾黏而撒在麵團或工作檯上的麵粉。用量愈少愈好，如果撒太多，麵團表面的手粉會在作業過程中被揉入麵團內，使得烤出的麵包出現粉味。

或是麵團的水分被手粉吸收，導致部分水分減少變硬，在發酵或烘烤時不易延展膨起，烤出硬梆梆的麵包。

基於上述原因，手粉不但要薄，次數也要盡量減少，並以毛刷刷去多餘手粉。這些細節都很重要。

Q76 何種粉類適合作為手粉？

A 高筋麵粉是最適合的。

手粉撒太多，會被揉進麵團內而導致麵團狀態不佳，所以無結塊且能均勻分散的粉類是最適合的。

一般是使用高筋麵粉，和低筋麵粉相比，高筋麵粉的粒子粗，彼此不易沾黏結塊。

會有這樣的差異與原料有關。高筋麵粉的原料是硬質小麥，粒子硬，就算以碾粉機碾過，粒子還是粗的。低筋麵粉則不同，它的原料是軟質小麥，因粒子軟，碾後就碎掉而變細。

即使使用高筋麵粉之外的粉類製作麵包，原則上手粉還是用高筋麵粉。

●將高筋麵粉與低筋麵粉撒於工作檯的比較

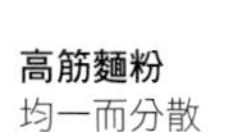

高筋麵粉
均一而分散

低筋麵粉
各處都有結塊

揉麵（攪拌）Q&A

Q77 什麼是麵團溫度？

A 指攪拌完成時的麵團溫度。

攪拌完成時的麵團溫度稱為「麵團溫度」（或攪拌完成溫度），是依麵包種類決定適當的溫度。

麵團攪拌揉好後，放入設定讓酵母或酵素活潑運作溫度的發酵器中。但光是靠發酵器維持溫度不變，麵團仍無法在一開始發酵時就具備適當溫度，即使放入發酵器中仍無法順利到達適合發酵的溫度。

因此攪拌完成時的溫度便顯得十分重要，若能達到目標值，不論發酵或最後發酵都能如期進行，使後續作業更加順利。

將溫度計插入麵團中心測量溫度。

Q78 什麼是材料水、調節水？

A 材料水是指配方中的水，調節硬度的水則稱為調節水。

材料水是指配方中的水，從中取一小部分，約為2至3％作為揉麵時調整硬度之用的水，稱為調節水。

即使是按配方精確秤量材料，但受到粉的種類與保存狀態，與室溫及濕度等因素的影響，每次作出的麵團軟硬度未必都一樣，所以不會一開始就將材料水全部用完，而是先撥出少許以備調整硬度時使用。

Q79 為什麼材料水也需要調溫？

A 因為會影響麵團溫度。

水是製作麵包的基本材料之一，在麵團中占不少分量，所以它的溫度對麵團溫度影響很大。調整材料水的溫度就是為了使麵團溫度能夠符合目標值。

水不同於粉等其他材料，只要加入熱水或冰水就能簡單調溫，這也是它的優點。

Q80 要如何決定材料水的溫度？

A 考量粉的溫度、室溫及揉麵過程中麵團的溫度變化作決定。

調整水溫也是準備工作之一。

在決定材料水的溫度時，粉的溫度、室溫及揉麵過程中麵團的溫度變化都是關鍵因素。麵團的種類或製作量，及揉麵時間等，也會導致麵團溫度變化的不同。

第一次試著調至約30℃。之後每次作完麵包，都將材料水與粉的溫度、室溫，及麵團溫度等資料記錄，作為下次製作麵包時調整材料水溫度的參考依據。

Q81 材料水的最高及最低溫是多少？

A 介於5至40℃的範圍。

將材料水調整在5至40℃的範圍。不過，5或40℃的水直接碰觸酵母，有時會降低它的發酵力，請務必注意（請參閱Q18）。

Q82 雖然已調整材料水的溫度，但麵團溫度還是不符合目標值，怎麼辨？

A 可試著調節其他材料的溫度或室溫。

麵團溫度雖然受材料水溫度的影響最大，但和其他材料的溫度及室溫也不無關係。當材料水調溫後，麵團溫度仍不符合目標值，請檢視下面幾個因素，試著改變一下它們的溫度。

①室溫

室溫也會影響麵團溫度，尤其是手揉麵時。請避免在過熱或過冷的環境下作業。

②麵粉的溫度

若調降材料水的溫度，麵團溫度仍高於目標值，可將麵粉冷藏再使用。

③材料的溫度

使用蛋量多的麵團中若蛋是冰的，或摻入葡萄乾的麵團中若葡萄乾是冰的，兩者都會讓麵團溫度降低，所以也要留意副材料的溫度。想要提高麵團溫度，可將副材料（油脂類除外）加溫至約30℃再使用。

④工作檯的溫度

工作檯的溫度也會傳遞給麵團，這個因素不能忽略。室溫低時會讓不鏽鋼製工作檯變得冰冷，大理石製則不受室溫影響始終保持低溫。這兩種材質的工作檯，有時會導致麵團溫度下降。

⑤其他因素

以揉麵需花費較多時間，所以手的溫度也可能造成麵團溫度升高。在製作低麵團溫度的布里歐及可頌等麵包時，尤其需多加注意。

以機器揉麵也要注意，若攪拌時間長、速度快，麵團和調理盆摩擦產生的熱，容易讓麵團溫度升高。

Q83 調節水於何時倒入比較適當？

A 如有必要最好在麵團產生連結性前倒入。

所謂調節水是取自材料水的一小部分，目的在調節麵團的硬度。

建議將調節水及早加入，也就是在揉麵初期。理由是此時麵筋尚未形成、麵團的連結性沒那麼強，水容易均勻滲入，且形成麵筋時也需要水。

但如果揉麵初期仍無法掌握軟硬度，之後再加也沒關係。油脂是在揉麵途中才加入的麵團中，調節水和油脂一起或在油脂之後倒入，都不會影響麵團的製作，但太晚加入調節水，可能會拉長揉麵的時間。

由材料水中取2至3%當成調節水。

在揉麵初期加入調節水。

Q84 調節水需全部用完嗎？

A 視麵團的硬度決定用量。

麵團的硬度，受到麵粉的種類與乾燥程度，及室內濕度等因素影響。調節水的作用是在調整麵團硬度，所以不一定要全部用完，反倒是若全部倒入後麵團還是太硬，就得再加水調節。至於麵團的硬度標準為何，很難以言語表達，又依麵包種類而異。只能多製作幾次相同麵包，視烤出的成果從中揣摩如何增減水分，如果第一次製作麵包難以理解，將水用完也無妨。

Q85 為什麼要先混合水以外的材料？

A 因為各材料吸收水的速度不一樣。

先將麵粉、即溶乾酵母、鹽、脫脂奶粉及砂糖等所有粉狀材料混合，然後再倒入水。

材料吸收水的速度不一，尤其是脫脂奶粉吸濕性強，會率先吸取水分，因此若不事先混合，麵團的水分就會分布不均，或一旦吸水變黏稠後，也很難混合均勻，所以在加水前最好先混合其他材料。

Q86 加水後是不是要立刻攪拌？

A 如果不立刻攪拌，麵團容易結塊。

將水倒入粉料中，或將粉料倒入水中，都請立刻混合攪拌。若靜置不動，麵團中的水分將無法均勻混合，容易形成硬塊。

Q87 為什麼奶油等油脂類材料需待麵筋形成後再加入？

A 與一開始就放入油脂相比，可縮短揉麵的時間。

製作麵包使用的油脂通常是固態的奶油或雪白油等。這類保有一定柔軟度的固態油脂，具可塑性，受力後會像黏土般改變形狀，在麵團中沿著麵筋的薄膜呈薄層狀擴散開來。

所以先混合油脂以外的材料，待麵筋形成、產生彈性後，再混合油脂，此時油脂就會沿著麵筋的薄膜擴散並快速滲入麵團內，縮短揉麵時間。

Q88 以手揉麵有技巧嗎？

A 漸漸地揉出黏性及彈性，再配合不同階段，改變搓揉方式及力道。

以手揉麵要配合攪拌中麵團的狀態，一邊變換摔打或拉扯的力量一邊搓揉麵團。

◆第1階段

水才剛開始滲入粉類的麵團時是柔軟濕黏的狀態，將麵團撐開拉大會因延展性欠佳而斷裂，此時的重點是將麵團移至工作檯，採取擦拌方式，先朝外側推開，再以雙手以磨擦的方式推向身體一側，並重複數次此動作。

◆第2階段

麵團稍微產生黏性，感覺容易從工作檯剝離時，就可將麵團整理成一團，在工作檯上摔打、摺疊，再旋轉90度改變麵團方向後重覆相同動作。之所以要改變麵團方向，因為如果連續在同一個方向施力，等於是強行讓麵筋的網狀組織產生歪斜。

柔軟的麵團，一開始會沾黏在工作檯難以拔開，也不易成團狀，只要反覆且迅速地輕輕摔打、摺疊，當麵團出現彈性、延展性變好，則可慢慢地加重摔打力道。

◆第3階段

麵團出現黏性及彈性後，可加強摔打力道。方式是將麵團稍微舉起，再用力甩摔至工作檯，摔打的同時，將麵團稍微拉向身體一側，再迅速反摺回對側。將團麵旋轉90度再重複數次相同動作。

◆**第4階段**

如果麵團的彈性再增強，會變成緊繃狀態，延展性也跟著變差，所以要減輕力道。一邊維持麵團表面光滑工整的鼓起，一邊搓揉。

在第3及第4階段的摔打，是將麵團舉起再往下摔，麵團的重量會自然強化摔打力道，如此利用麵團本身的重量，以一定速度及節奏連續地摔打搓揉，既不會傷到麵團，也不會多費力氣而能輕鬆揉麵。

●不同階段運用用不同的揉麵方式

第1階段

在工作檯上重複擦拌。

第2至4階段

第2階段力道弱、第3至4階段用力摔打至工作檯。力道強弱則依下摔的高度進行調整。

Q89 以手揉麵時，為何要在工作檯上擦拌及摔打？

A 為了讓麵團形成更多的麵筋。

在工作檯上擦拌或摔打，目的在讓麵粉充分吸收水分且揉出麵筋，且愈揉，麵筋的網狀組織就愈密，並在麵團中擴散開來，強化麵團的黏性及彈性。

針對Q88的麵團狀態，說明它的變化情形。

第1階段的攪拌初期，目的在讓水充分滲入材料均勻混合。開始攪拌時，麵團內尚未形成富黏性及彈性的麵筋（請參閱Q4），還是濕黏軟糊的狀態，一拉開就會斷裂，無法整理成團，此狀態的麵團無法摔打，對揉麵抱持既定印象的人，對於軟趴趴的麵團可能會不知所措。首先，將糊狀的麵團移至工作檯，上下來回擦拌，慢慢揉成團狀。

第2階段雖然已經成團，但還是軟的，不能用力摔打，只能輕輕摔揉，麵團開始產生麵筋，感覺稍微已產生一點連結性。

第3階段產生很多麵筋，麵團的彈性變強，此時麵團才具備可以用力摔打的硬度。

第4階段麵筋形成薄膜狀的組織，在發酵時，這層薄膜會包覆酵母釋出的二氧化碳，將它們鎖在麵團內，幫助麵包膨起。

麵筋

麵筋

Q90 不同種類的麵包有不同的揉麵方式嗎？

A 基本的揉麵方式是一樣的，但摔打力道的強弱會因麵團種類而異。

基本的揉麵方式如Q88所示。但麵

包種類不同，麵團的彈性或硬度也不一樣，因此各有各的搓揉方式。

以軟式麵包為例，因麵團的延展性佳，故採取重複摔打、拉扯、摺疊的揉麵方式。至於硬式麵包或稍硬的麵團，連結性比軟式麵包弱，且易延展拉長，所以要減輕摔打力道，或不摔打而採取在工作檯上以摺疊按壓的揉麵方式。

詳細說明　為什麼揉麵也有強弱之分？

麵包有自己的個性，有的柔軟、有的彈牙、有的鬆綿，還有的札實，各式各樣。配合不同特色製作麵團，對製作麵包而言是相當重要的一環。

除了材料的選擇，例如麵粉的蛋白質含量高低、要加什麼副材料、各材料的比例如何等等之外，另需配合材料，採取適當的揉麵及發酵方式。揉麵是攪拌搓揉材料直到形成麵筋，這項作業決定了麵團大部分的性質，什麼樣的材料、什麼方式揉麵，形成的麵筋在質與量也不同。

在本書介紹的基本款麵包中，適合用力揉麵的有山形土司及布里歐。

山形土司的特徵是烤出的土司如縱向延展般充分膨起，要作到這點，需要許多結構扎實的麵筋，以便將二氧化碳鎖在麵團內，而麵筋的來源是蛋白質，所以使用蛋白質含量高的高筋麵粉，一邊摔打一邊揉出麵團的彈性。

至於布里歐，添加蛋及等於麵粉的30至60％用量的奶油，屬於口味濃郁的麵包，添加這麼多奶油，如果柔軟的麵團形成足夠的柔軟麵筋，油脂就能快速均勻混合，因此選用蛋白質含量稍低的麵粉，再摔打以蛋及蛋黃軟化的麵團，直到形成柔軟的麵筋。

反觀以法國麵包為代表的簡單配方硬式麵包，不但使用蛋白質含量稍低的麵粉，酵母的量也控制到最少，適合不摔打的揉麵方式。理由在於這類麵包強調藉由麵團熟成，取得特殊的香氣及風味，以長時間發酵（請參閱Q172）是一大前提。如果揉出強化麵筋的麵團，將導致麵團在發酵期間膨脹過度，烤出的麵包體積增大，味道變得平淡。雖是簡樸型，當然要能夠從原本控制體積的膨脹度中取得的獨特口感，雖然使用不摔打的揉麵方式，麵團還是要保有一定的連結性，持有與膨脹度平衡的足夠麵筋及良好的延展性。

Q91 以手揉麵需要多少時間？

A 沒有一定的時間，需依麵團的狀態作判斷。

依麵團種類及麵團量改變揉麵時間。以手揉方式，也會受到製作者的揉麵力道及方法影響，本書寫出的時間只是一個參考值，揉麵完成與否的判斷依據不在時間，而是在於麵團是否已經達到最佳狀態。

當感覺似乎差不多揉好時，取下少量麵團，在不扯破的情況下盡可能將麵團撐開，確認麵筋薄膜是否已經確實形成。

Q92 麵團太軟或太硬會出現什麼狀況？

A 麵包的膨脹狀態會變差。

麵團太軟，會黏手而難以作業，也容易塌陷。烤出的麵包因體積不足，剖面扁平、底部大，吃起來糊糊的、嚼感很差。

若麵團太硬，會因彈性強、欠缺水分而變得乾燥。烤出的麵包體積不足，但麵包的剖面呈圓形、底部小。此外，裡層的氣孔堵塞、外皮又厚又硬是它的特徵。

● 硬度不同的麵團在烘烤前後的狀態

烘烤後　烘烤前

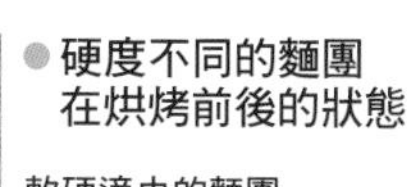

軟硬適中的麵團

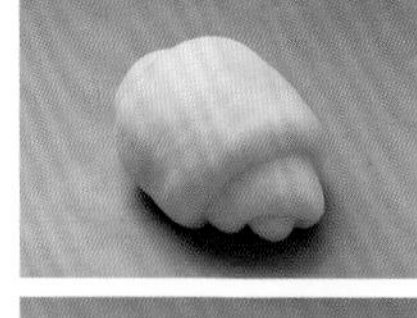

麵團太軟
烘烤前麵團塌下、表面凹凸不光滑，烤後扁平，表面起有皺紋及氣泡。

麵團太硬
烘烤前麵團不易鬆弛，彈力強，烤後體積小，捲起的部分裂開。

Q93 如何確認揉麵步驟已完成？

A 將麵團以手指撐成薄膜確認。

依圖片順序將麵團撐大，如果麵團呈薄膜狀不會裂開，表示已形成充分的麵筋。檢視薄膜狀態（有三項：厚度、均一度、薄膜破裂時的破法）確認揉麵是否完成。

有的麵團可以順利撐薄，有的不易延展。本書介紹的基本款麵包中，能夠撐得最薄的是布里歐，接著依序是土司、

● 將麵團撐薄的方法

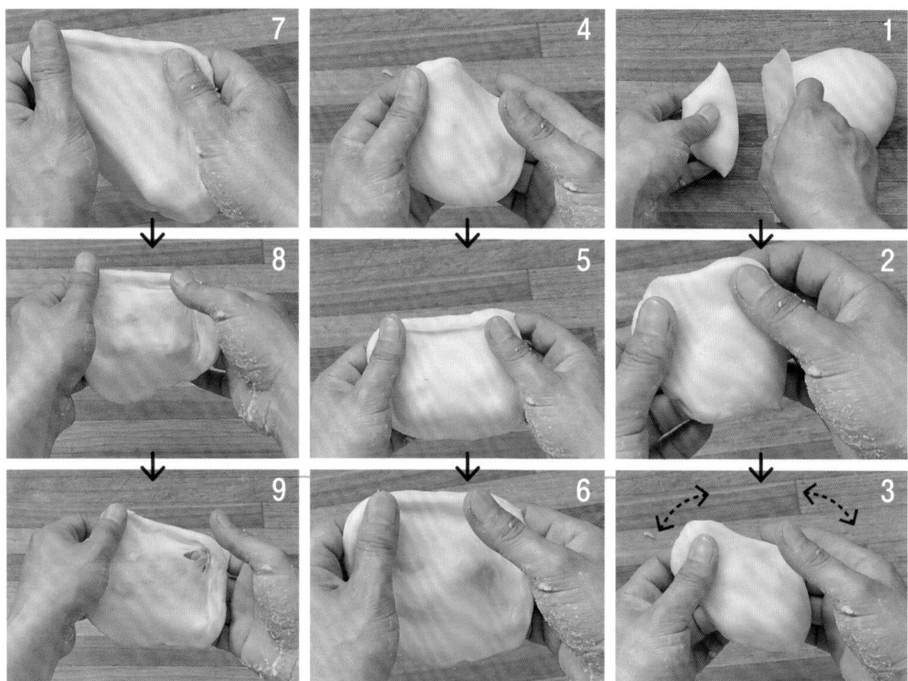

1 將麵團以刮板切下約同雞蛋大小。
2 將平滑平整一面朝上，以手指慢慢地往兩側拉。
3 雙手交替並前後移動的方式，慢慢拉大麵團。
4至8麵團約旋轉45度，和圖3一樣以手指慢慢拉開。一邊轉麵團一邊重複數次相同的動作，注意盡量別讓麵團破掉，直到呈薄膜狀。
9 根據麵團的厚度、均一度，及薄膜破裂時的破法，判斷是否揉麵完成。

奶油捲小麵包、法國麵包及可頌。這些麵包完成揉麵的狀態，請個別參閱作法旁的圖片。請記錄每次製作的成果，作為下次揉麵時的參考，從經驗中磨練技巧。

Q94 機器揉麵和手工揉麵有何不同？

A 搓揉力道不同，烤出的麵包也不同。

機器揉麵和手工揉麵的差異在於攪拌力（換言之就是「馬力」），麵團的分量愈多，差異就愈大。手揉有時會在攪拌上花太多時間，使得麵團狀態變差，形成的麵筋量不足，烤後體積變小。雖然無法製作出和機器攪拌完全相同的麵包，

但若技巧純熟，要作得很接近也並非難事。

Q95 揉麵過度或不足會出現什麼問題？

A 揉麵不足會讓膨脹狀況變差，揉麵過度則會膨得太大，兩者都會降低口感。

揉麵不足將無法形成足夠的麵筋，烤出的麵包體積小、扁平且顏色不均。麵包裡層黏糊、口感差，時間久了會變得又硬又粗鬆。

反之如果揉麵過度，烤出的麵包體積大、嚼勁強（難咬斷）、口感乾澀、淡然無味。

不過和機器揉麵相比，因手揉力道弱，幾乎不會有攪拌過度的情形。常見的反倒是在揉麵完成前花了很多時間，烤不出應有的體積。

●攪拌力道不同的麵團在烤前與烤後的狀態

烘烤前　烘烤後

揉麵不足

烘烤前麵團軟塌、表面有許多氣泡。烘烤後因麵團支撐力不足而無法膨起，無法烤出應有的體積。

適當的麵團

Q96 若攪拌後麵團溫度不符合目標值該怎麼辦？

A 改變發酵的溫度及時間。

將溫度計插入麵團中心，測量攪拌完成或揉好的麵團溫度。通常簡樸的硬式麵包約為24至26℃，濃郁的軟式麵包約26至28℃。

麵團溫度對後續的發酵時間有很大的影響。因季節關係，室溫及水溫的變化較大，在家自製麵包，也許麵團溫度會和目標值有些許落差。如果上下相差約1℃，發酵時間則會差5至10分鐘。

當麵團溫度高於目標值時，可將發酵溫度調降1至2℃，以較低的溫度發酵。有時發酵時間會提早，請視麵團的狀態調整時間。

當麵團溫度低於目標值，就將發酵溫度調高1至2℃，以較高的溫度發酵，但可能會花費較長的時間。

Q97 為何在以手揉麵途中，麵團會緊縮而無法順利搓揉？

A 讓麵團稍微鬆弛、降低彈性，就會比較好搓揉。

在以手揉麵的過程中，當麵團的彈性增強而變得緊繃，就變得無法好好搓揉，導致麵團缺乏延展性，此時可試著暫停搓揉，讓麵團鬆弛1至2分鐘、降低彈性後，揉起來就容易多了，鬆弛時以調理盆或塑膠膜覆蓋，以防麵團乾掉。

鬆弛時要預防乾燥。

Q98 將麵團一邊摔一邊揉時，為何麵團裂開破洞？

A 停止摔揉，鬆弛1至2分鐘。

在後半段的揉麵作業中，麵團之所以裂開破洞，是因為即使彈力增強但仍太用力摔打的緣故，此時先暫停摔揉，比照Q97讓麵團鬆弛一下。

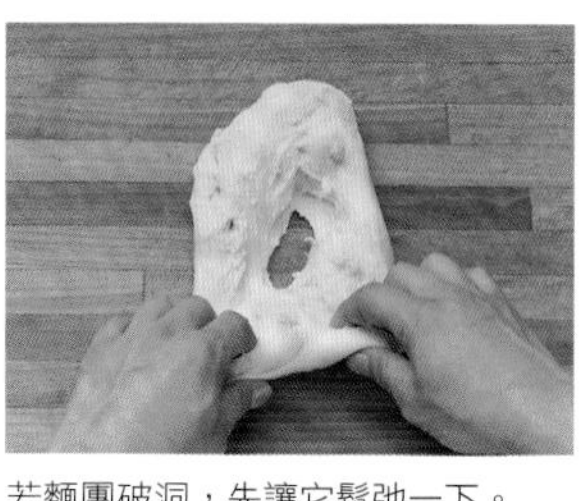
若麵團破洞，先讓它鬆弛一下。

Q99 為什麼要將沾黏在手及刮板上的團麵刮乾淨？

A 為了減少麵團的損耗。

在揉麵初期，麵團又濕又稠、特別黏手。隨着不斷攪拌，麵團出現連結性後慢慢地不再黏手，黏在手上的麵團，乾掉後會自然掉落混入麵團內，但這樣揉出的麵團品質不好，所以要在揉麵過程不時將黏在手上或刮板的麵團，刮下後重新揉入麵團內。

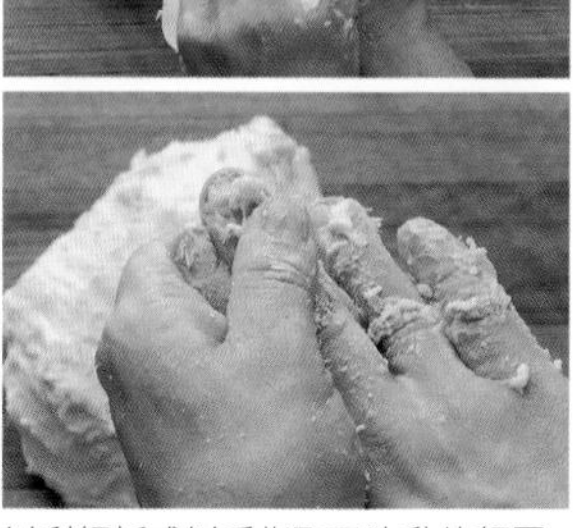
以刮麵板或以手指取下沾黏的麵團。

發酵Q&A

Q100 為什麼發酵會讓麵包膨大？

A 酵母釋出二氧化碳，麵筋的薄膜將氣體包覆留在麵團內。

發酵之所以會讓麵團膨起，是因為酵母產生了二氧化碳。但如果麵團沒有作好包覆氣體的準備，氣體就會從麵團內流失而無法膨起，所以首先要作出可充分包覆氣體的麵團，此時提供一個酵母釋放氣體的環境就很重要。

①製作鎖住氣體的麵團組織

充分揉麵，使麵粉的蛋白質製造出許多具黏性與彈性的麵筋。麵筋在麵團中擴散成網狀組織，形成具彈性的薄膜

（請參閱Q3）。

②藉由酵母釋出二氧化碳

當溫度達到酵母可活潑地運作、進行酒精發酵的條件後（請參閱Q18），酵母就會開始發酵釋出許多的二氧化碳。二氧化碳在麵團中變成氣泡，氣泡會隨著氣體的釋出生量而逐漸變大。

③鎖住二氧化碳使麵團膨大

麵筋薄膜將氣泡包覆住，當氣泡變大，薄膜就會從內側受擠壓而撐大。

如果以氣球作比喻，氣球吹入空氣時就會鼓起時，就將麵團看成一個大氣球，裡面塞滿因為發酵而鼓起的許多小氣球。

也就是說，膨起脹大的麵團能夠不塌陷，是因為麵筋的網狀組織如骨骼般撐住了麵團。

Q101 發酵過程除了讓麵團膨大之外，還有其他目的嗎？

A 滋生香氣及風味、使麵團的延展性變佳。

發酵不只是讓酵母進行酒精發酵釋出二氧化碳，進而使麵團膨脹而已，同時也滋生了其他物質。

例如：酒精發酵除了產生二氧化碳之外，還會產生酒精，而各種細菌或酵素會隨同酵母的活動滋生出各種物質，且讓麵團內的物質產生變化，這種種作用交替後，形成了獨特的香氣與風味，麵包的味道因而變得更深奧，還有強化延展性的效果。

這些變化就稱為「麵團熟成」，是發酵的另一個目的，亦即酵母在釋出氣體使麵團膨大的同時，麵團也能確實熟成，才稱得上是真正的發酵。

詳細說明　何謂麵團熟成？

發酵中，麵團除膨大之外，還因下列的機制而慢慢地熟成。

①產生散發香氣及風味的物質

酒精發酵所產生的酒精，會成為麵包獨特的香氣及風味來源。同時還混入麵粉或空氣中的乳酸菌或醋酸菌等，乳酸菌因乳酸發酵而產生乳酸，醋酸菌因醋酸發酵而產生醋酸，這些酸通稱為有機酸，化為香氣及風味，賦與麵包深奧味道。

隨著發酵時間拉長，開始蓄積這些物質，在麵團膨大的同時熟成。

②麵團的延展性及彈性等物理變化

原本產生麵筋、富彈性的麵團，在發酵中麵筋軟化變小，可說是一種反作用。酒精發酵所產生的酒精就有軟化麵筋組織的作用，二氧化碳溶於水、脂質氧化、乳酸或醋酸形成，使麵團的pH值（酸鹼值）傾向酸性而開始軟化。

要將氣體鎖在麵團內，最重要的是麵筋的網狀組織密實、麵團有彈性。但只是彈力增強，氣體擠壓麵團膨大的延展性不夠強，麵筋的軟化作用可發揮平衡的效果，製作出彈性與延展性都足以鎖住氣體而膨起脹大的麵團。

Q102 揉好的麵團要放入多大的容器內才適當？

A 大約是麵團的2至3倍大。

發酵時要配合麵團的分量，放入適當的容器內，當麵團達到發酵高峰而膨大時，正好可以將容器塞滿是最理想的。

容器太小，容易擠壓到發酵好的麵團，

太大又可能使麵團塌下。

先試著將麵團放入比它大二至三倍的容器內發酵，再視膨大狀況調整下次使用的容器大小。

Q103 發酵中為何要避免麵團乾掉？

A 麵團乾掉會阻礙膨脹度。

由於發酵後麵團會膨至近兩倍大，所以表面必須始終保持良好的延展性。萬一表面乾掉，不只膨脹狀態變差，乾掉的部分烤後還會變硬。

最適合發酵的濕度是70至75%，必須保持在麵團不會乾掉的範圍，但也並非要符合這個濕度不可，觸摸麵團表面，只要保持濕潤不乾燥就沒問題，在室溫下發酵時可覆蓋上塑膠膜。

相反的，若麵團表面浮現水分，就表示濕度太高了。

Q104 如何辨別麵團最佳發酵狀態？

A 以眼睛檢視麵團狀態，或以手觸摸進行判斷。

所謂最佳發酵狀態，第一個方法是以眼睛確認麵團是否已經充分膨大，或以手觸摸確認彈性，或所謂的手指測試法（請參閱Q105）。

以手觸摸是以指腹快速輕按麵團，有指痕殘留，表示已達最佳發酵狀態，若指痕一下子就消失，表示還沒發酵足夠，如果麵團是濕的，可先將手指沾一些手粉後再觸摸。

以手輕按麵團，以指痕判斷發酵狀態。

詳細說明 分辨最佳發酵狀態的兩項重點。

在分辨麵團的最佳發酵狀態時，以目測檢查麵團是否膨脹的方法，是以酵母釋出的二氧化碳量作為判斷基準。而以手指測試法，則是以麵筋的彈性為判斷基準。酵母釋出二氧化碳，由內側將麵筋薄膜擠壓撐大，會導致麵筋的彈性減弱，麵團鬆弛至輕按就留下指痕的程度（請請參閱Q128的細項）。

檢查麵團的發酵狀態，可由麵團的膨脹度與鬆弛度兩個不同觀點切入。

Q105 什麼是手指測試法？

A 將手指插入麵團中，確認發酵狀態的方法。

手指測試法（指穴測試），顧名思義是將手指插入麵團中檢查發酵狀態的方法。

當手指插入再拔出後留下的洞孔，稍微擠壓周圍的麵團，洞孔也不會閉合，表示已達最佳發酵狀態。

若是發酵不足，手指插入時會感到很強的彈力，當手指拔出後洞孔就閉合起來。此情況下請再發酵一陣子。

● 手指測試法

食指沾上麵粉　　手指插入至第二個關節後再拔出

反之，若發酵過度，支撐麵團膨起的彈性流失，手指一插入，整個麵團會逐漸塌掉。

● 不同發酵程度的麵團狀態

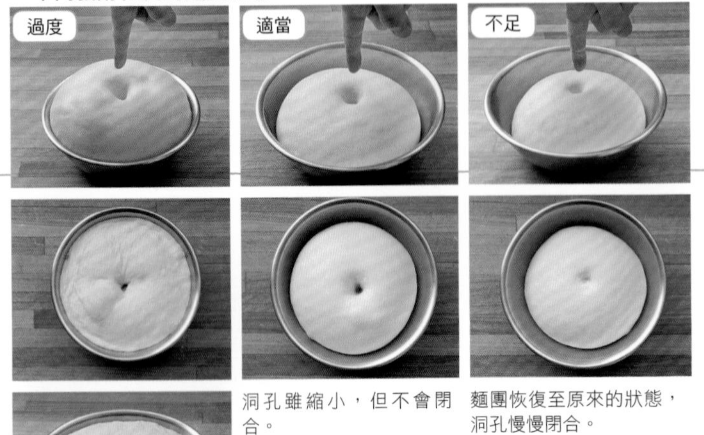

洞孔雖縮小，但不會閉合。

麵團恢復至原來的狀態，洞孔慢慢閉合。

麵團塌掉，表面出現很大的氣泡。

Q106 增加酵母的分量就可以縮短發酵時間嗎？

A 如果是濃郁的軟式麵團是有可能的。

如果是濃郁的軟式麵團，增加酵母的分量的確有可能縮短至一定程度的發酵時間。

濃郁配方的麵團，因為添加糖類、乳製品、油脂及蛋等許多副材料，即使發酵時間短，還是能引出麵包的風味。另外，使用蛋白質含量高的高筋麵粉，再藉著強力攪拌方式，促進麵筋的生成、強化麵團的連結性，再加入油脂等，就會成為延展性佳、容易膨大的麵團，因此就算多加點酵母，在短時間內產生許多氣體，還是能夠將氣體鎖住而不流失。

以本書的配方為例，至多可將酵母量增加至20%，使發酵與最後發酵的時間縮短十分鐘，只不過麵包會較快失去水分而變得乾乾鬆鬆的。

另一方面，法國麵包等簡樸的硬式麵團，基本上增加酵母量也能縮短發酵時間，但不建議這麼作。

理由在於，這類麵包是以麵粉、水、酵母及鹽的簡單材料作出富含香氣的麵包，需要藉由長時間發酵、熟成，來取得獨特的香氣與風味（請參閱Q172）。

如果增加酵母來縮短發酵時間，烤出的形狀、風味及口感等都會不一樣。

發酵及最後發酵Q&A

Q107 發酵及最後發酵的濕度標準為何？

A 約為70至75%。

雖因麵包種類而異，但基本上發酵器保持在以濕度計測量約為70至75%的濕度就不會有什麼問題，若沒有濕度計，只要麵團表面不乾、略微濕潤的狀態也是OK的，但當麵團表面浮現一層水，則表示濕度過高，可打開發酵器的蓋子讓部分濕氣散發掉。

Q108 按照配方的條件進行發酵及最後發酵，但還是發生發酵不足或過度的問題，為什麼？

A 主因在攪拌後的麵團溫度與目標值不符。

發酵及最後發酵的溫度太高或時間過長，會出現發酵過度，反之溫度偏低、發酵時間短，就會變成發酵不足，但按照配方指示的溫度和時間進行發酵，卻仍可能出現發酵過度或不足的問題。

在將發酵前已經揉好的麵團整理成團，或在最後發酵前的成型階段麵團表面的張力強弱，也會引發發酵過度或不足的問題。

當麵團的張力弱，按配方指示發酵，麵團會如過度發酵般的太過鬆弛，相反的，麵團的張力強，則會像發酵不足一般緊縮，必須再花點時間才能到達適當的狀態。再者，麵團若攪拌不足，也會和整型或成型階段麵團張力弱時的情形一樣，出現鬆弛過度的問題（請參閱Q95）。

Q109 發酵及最後發酵的溫度、濕度與時間等，為什麼會因麵包種類而異？

A 材料、用量及作法不同，所要求的麵團狀態也不一樣。

從攪拌至烘烤一系列流程，幾乎任何麵包都相同。但發酵或最後發酵等作業所需的溫度及時間，會因麵包的種類而異。麵包的材料、用量及作法不一，所要求的麵團狀態當然也各有所異。

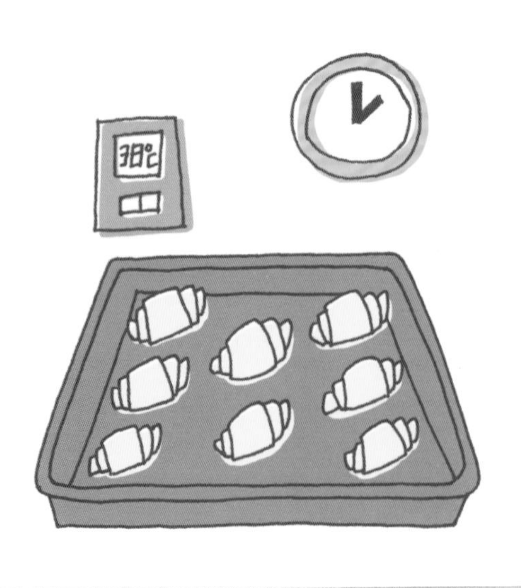

以奶油捲小麵包為例，因酵母的使用量多，所以發酵溫度高、發酵時間短，但法國麵包及土司則因酵母的使用量少，發酵溫度低、發酵時間也較長。

即使酵母用量和奶油捲小麵包一樣，多奶油的布里歐為避免奶油溶出，發酵溫度會比較低，而發酵溫度低，發酵時間自然就拉長了。

Q110 發酵及最後發酵的時間為什麼不一樣？

A 因為目的不同所致。

最後發酵的溫度通常比發酵時高。不論是發酵或最後發酵，都是藉由酵母的酒精發酵使麵團膨大，而溫度之所以有差，在於發酵目的不同。

酵母在37至38℃下會釋出最多二氧化碳，但實際作麵包一般是在25至35℃下發酵，原因在於發酵的目的除了讓麵團膨大，還包括熟成，也就是在團麵中蓄積散發香氣及風味的成分。所以在到達一定的膨脹度前，必須給予時間充分發酵（請參閱Q101）。

為了要充分發酵，將溫度設定低於產生二氧化碳量最多時的溫度，使酵母在長時間穩定狀態下緩緩釋放氣體，而不是一開始就卯足全力大量釋出。

二氧化碳的產生量和麵團取得平衡也是很重要的。若是短時間內產生太多氣體，麵團會因瞬間膨大而受到拉扯，將時間拉長、控制氣體的釋出量，麵團就能不受壓迫的順利延展膨起。

另一方面，為了烘烤時麵團的體積能夠達到最大，需要很多二氧化碳，所以最後發酵的溫度要高於發酵溫度，大約在酵母活性達到巔峰的30至38℃之間。

Q111 發酵及最後發酵時，麵團的最佳狀態不一樣嗎？

A 發酵是膨脹到最高點，最後發酵是比高點再差一點的狀態。

發酵是持續進行，直到麵團膨脹到最高點、彈性鬆弛為止。

至於最後發酵，在接近麵團膨至最大時停止才是最佳狀態，理由是在後續的烘烤過程中，在麵團內部的溫度達到60℃之前，酵母仍持續進行酒精發酵、釋出二氧化碳，因此最後發酵要為麵團的膨脹預留空間而不要到達最滿。

最後發酵Q&A

Q112 即使是相同的麵團，最後發酵時間會因大小而有異嗎？

A 會因為麵團的大小及形狀而稍有不同。

麵團變大，或重量雖相同但從扁平狀改成球狀，因為麵團中心點的溫度上升需要時間，所以最後發酵的時間多少就會拉長。但這不表示當麵團的重量增加1.5倍，就要多花上1.5倍的時間。請以麵團的狀態作為判斷依據（請參閱Q113）。

還得再等一下～

已經烤好了！

Q113 如何辨別麵團的最後發酵狀態？

A 以手指輕按，若有指痕殘留表示已達最佳狀態。

當麵團快要脹至最大，就是最後發酵的最佳狀態（請參閱Q111）。分辨的方法是以麵團的膨大程度及彈性的鬆弛度為依據。

● 最經過最後發酵的團麵狀態及烤後的比較

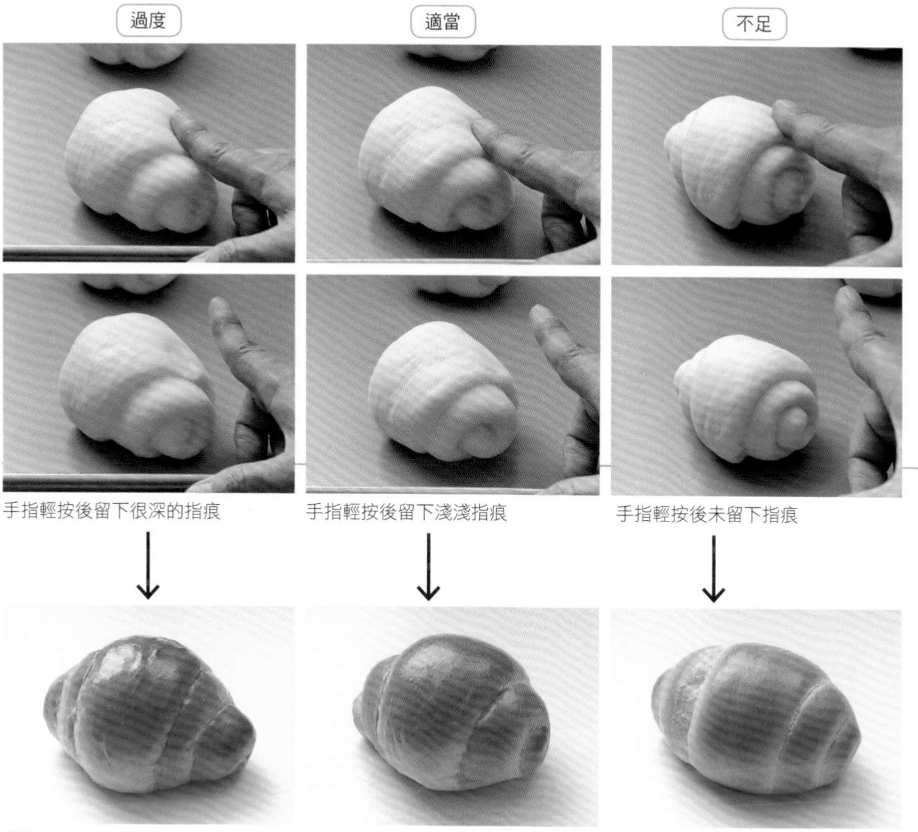

過度	適當	不足
手指輕按後留下很深的指痕	手指輕按後留下淺淺指痕	手指輕按後未留下指痕
體積太大，外皮起皺紋。	烤出適當的成品。	蓬脹不足，捲起處裂開。

以麵團膨大至剛成型後的兩倍大為標準。當目測覺得差不多時，可試著以手指輕按表面，若有指痕殘留，則表示已達最佳狀態。

超過最佳狀態，導致麵團持續鬆弛，在後續的烘烤階段，不論是移動、塗抹蛋液，或劃上割紋等，麵團都有可能塌陷掉，烤出的麵包變小又起皺紋。

若最後發酵不足，烤出的麵包體積小、裂開或破掉，而裡層粗糙、顏色斑駁或太深。

翻麵Q&A

Q114 為什麼要翻麵（排出空氣）？

A 強化麵筋，作出有體積感的麵包。

所謂翻麵是將發酵後膨大的麵團，用手掌無遺漏的按壓、摺疊，以排出麵團內的二氧化碳。之後還要再發酵。

並不是所有的麵團都要翻麵。使用簡單配方麵包確實發酵的土司與法國麵包等，添加許多奶油而不易膨大但又想保有體積感的布里歐等麵包，就會進行翻麵作業。

雖然好不容易膨脹的團麵，翻麵後就扁掉了，感覺好可惜，但翻麵可以具有下列不翻麵所得不到的效果。

①強化麵筋

當麵團膨大，麵筋薄膜會被撐大而降低彈性，麵團也開始鬆弛（請參閱Q128的細項）。此時按壓鬆弛的麵團、給與刺激，麵筋就會繼續生成，且網狀組織變得愈來愈密。由於麵筋薄膜有包覆氣體的作用，所以強化麵筋，當然就能讓麵團順利膨脹。

②活化酵母

麵團中一旦充滿酒精，酵母的活性會因為本身產生的酒精而降低，所以按壓麵團將酒精排出，以活化酵母。

③烤後質地細緻

麵團中的大氣泡破掉，變成許多小氣泡，烤出的麵包就會變得質地細緻。

Q115 為什麼要以按壓方式翻麵？

A 用力摔打或搓揉，都會傷及麵團而無法好好膨脹。

說到翻麵，也許會讓人連想到握住再用力擠壓的動作，其實是用手掌按壓與摺疊整個麵團來排出空氣。用力摔打或搓揉都會破壞麵筋的網狀組織，使得之後的發酵無法鎖住二氧化碳而無法膨脹。所以在不傷及麵團的狀況下翻麵是很重要的。

Q116 任何麵包的翻麵方式都一樣嗎？

A 依麵包的種類而異。

並非所有麵包的翻麵方式都一樣，而是依種類而異。大致可分為下列四種。

①力道強

適合軟式麵包的團麵，或要呈現體積感的麵包（如本書的山形土司及布里歐）。在希望達到最大翻麵效果時使用。

②力道稍強

適合軟式麵包的團麵，或偏向簡樸的麵包。

③力道稍弱

適合中（半）硬式麵包的團麵。

④力道弱

適合硬式麵包的團麵（如本書的法國麵包第二次翻麵）。因麵團的膨脹力差，請勿太用力按壓。

翻麵的強弱是據據摺疊麵團的次數、摺疊後是否按壓，及按壓的力道等作調整。

另外還需視麵團的狀態來改變翻麵的強弱。例如：雖然經過發酵，但麵團軟塌，不太能鎖住氣體（或譯保氣性差）時，就要加重翻麵的力道，以刺激麵筋產生彈性。相反的，若充分發酵，但麵團依舊緊縮而未鬆弛膨大時，就要採取弱翻麵。

Q117 太用力進行翻麵會如何？

A 麵團的彈性會變強。

當翻麵的力道超出麵包本身該有的強度時，麵團的彈性會增強，導致烘烤後的麵包破掉或出現裂痕。

萬一翻麵時太用力了，可將翻麵後的發酵時間稍微拉長，讓麵團的彈性鬆弛。此外，在後續的滾圓及成型作業中，也減弱麵團的緊縮程度。

Q118 麵團還未完全膨起，但時間一到還是要進行翻麵比較好嗎？

A 要視在發酵時間的哪個階段進行翻麵而定。

雖然是依麵團的種類而有不同作法，如果是在全發酵時間（翻麵前與翻麵後的時間加總）的前半階段進行翻麵，由於目的在強化麵團力量，即使麵團還未完全膨起，但時間一到就請開始翻麵。本書法國麵包的第一次翻麵就屬這種情形。

而在全發酵時間超過一半後的翻麵，就等麵團膨大後再開始進行。

分割Q&A

Q119 麵團也有分表裡嗎？

A 光滑工整的面就是表面。

攪拌完成的麵團並無表裡之分，但會將發酵前滾成工整圓形時的面視為表面，接下來就以光滑面作為表面進行後續的作業。

例如：分割時，若表面乾燥、粗糙，其他面比較光滑，就重新滾圓，把光滑的面當成表面。

麵團的表面，烘烤後就成了麵包的臉或說是門面，所以在製作要時時記住將光滑面當成表面看待。

Q120 分割時為什麼要使用刮板以按壓方式切開？

A 麵團若被撕碎受損，會使膨脹狀態變差。

分割作業是將發酵好的麵團迅速取出後，以刮板按壓切開。如果改用手撕，或切時像用刀子一樣前後移動刮板，都會過度擠壓麵團內的二氧化碳，且會破壞掉切口的麵筋網狀組織，導致麵團的膨脹狀態變差。

利用刮板以按壓方式切下後，切記要立刻將切口分開，以免沾黏在一起。

盡可能一開始就均等切割，避免因

為要多退少補而分切太多次，進而傷及麵團，目測精準一些，將切割次數減至最少。

● 切割方式與剖面

好的切法（左）
剖面工整
不好的切法（右）
剖面扭曲不平整

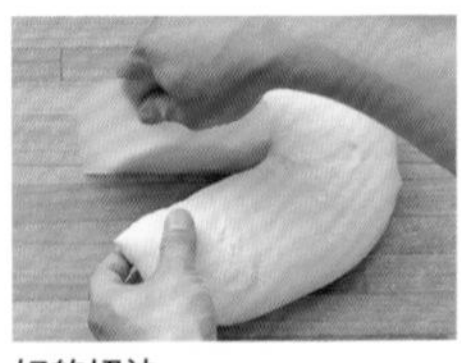
好的切法
按下切開，並分開切口。

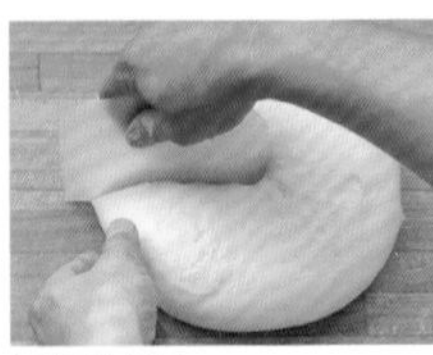
不好的切法
像刀子一樣前後移動。

Q121 為什麼要均等分割？

A 使烘烤的時間一致。

如果麵團大大小小不一致，小的會較快烤好，大的就比較慢，形成時間上的落差。如果要先將烤好的麵包取出，必須多次打開烤箱門，造成烤箱內的溫度下降，影響到尚未烤好的麵包。

事先將麵團分割成一樣大，讓烘烤時間一致，就能烤出好的成果。

Q122 分割後多出一點麵團時該怎麼辦？

A 請調整後再分割。

雖然已經依照配方所寫的重量分割麵團，但仍經常出現麵團過剩或不足的問題。原因在於調節水的用量及混合時麵團的損耗量，導致麵團總重量改變。

要避免太多或不足，且減少分割次數，建議是一開始先秤出麵團的總重量，計算出每一等分的重量後再進行分割。在家中作麵包，建議採用這個方法。

每一等分麵團的重量可能會有些微的差異，但幾乎不必因此改變發酵及烘烤的條件，一樣能作出麵包。

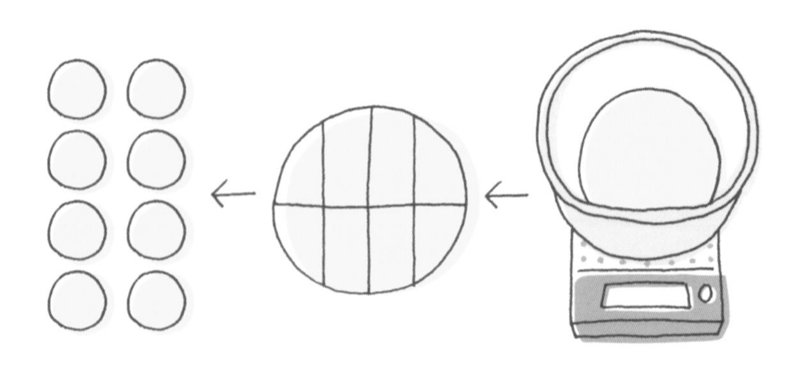

滾圓Q&A

Q123 如何將麵團滾圓？揉至多圓才算OK？

A 滾到麵團表面鼓起，呈光滑狀為止。

滾圓不只是滾成圓球狀，最重要的是使麵團的表面鼓起。

慣用右手的人，將麵團置於左手的掌心，再以右手掌包覆，以逆時針方向轉動，利用指尖將麵團的邊收入底部，使麵團的表面鼓起，呈現飽滿的光滑狀。在工作檯上也以相同手法將麵團滾圓。

滾圓後，以指尖輕按麵團表面，感覺麵團具有彈性，且不殘留指痕就表示大功告成（請參閱Q130）。

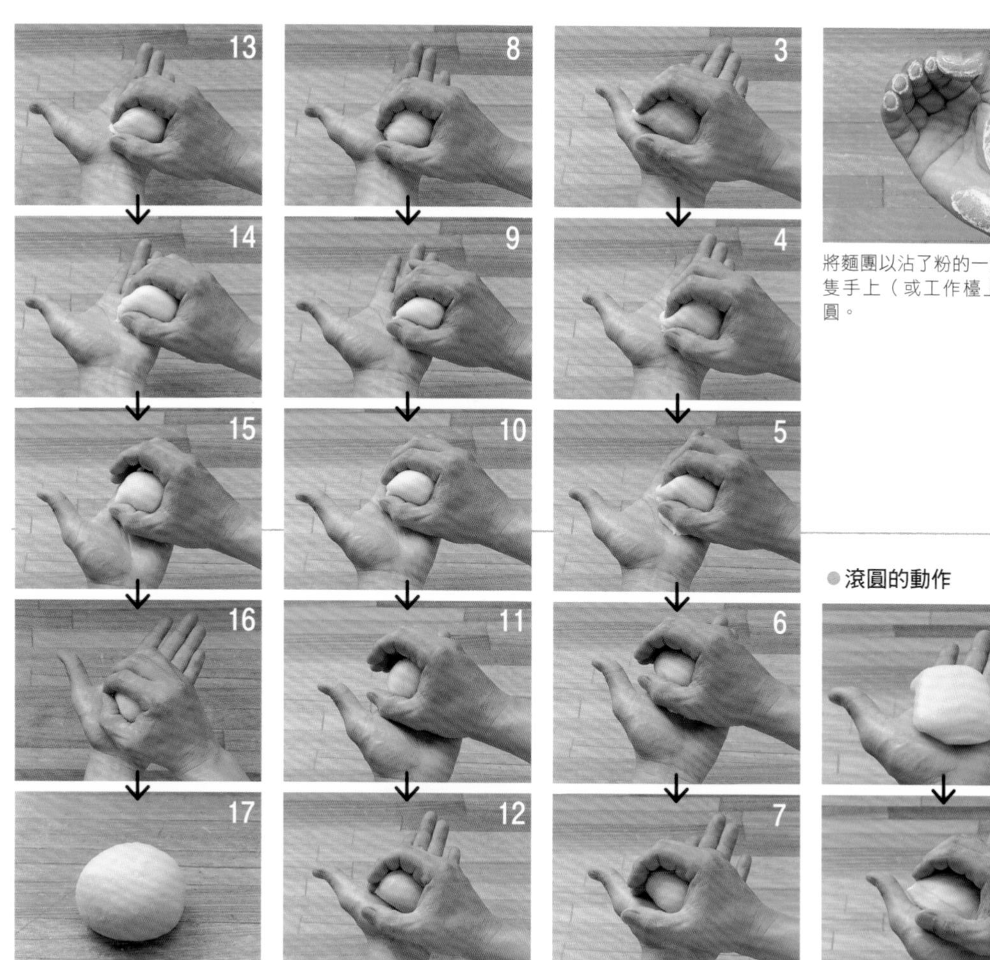

將麵團以沾了粉的一隻手在另一隻手上（或工作檯上）進行滾圓。

●滾圓的動作

以手掌包覆麵團，以逆時針的方向轉動（若以左手滾動則改成順時針）。

Q124 為什麼滾圓時要將麵團的表面鼓起？

A 為了在表面形成一層防止二氧化碳流失的薄膜。

分割好的麵團切口，原本的麵筋結構被打亂，且具有黏著性。因此要藉由滾圓，將切口重新揉入內部，並將表面鼓起同時完整包覆。利用麵筋結構完整的部分包覆麵團表面，就能夠減少沾黏。

麵團的表面形成張力而呈現飽滿狀，麵筋的結構受到如同揉麵時的刺激。當麵筋增強，麵團就會變成緊繃狀態（請參閱Q128．詳細說明），麵團內的二氧化碳也就不會流失。

Q125 為何無法在手掌順利將麵團滾圓？

A 將麵團的邊收至底部捏緊，使表面鼓起。

當無法在手掌滾成球狀時，可以手拿著，然後將麵團的邊收至底部捏緊，使表面鼓起。以底部為中心，重複數次相同動作，表面就會鼓起呈圓形。

●使麵團表面鼓起的方法

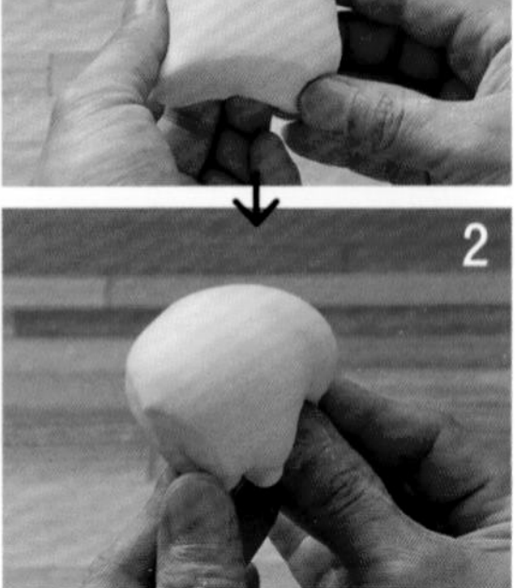

Q126 為何麵團無法平穩握住的在手中好好轉動？

A 張大拇指及食指之間的距離。

麵團的穩定度多少有差，此時可將拇指及食指打開，擴大手中的空間將麵團包覆，再以Q123的要領滾圓，若還是滾不圓，再採用Q125的方法。

Q127 為什麼麵團表面會產生粗糙不平的狀態？

A 對麵團施力過度，導致表面變得粗糙不平。

若對麵團施力過度，表面會變得像月球表面般凹凸不平的。在分割後或成型時，進行滾圓或整型作業時，尤其容易出現所謂的月球表面現象。

滾圓及成型的最大重點不只是整理形狀而已，還要讓麵團的表面呈適度鼓起狀態，如果因為滾不出漂亮的球狀而反覆滾動麵團，原本散發光澤的表面會逐漸變得粗糙而呈現凹凸狀。這是造成麵團負擔的證據，超過理想張力而過度緊繃的結果。不但後續在醒麵時必須花較長時間讓麵團鬆弛，最後發酵時麵團

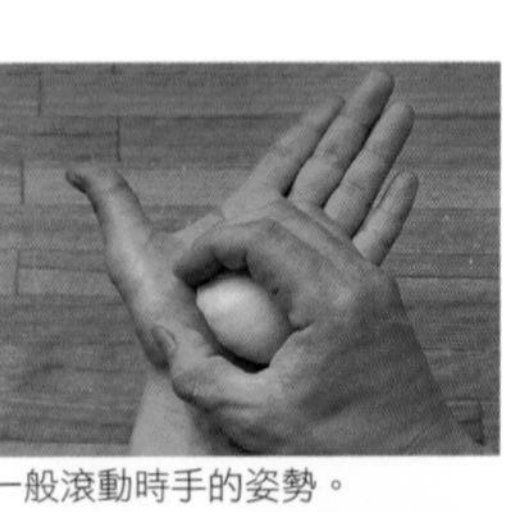
一般滾動時手的姿勢。

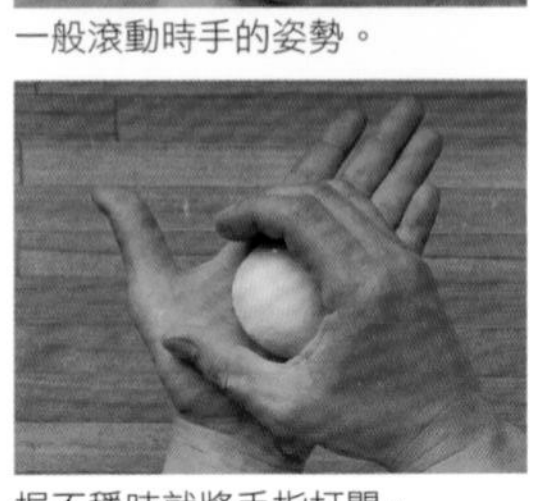
握不穩時就將手指打開。

也膨脹不起來，作不出好的麵包。

有的麵團容易出現月球表面現象，有的比較不會。硬且延展性不佳的麵團，或像法國麵包的硬式簡樸團麵，稍一滾圓過度，就會出現出現月球表面現象，請特別注意。

表面鼓起呈光滑狀。（左）
出現月球表面現象，表面凹凸不平。（右）

醒麵Q&A

Q128 為什麼需要醒麵？

A 讓因滾圓而產生彈性的麵團鬆弛、易於成型。

醒麵（或可說為鬆弛、休息）是指在分割及滾圓後，讓麵團作一定程度的休息。

將麵團滾圓雖然不同於揉麵，但同樣是給與外力刺激，會使麵筋增強、麵團產生彈性。如果緊接著立刻進行成型作業，麵團會緊縮而無法形塑想要的形狀，且表面容易凹凸不平，即出現所謂的月球表面現象。

藉由醒麵，麵團會持續發酵、稍微膨起。麵筋薄膜因此被撐開、麵團鬆弛彈性減弱，變得容易成型。

詳細說明 麵團的緊繃與鬆弛

麵團搓揉後產生麵筋並增強彈性，經過發酵，彈性開始轉弱慢慢鬆弛掉。接著在分割滾圓時再度緊繃，於是藉由醒麵讓它變鬆。之後在成型作業中經過整理彈性又變強，只好再進行最後發酵使麵團鬆弛。麵團透過這一連串的作業反覆的緊縮及鬆弛，其實是因為麵筋在「加工緊繃」與「結構弛緩」間取得平衡而引起的變化。

加工引起的緊繃，是指麵筋的網狀組織變密，也就是穩定且增強。至於結構鬆弛，則是指麵筋的網狀組織部分受到破壞，組織變得不穩定，麵團出現鬆弛。緊繃及鬆弛是相反的結構變化，但不會只單方面的出現變化。麵團時時處在緊繃與鬆弛的天平兩端，因為要取得平衡而引起狀態上的變化。當緊繃的程度升高時，麵團就反應這樣的性質而緊繃。反之當鬆弛的程度升高，麵團也跟著開始鬆弛。在麵包製作上，這樣的緊繃與鬆弛平衡是很重要的。

緊繃與鬆弛不平衡的例子之一是發酵過度。天平大幅倒向鬆弛的一方，麵筋的結構脆弱而容易崩壞。因此，只要碰觸發酵過度的麵團，空氣就排出而塌陷掉。

此外，麵團要留住二氧化碳，必須持有網狀組織密實且富彈性的麵筋。只是光是彈性太強，麵團仍無法膨脹，必須要有良好的延展性配合才能撐大膨起。延展性和緊繃與鬆弛也有關係，太緊繃會導致延展性欠佳，經過鬆弛才能形成良好的延展性。

事先了解麵團中肉眼無法看到的結構經常變化以取得平衡，並反映在麵團的狀態上，對於處理麵團是有幫助的。

Q129 醒麵最好是將麵團放回發酵器中嗎？

A 也可在室溫下醒麵，但要預防乾燥。

醒麵基本上是要在分割前麵團發酵時的環境（發酵器）下進行，但若室溫在25℃左右，也可以不放回發酵器中而直接醒麵。

只是在室溫下醒麵，要注意預防麵團乾掉。若成型時麵團的表面乾燥，狀態就不算好。

相反的，在發酵器內醒麵，請記得調整濕度，避免表面濕黏。

緊繃

鬆弛

Q130 如何辨別醒麵已完成？

A 以手指輕按有指痕殘留就表示完成。

醒麵的目的在鬆弛因滾圓而產生的彈性。所需時間依麵包的種類及滾圓的強度而異。以指尖輕按麵團後離手，若有指痕殘留即表示醒麵完成。

醒麵的時間，比發酵及最後發酵來得短。在滾圓好最後的麵團時，有時會適度鬆弛一開始滾圓的麵團。請視實際狀況加以對應。

●醒麵前後麵團的狀態比較

麵團有彈性，輕按也不會留下指痕。

醒麵後

麵團鬆弛，輕按後有指痕殘留。

Q131 成型時若出現大氣泡該怎麼辦？

A 以輕按方式弄破氣泡。

成型階段如果麵團出現大氣泡，一定要將它弄泡。若置之不理，在最後發酵時氣泡還會再脹大，經過烘烤，這部分就高高膨起，有損外觀及口感。

手指併攏，再利用指腹，啵的一聲將氣泡輕輕按破。

以手輕按將氣泡啵的弄破。

Q132 為什麼成型時要捏緊或壓緊收口？

A 以防止麵團膨大時收口裂開。

將麵團整成圓或棒狀時，以手捏緊或壓緊收口，以免在最後發酵或烘烤時麵團脹大，導致收口裂開或變形。

Q133 為什麼排列麵團時，要將收口朝下？

A 目的在防止收口打開，麵團無法膨起。

將麵團排放在烤盤或放入烤模時，收口要朝下。收口朝上不僅影響外觀，在最後發酵或烘烤時有可能因麵團脹大而被支撐開，導致麵團表面缺乏張力，無法順利膨起，烤後形狀走樣。

烘烤Q&A

Q134 將麵團排放到烤盤時需要注意什麼？

A 保持足夠間距並等間隔排列。

為避免發酵膨大的麵團彼此沾黏，鋪放時請保持足夠的間距。同時要等間隔排列維持平衡，不要排得歪歪斜斜的，這點也很重要。理由是麵團散亂排放，烘烤時將無法平均受熱，烤後不論顏色或熟度都不一致。烤箱本身也會引起這個問題，請檢視目前使用的烤箱何處最易受熱等相關細節，再加以調整因應。

Q135 成型的麵團無法一次烤完時該怎麼辦？

A 可分兩次烘烤。第二次要烤的部分於中途將作業時間錯開。

烤盤無法容納成型好的麵團一次烘烤時，就只能分兩次烤。

但是在烘烤第一批期間，等在一旁的麵團會持續發酵而導致狀態惡化。為了保持所有的麵團都能在最後發酵後立刻烘烤，事先就將麵團分成兩批，第二批麵團的最後發酵時間往後延。

讓第二批麵團在低溫或冰箱中進行醒麵，成型作業也往後延是一個方法。另一個方法則是在低溫處進行最後發酵，拉長時間。請從中挑一個自己覺得簡便的。

第二批麵團成型後，鋪放在約同烤盤大的烘焙紙上進行最後發酵。第一批烤完後，再移至烤盤中烘烤。

這個方法仍無可避免會讓第二批烤出的麵包口感不如第一批。

Q136 為什麼烘烤會讓麵包膨起？

A 前半場是因酒精發酵膨起，後半場是因氣泡內二氧化碳的熱膨脹及水分蒸發而膨脹。

很多人以為麵團一放入近200℃的烤箱，酵母就會立刻死掉而無法再釋出二氧化碳，其實不然。熱度從麵團表面傳至中心部位需要一段時間，適度發酵的麵團，其中心溫度約為30至35℃，而酵母在37至38℃可釋放出最多氣體，直到45℃都還能活躍的持續釋出二氧化碳。高於這個溫度，酵母活性才減弱，到60℃左右死亡。和發酵時相同，此時產生的二氧化碳也會讓麵團膨大。

酵母死亡後，氣泡內的二氧化碳因高溫而膨脹、麵團內的水分一部分變成水蒸氣，使得麵包體積變大。也就是說這些氣體及水蒸氣擠壓麵團內側，使麵團膨起脹大。

Q137 麵團受熱的機制為何？

A 出現蛋白質變性轉硬、澱粉糊化變軟等變化。

烘烤的目的在將麵團加熱，成為美味的可食用狀態。

特別是主材料麵粉的成分是蛋白質（含麵筋）及澱粉，加熱後出現的變化是很大的關鍵。

①蛋白質的變化

麵筋是兩種蛋白質（麥膠蛋白與小麥蛋白）加水，再經搓揉的物理性外力後形成的。它在麵團中包覆空氣、呈網狀組織擴散。當麵團經烘烤達到75℃，水分就會被排出，麵筋開始變硬，以網狀組織擴散、如骨骼般撐住膨大的麵包造形。

②澱粉的變化

麵粉的澱粉（除去受損的澱粉。請參閱Q18．詳細說明②），從攪拌到最後發酵，都不會吸水產生大的變化。

烘烤時直到麵團受熱達到60℃，澱粉顆粒開始吸收麵團中的水而膨脹變軟。一旦溫度至85℃以上，糊狀的黏性就會變強（糊化）。溫度再往上升，澱粉因一定程度的水分蒸發而凝固，成為膨起麵包的身體，以由外側包住氣泡的形態，柔軟的支撐麵包整體組織。

加熱前的麵團之所以不能食用，是因為生的澱粉結構嚴密，幾乎不受人體消化酵素（澱粉酶）的作用，造成消化不良，要等到糊化變軟後才適合食用。

詳細說明❶ 何謂蛋白質變性？

含蛋白質的食物一加熱，蛋白質會彼此聚集，排除之間的水分而結合、凝固。這種因加熱等因素導致蛋白質原有結構出現性質上的極大變化，就稱為「變性」，變性程度愈深就愈硬。

麵包材料中的麵粉及蛋等都含有蛋白質，加熱就會凝固。

詳細說明❷ 何謂澱粉糊化？

澱粉即使加水也不會吸收。澱粉顆

粒中有兩種澱粉分子（直鏈澱粉與支鏈澱粉），具備連水也無法滲入的嚴密組織。

但澱粉和水一起加熱，組織不再那麼密實，水開始由縫隙滲入，澱粉慢慢吸飽水分。直鏈澱粉與支鏈澱粉的分子內側因水滲入而脹大，不久崩壞，產生糊狀的黏性，稱為「糊化（α化）」。

麵包等的麵團，糊化後若溫度再升高，澱粉會先鎖住部分水分，然後蒸發掉一定程度的水分後凝固。

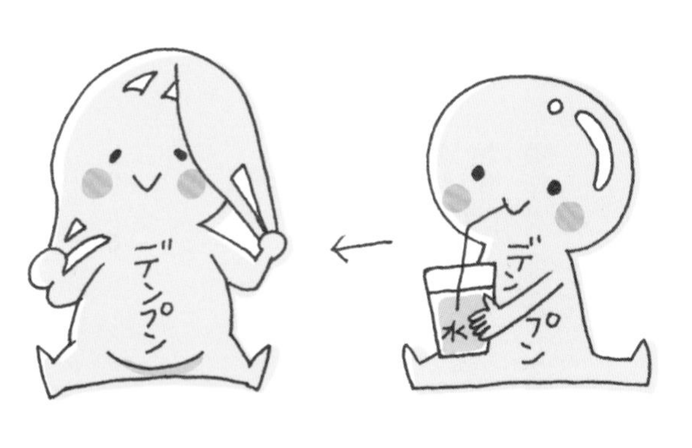

Q138 為什麼烤箱一定要預熱？

A 不預熱會拉長烘烤時間，使麵包變硬。

烘烤時事先將烤箱升至所需的烘烤溫度，稱為「預熱」。若不預熱，從低溫開始烤起，需要花費不少時間才能烤熟。如此一來，麵團中的水分會蒸發得太多，使得麵包裡層組織變得粗糙乾鬆，外皮也變厚，烤成乾硬的麵包。

Q139 噴水後再烘烤會有什麼變化？

A 可烤出體積感。

烘烤是由內側擠膨麵團，但若麵團表面烤乾，就會停止膨脹。在烘烤前，先噴濕麵團表面，可延緩在烤箱中烤乾表面的時間。烤出延展性佳、有體積感的麵包。

在烤箱中放入水蒸氣，或塗抹蛋液，都具有相同的效果。

Q140 需要依麵包種類改變水蒸氣的量嗎？

A 可依麵包的種類及對成品的要求改變水蒸氣的用量。

有的烤箱附有在烘烤時產生水蒸氣的功能。烤時水蒸氣的量愈多（拉長產生水蒸氣的時間），烤出的麵包體積愈大，且皮薄、有光澤、口感輕。相反的，水蒸氣的量少，烤出的麵包體積小，且皮厚、少光澤，給人素樸印象。

基於這樣的差異，可依麵包種類及個人喜好，改變水蒸氣的用量，但太多或太少都不建議。

Q141 塗上蛋液再烤會如何？

A 可在麵包表面烤出金黃色及光澤。

在麵團表面塗抹蛋液後再烤，可烤出金黃色及光澤。本書中的奶油捲小麵包是使用全蛋，若要加強金黃色，可增加蛋黃的量。若只想呈現光澤感，可單獨使用蛋白就好。在蛋中摻水稀釋，則可控制減低光澤。

塗抹蛋液就和噴濕一樣，都能烤出體積感。烤時將麵團表面噴濕，可延緩表面固化的速度，維持麵團的延展性。只不過蛋加熱也會凝固，所以抹蛋液的膨脹效果不如噴濕。

即使塗抹蛋液一樣烤不出漂亮的金黃色，或容易烤焦的麵包，就不要抹了。

為什麼塗上蛋液就能烤出金黃色？

能夠呈現金黃色，是使蛋黃看起來像橘色的胡蘿蔔素之賜。光澤則是因為薄狀蛋液凝結成膜狀，主要來自蛋白的成分。

塗蛋液容易變焦，原因在於蛋中所含的蛋白質或氨基酸，與還原糖遇高溫而出現羰胺反應（請參閱Q36．詳細說明），出現茶褐色。

Q142 塗刷蛋液有何技巧？

A 使用軟毛的刷子，握住近刷毛的地方塗抹。

將蛋液以茶濾網或萬用濾網過篩，切斷筋性以便充分溶化，易於塗抹。

毛刷的材質，以塗抹時不傷及麵團為主，如柔軟的山羊毛等，先以水沾濕、充分瀝去水氣後再使用。

毛刷沾滿蛋液後，壓抹盆邊，去除多餘的蛋液，以免太多滴入烤盤或塞在捲摺中，烤後顏色不均勻。

塗抹的重點在將刷毛倒下以腹部的位置，一邊轉動手腕，一邊輕柔的沿麵團的弧狀面塗抹，手握靠近刷毛處，可節省力氣順利塗抹。

●毛刷的拿法

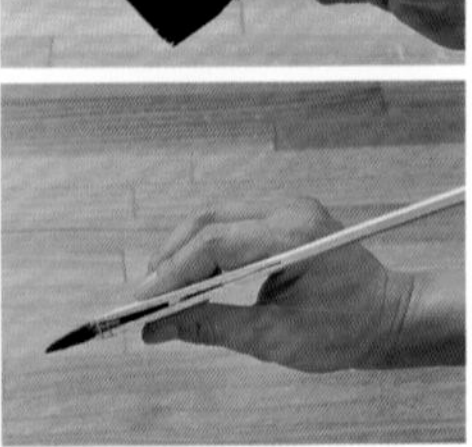

以拇指、食指及中指輕輕夾住近刷毛處。

●準備工作

將蛋過篩。

壓抹盆邊，去除多餘的蛋液。

●蛋液的塗法

毛刷倒下，利用表裡兩面塗抹。

●常會失敗的例子

成功例　用毛刷尖塗抹　太用力塗抹將麵團弄破　蛋量太多而滴落

Q143 塗刷蛋液時要注意什麼？

A 注意蛋液量及力道等。

上圖介紹成功及失敗的蛋液塗抹範例。

Q144 麵包是否烤好的判斷依據是什麼？

A 從烘烤顏色及時間作判斷。

配方中會針對麵包的種類及大小，寫上適當的烘烤時間。就以這個時間為標準，當烤出漂亮顏色時，就表示大功告成。

Q145 為何依配方指示的溫度烘烤但卻烤焦了？

A 試著多烤幾次，藉此掌握烤箱的特性。

雖然烘烤溫度和配方指示的相同，但烤箱不同，在時間及成果上也會有所差異。熱源是瓦斯還是電，加熱方式會很不一樣。即使同是電氣烤箱，結構及加熱方法也會因機種而異。不妨多試幾次，藉此掌握手邊烤箱的特性，再視情況作調整。

依配方標示的時間與溫度進行烘烤是基本的，但若因此烤焦，請調整一下溫度。

烤出金黃色需要花費比配方標示的時間更長時，為避免裡層組織的水分排出太多而變得粗糙，要將溫度提高。反之，比配方標示的時間短就烤成金黃色，則外皮雖然烤好，但裡層還沒熟，所以要將溫度降低以拉長烘烤時間。

若烤箱內的空間狹小，上面及底部容易烤焦，側面顏色也不好。若能調整高低，就調整一下高度加以對應。若還是無法解決，也不能調整高度，就將溫度調低，拉長烘烤時間，這樣就能烤出好的成品。

Q146 為什麼烤出的麵包顏色不均勻？

A 原因在烤箱內的發熱器及風扇附近的熱度太強。

家用烤箱的內部狹小，發熱器及風扇附近熱度較強，烘烤顏色就會變深。另外，通常烤箱深處溫度較高，烤出的顏色會比靠外側的深。有的烤箱甚至左右兩邊烤出的顏色不同。

當稍微上色、表面固化後，可調換排列在烤盤上的位置，以調節顏色。

Q147 為什麼烘烤後要馬上由烤箱或烤模中取出？

A 避免接觸烤盤或烤模部分的麵團受熱過度或產生濕氣。

將烤好的麵包取出放置涼架，在常溫下冷卻。雖然烤盤或烤模已經從烤箱中取出，但仍保有熱度，若將麵包放著不管，就會繼續受熱。

剛烤好的麵包中充滿未蒸發掉的水蒸氣，要在冷卻期間才會蒸發掉一部分。如果還排在烤盤上或烤模內，麵包中的水蒸氣就找不到出口蒸發，而在接觸烤盤或烤模的部分形成濕氣，所以請趁熱取出。

Q148 為什麼無法順利脫模？

A 原因出在塗抹烤模的油脂不足或抹得不均勻。

為了讓烤好的麵包容易脫模，事先在烤模內側均勻塗抹油脂。而之所以不易脫模，問題出在油抹得不夠或不均勻。

塗抹在烤模的油脂，比起液體的沙拉油，將固態的雪白油等變成糊狀後塗抹，更不容易滴垂下來。

以毛刷抹上油脂，角落也不要遺漏。毛刷的材質不是用抹蛋液的軟毛刷，而選擇稍硬的毛會較易塗刷。

如果確實塗上油後但仍無法順利脫模，也許是麵團出了問題。例如成型時麵團的表面凹凸不平、最後發酵時濕度太高、塗蛋液時滴到烤模上等。

若是使用經樹脂加工防沾黏的烤模，則不需要再上油。

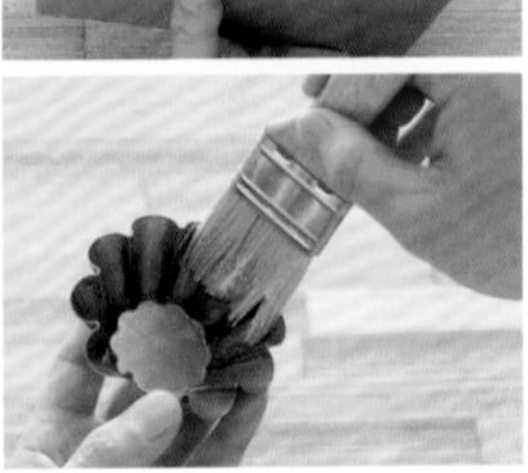

使用毛刷均勻塗抹。

發酵容器等塗抹面積大時，可直接以手沾油抹。

Q149 為什麼烤好的麵包底部及側面出現裂痕？

A 原因在最後發酵不足等。

麵包底部及側面烤後出現裂痕，可能的原因包括：

・成型時麵團的收口沒捏緊或壓緊。
・排列在烤盤或放入烤模時，收口沒有正中朝下。
・最後發酵不足。
・麵團表面乾掉了。

・烘烤時水噴得不夠濕（水蒸氣不足）。

・檢查一下有無符合的原因，於下次改進。

Q150 為什麼烤出的麵包體積小？

A 可能是攪拌不足或攪拌後的麵團溫度偏低等。

烤出的麵包膨脹狀況不佳，原因包括：

・攪拌不足。
・攪拌後的麵團溫度偏低。
・最後發酵不足。
・抹蛋液或劃割紋時，太過用力而傷及麵團。
・烤箱溫度低，烘烤時間拉長而緊縮。

下次製作時，一邊檢視這些重點一邊作業。

Q151 烤好的麵包不知為什麼塌掉了。

A 如果塌得很嚴重，原因出在烘烤不足或發酵過度。

烤好的麵包隨著時間經過，多少會變得沒那麼膨，表面也會起皺。這是很難避免的問題。

原因是剛烤好時，麵包氣泡內的氣體遇高溫而膨脹，但溫度逐漸下降，麵包的體積就隨著變小。

剛出爐的麵包還充滿水蒸氣，要在冷卻期間才部分會排出，留下的水蒸氣因溫度下降而體積縮小。麵包多少也會跟著縮水，看似塌了一點。

加上當烤好的硬硬外皮，成為蒸氣的排出通道，多少也會變軟起皺。如果嚴重塌陷，要考慮的原因包括烘烤不足，或發酵過度使得麵團膨脹過度。

保存Q&A

Q152 烤好的麵包何時分切較適合？

A 待麵包完全冷卻後再切。

麵包剛烤好，要等熱氣完全散去、冷卻之後再分切。

剛烤好的麵包水蒸氣還未排出，尤其是中心部分比外側殘留更多蒸氣，使得裡層組織濕黏，無法整齊分切。冷卻期間，部分水蒸氣排出，整體的水分分布就會變得平均。

糊化的澱粉（請參閱Q137）在剛出爐時還是柔軟濕黏狀態，冷卻後才會變硬，容易切割。

如果麵包剛烤後，熱呼呼時就開始分切，結果會如何呢？

・刀子一切下，裡層組織便因太軟而被壓垮。
・裡層組織的中心部分還太軟，無法整齊切割，切口變得扭曲不平整。
・水蒸氣從切口排出該有的量，等冷卻後，麵包因水分變少而乾巴巴的。

●不同切割時機呈現的剖面麵包

熱時切割（左）
冷卻後切割（右）

除非是想要品嚐剛出爐的熱麵包，否則就等冷卻後再切比較恰當。

Q153 沒吃完的麵包要如何保存？

A 裝入塑膠袋或容器中保存。

烤好的麵包冷卻後，為避免乾燥，可裝入塑膠袋或密閉容器中，在室溫下約可保存兩天。

如果沒有馬上要吃，要保存1至2星期，那就先裝入塑膠袋或密閉容器，再放入冷凍庫。大麵包請先切小塊、土司則依喜好的厚度切片後再冷凍。本書介紹的麵包均可冷凍保存，但如果是上面鋪有水果的丹麥麵包等水分比較多的，就不適合冷凍。

Q154 為什麼隔天麵包就變硬了？

A 是因澱粉老化所致。

麵包會隨時間過去而逐漸變硬，即使裝入塑膠袋或密閉容器中也一樣。原因不在於水分流失才變乾硬，而是呈現鬆軟口感的麵粉所含澱粉，因時間過去產生變化。

澱粉原本就是水分不易滲透的嚴密組織，但在烘烤時因為吸了水成為帶黏性的糊狀（糊化）而變軟。等溫度再往上升，組織會鎖住部分的水，並蒸發掉一定程度的水而凝固（Q137）。

糊化的澱粉隨著保存時間過去，又回到原本糊化前的嚴密狀態，將鎖住的水分排出、部分鬆弛的組織結合，即所謂的「老化」，而老化就會變硬。澱粉排出的水當然不是排到麵包外，而是澱粉自體因老化導致結構變化才變硬的，所以不會讓麵包變乾而是變硬。

老化而變硬的麵包，裡層組織以烤箱重新加熱會再變軟。加熱就等於讓澱粉再次回到糊化狀態，組織鬆弛。但老化而流失的水分並不會再回來，所以無法像剛出爐時那麼柔軟。就如同冷飯再熱無法和剛煮好時一樣美味是相同的道理。

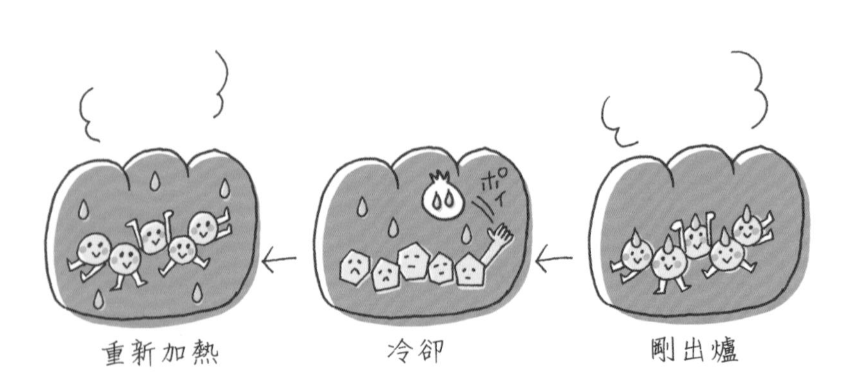

Q155 為什麼軟式麵包放至隔天就變硬或又乾又鬆？

A 問題出在攪拌時水分不足，或攪拌不足。

即使將麵包確實的密封保存，但麵包還是過度乾鬆，問題可能出在麵團的水分不足。攪拌時即使將配方中的水全部倒入，但如果使用的麵粉所含的水分少、濕度低，麵團就會變硬，要讓麵團的硬度適中，調整水量是很重要的。

也可能是攪拌不足所導致，麵粉加水搓揉，粉中所含的兩種蛋白質吸水結合形成麵筋。當攪拌不足，麵筋的量變少，麵團內便多出原本形成麵筋所需的水。但這樣的水和結合蛋白質的水相比，又不易停留在麵團中，結果麵包就變得又乾又鬆的。

Q156 如何能讓麵包外皮恢復酥脆？

A 食用前先以烤箱加熱。

當麵包剛出爐當天，可以享受到酥脆的外皮與柔軟的裡層，可是放入塑膠袋內保存，外皮就會軟掉，雖因個人喜好而異，但如果想讓法國麵包或可頌等恢復原本酥脆的外皮，可以放入已預熱的小烤箱中加熱，回復至接近剛烤好的狀態。將冷凍的麵包直接置於塑膠袋或容器內並於室溫下解凍，之後再加熱。

注意不要加熱過度，在小烤箱中遇熱會一下子變軟，但取出等待一會兒降溫後，就會變得酥脆了。

奶油捲小麵包Q&A

Q157 為什麼烘烤後的奶油捲小麵包，會在捲起處裂開？

A 原因在麵團太硬或捲得太緊等。

烤好的奶油捲小麵包會在捲起處出現裂痕，原因包括：麵團水分不足而太硬、成型時捲得太緊，或最後發酵不足等。

●奶油捲小麵包的成果比較

捲太緊

適當

最後發酵不足

麵團太硬

土司Q&A

Q158 為什麼製作土司時，要選用蛋白質含量高的高筋麵粉？

A 製作出延展性好的麵團，以便大大膨起。

製作土司主要是使用高筋麵粉，其實現有產品的蛋白質量含量約在11.5至14.5％之間，因為使用的粉類中蛋白質含量不同，烘烤出的體積有差異。

山形土司的特徵是烘烤後向縱向延

展、大大膨起，切開剖面一看，裡層的氣孔呈縱長的橢圓形，由此可知麵團是縱向的延展。

如果想烤出這樣的體積，必須製造很多麵筋，也就是製造可確保二氧化碳不流失的堅固組織，由於麵筋的基礎是蛋白質，所以要選擇麵粉中蛋白質含量偏高的。

●山形土司的氣孔

縱長的橢圓形氣孔。因為是向上膨起，所以氣孔呈縱長型。

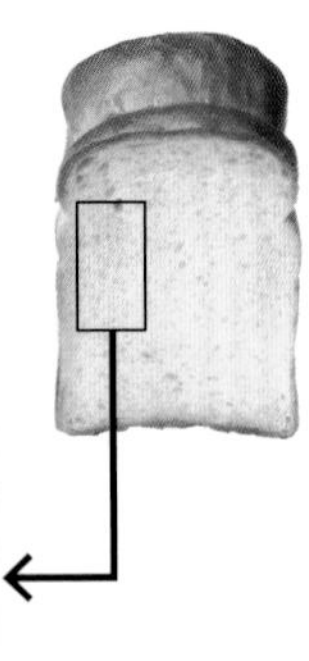

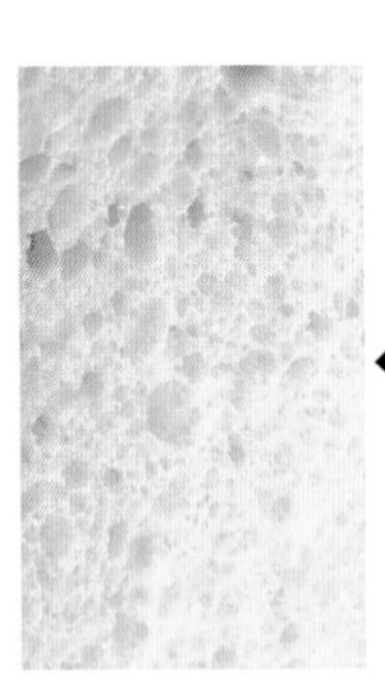

Q159 手邊沒有和配方相同尺寸的土司烤模時，該怎麼作？

A 雖然尺寸不同，但可以換算出符合現有烤模的麵團分量。

首先，計算手邊的烤模容積（算式①）。另外一個方法是，因為水是1㎤＝1g，在烤模注滿水，再秤量水的重量，就等於是容積值。

接著，由配方烤模的容積及麵團重量換算出烤模麵團容積比（計算公式②）。

最後由計算式③，計算適合手邊烤模的麵團分量。之後就利用烘焙百分比（請參閱Q71），計算各材料的重量。

●計算式

①手邊的烤模容積（㎤）
　＝長（cm）×寬（cm）×高（cm）

②烤模麵團容積比
　＝配方烤模的容積（㎤）÷配方麵團的重量（g）

③要的麵團重量（g）
　＝手邊的烤模容積（㎤）÷烤模麵團容積比

④各材料的重量（g）
　＝需要的麵團重量（g）÷A×B

A：配方各材料的烘培百分比合計值
B：配方各材料的烘焙百分比

〈範例〉山形土司（P.38）
烤模的容積1700㎤、
麵團量（各材料的合計重量）490g、
各材料的烘焙百分比合計值196
改以手邊的烤模（容積2000㎤）製作時
根據算式②
　烤模與麵團容積比＝1700÷490≒3.5
根據算式③
　所需的麵團分量＝2000÷3.5≒571（g）
根據算式④
　高筋麵粉的重量＝571÷196≒291（g）
　砂糖的重量＝571÷196×5≒15（g）
　鹽及脫奶粉的重量＝571÷196×2≒6（g）
　奶油及雪白油的重量＝571÷196×4≒12（g）
　即溶乾酵母的重量＝571÷196×1≒3（g）
　水的重量＝571÷196×78≒227（g）

Q160 為什麼製作土司要採取強力道按壓進行翻麵？

A 在麵團上施力，是為了烘烤出體積感。

進行力道強的按壓翻麵（請參閱Q116），可以烤出裡層細緻、柔軟，又有體積感的麵包（請參閱Q114）。想烘烤出這樣效果的土司，就要用力按壓翻麵，刺激麵團、以強化筋性。由於麵筋薄膜有包覆釋出氣體的功能，麵團因而脹得更大。

Q161 為什麼方形土司的最後發酵時間比山形土司短？

A 因為要加蓋烘烤的緣故。

方形土司是加蓋烘烤。所以當麵團向上延展膨起時，就會頂到蓋子而烤成平的。至於山形土司因未加蓋，麵團可不受壓抑的從烤模中向上膨起。

本書同時介紹了方形土司（黑芝麻土司）及山形土司的作法，配方及分量都相同的麵團，放入同是容積1斤的烤模中烘烤，發酵或醒麵的溫度與時間等也大致相同，除了最後發酵的時間方形土司比較短。理由是如果發酵時間和山形土司一樣，麵團會一下子脹大，從蓋子的側面溢出，烤出來的麵包側面易產生側腰內縮的問題（請參閱Q165）。

那可不可以只減少麵團分量，但還是充分發酵呢？這麼一來麵團有可能無法膨脹到蓋子的位置，上層無法烤成平的。

希望將方形土司的上層烤得漂亮平整，縮短最後發酵才是適當作法。

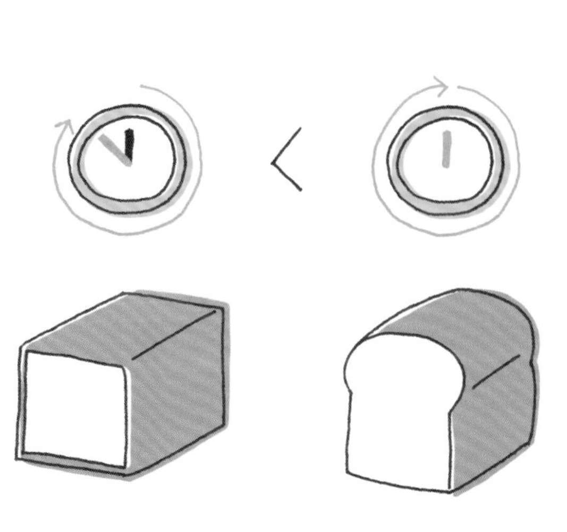

Q162 為什麼烤出的方形土司邊角不是方形？

A 可能是麵團的量太少、膨脹效果差而無法頂至烤模的邊角。

方形土司烤不出方形邊角，可能是因為相對於所使用的烤模，麵團的量太少，以至麵團無法膨脹到烤模的邊角。

如果在烤模內放入足量的麵團，但還是烤不出方形邊角，問題可能出在攪拌不足，或成型時麵團的張力弱，導致麵團膨脹效果差。

相反的，若已經滿出烤模，則是最後發酵過度或麵團的量太多了。

●方形土司的失敗例子

邊角呈圓形。

邊角太突出。

Q163 為何山形土司的兩座山烤出來的高度不一樣？

A 兩個麵團的成型力道要保持一致。

本書的山形土司是將麵團一分為二，各自整理成米袋狀後放入烤模中。如果分割後的麵團雖然等重，但成型時的力道強度不一，就會出現膨脹不佳的情形。不論是將麵團擀薄時排出空氣的方法、整成長方形時的厚度，或捲成米袋狀的鬆緊度，都要保持一致。

Q164 麵包的最上層為何會烤焦？

A 可於烘烤途中蓋上烘焙紙或錫箔紙。

當發現麵包的最上層快要烤焦，可先覆蓋上一層烘焙紙或錫箔紙，使烤色不至太深。有些烤箱內部空間較小，尤其在烘烤如土司等有高度的麵包時，靠近熱源的部分很容易烤焦。

Q165 為什麼土司烤好後需輕敲烤模？

A 為了防止土司兩側產生凹塌現象。

土司是從承受烤箱熱度的外側開始烤起，烤好後雖然外皮酥脆，但愈近中心部分仍殘留水蒸氣而呈現柔軟狀。另外糊化的澱粉（請參閱Q137）等也還很軟，組織容易崩壞，加上麵包本身的重量，讓麵包中心部位向下垂的可能性很高，所幸有外皮牢固的撐住整個麵包，但在剛烤好時變硬的外皮，因為殘留在麵包內的水蒸氣以它為釋出通道，隨著時間過去也開始吸收水氣，無法再撐住麵包，結果隨著麵包中心部位下垂，兩側的中間有時也會向內凹陷，此現象稱為「側腰內縮」。

尤其是像土司這種以深烤模烘烤的大型麵包，側面及底部抵住烤模，烤箱又是難以將水蒸氣排到外面的結構，導致內部殘留許多水蒸氣。

側面呈現凹陷狀態。

為了防止土司發生側腰內縮，烤好後立刻連同烤模移至工作檯輕敲，以便快速脫模、取出土司，敲打的動作是讓麵包內的水蒸氣盡可能早點排出，即使是一點點也好。

Q166 烤好後已輕敲烤模，麵包側面仍凹了下去，為什麼？

A 可能是最後發酵過度或烘烤不足。

將土司這類麵包放入深烤模中烘烤的麵包，即使烤後移至工作檯輕敲烤模，有時還是很難完全防止側腰內縮（請參閱Q165）的現象。

尤其是因最後發酵使麵團膨脹過度，或烘烤不足時，此現象會特別明顯。

以最後發酵過度為例，麵筋薄膜被拉大至無法包覆二化碳的臨界點，失去延展性與彈性，由於作為麵包骨骼的麵筋變弱，加上烤後的麵包也無法支撐本身的重量，側面就隨著中心部位的凹陷而向內縮。

至於烘烤不足的問題在於殘留太多水分，烤出的麵包太軟，同樣會出現側腰內縮現象。

Q167 土司的裡層為何出現大的洞孔？

A 原因在成型時翻麵不足。

土司在成型時，會以擀麵棍擀壓麵團，將空氣充分排出。和其他麵包相比，土司烤後體積大，若麵團中殘留大的氣泡，烘烤時遇熱膨脹，麵包裡層就會出現大的洞孔。

有時雖然確實翻麵，但受熱較強的上半部裡層還是會有氣泡，只要是氣泡不太多仍是OK。

法國麵包Q&A

Q168 如何選購法國麵包專用粉？

A 蛋白質含量介於11.0至12.5%之間是最適合的。

理想狀態的法國麵包是外層酥脆、內層濕潤有彈性，還有大小不一的氣泡。

這樣質感的麵包是控制麵團的連結性而得到的。此外，法國麵包幾乎只使用基本材料（麵粉、水、酵母及鹽），簡單的素材成為味道的基底。再藉由麵團熟成帶來的香氣或風味等複雜滋味引出素材的味道，所以要長時間發酵、慢慢熟成（請參閱Q172）。

除長時間發酵，還必須抑制麵團的連結性，也就是麵團內不要形成過多的麵筋。而蛋白質就是麵筋的主要來源，所以選用蛋白質含量較少的粉類是比較適合的。

法國麵包專用粉（請參閱Q7）顧名思義就是最適合用來製作法國麵包的專用粉。蛋白質含量約為11.0至12.5%，和適合製作土司及軟式麵包的高筋麵粉相比，蛋白質含量稍低是其特徵。另外，0.4至0.55％的較高灰分含量，也是帶出深奧風味的因素之一。

若是手邊沒有法國麵包專用粉，可將高筋麵粉混合某一比例的低筋麵粉一起使用，降低蛋白質的含量。雖然烤出的麵包無法和使用專用粉相同，但以盡量接近為目標，並視每次烘烤的成果進行調整，直至找到最佳的高低筋麵粉比例。

Q169 為什麼法國麵包在揉麵時不需摔打麵團？

A 主要是為了抑制麵團的連結性。

揉麵的基本程序如Q88所介紹，但摔打及拉引的力道則隨麵包種類而異。

和其他麵包相比，法國麵包必須控制麵團的連結性（請參閱Q168），除了使用蛋白質含量稍低於高筋麵粉的法國麵包專用粉，揉麵時不摔打麵團也重點之一。目的在降低揉麵的力道，控制麵筋的量。

如果重複摔打麵團，會形成大量麵筋，使得麵團產生連結力，外皮變薄，裡層紋理細緻，變成口感像土司的法國麵包。

Q170 什麼是自解法？

A 將麵團半程攪拌醒麵的兩階段攪拌法。

自解法（Autolyse）是法國麵包的製作方法之一。首先將麵粉、水及麥芽精攪拌數分鐘後靜置20至30分鐘，接著再加入酵母及鹽，進行第二階段的攪拌。

當麵粉與水拌至某種程度，先靜置使麵團鬆弛，增加延展性。接著再攪拌搓揉，麵團就會產生黏性。當麵筋有了黏性及彈性，表示麵團已攪拌完成。如此麵團既可得到一定的連結力，延展性又好。

在一開始攪拌時，加入麥芽精是個重點。麥芽精中含有可分解澱粉的酵素澱粉酶，在麵團靜置期間，可促進麵粉中的澱粉分解成麥芽糖，讓之後加入的酵母，快迅的進行酒精發酵（請參閱Q48）。

因為鹽具有促進麵筋形成的作用，為避免法國麵包的麵筋過剩，鹽必須要後放，不可一開始就加人攪拌。

Q171 為什麼要在自解法之前，先於麵團表面撒上即溶乾酵母？

A 為了讓即溶乾酵母容易溶化。

加入酵母的時機原本是在以自解法靜置麵團之後，但本書是在混合麵粉、水及麥芽精後就撒上即溶乾酵母，之後再靜置麵團。

本書介紹的法國麵包攪拌法，因揉麵時間短，有可能造成酵母無法溶解，因此事先將即溶乾酵母撒在麵團上，吸收麵團的水分幫助溶化。

Q172 為什麼法國麵包的發酵時間較長？

A 為了要在發酵中得到更多可蓄積香氣及風味的物質。

在眾多麵包中，法國麵包是使用麵粉、水、酵母及鹽的最簡單材料，再以能夠淋漓展現麵粉風味的方法製作，而減少酵母用量與長時間發酵就是這個方法的特徵。

酵母進行酒精發酵後釋出的二氧化碳讓麵包膨起，另一個產出物酒精則帶出香氣及風味。

由麵粉或空氣中混入的乳酸菌及醋酸菌等，各自進行乳酸發酵及醋酸發酵，形成乳酸與醋酸等各種有機酸，提供麵團更具深層風味，轉化成香氣與風味。

藉由長時間的發酵，在麵團中蓄積更多的酒精及有機酸等，一方面引出麵粉風味，一方面又讓味道更顯深奧（請參閱Q101・詳細說明）。

二氧化碳
酒精
有機酸

●滾動時的接觸面

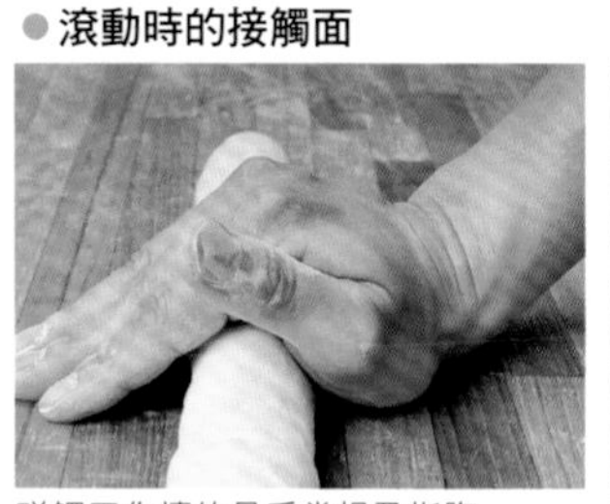

碰觸工作檯的是手掌根及指腹

●滾成棒狀的程序

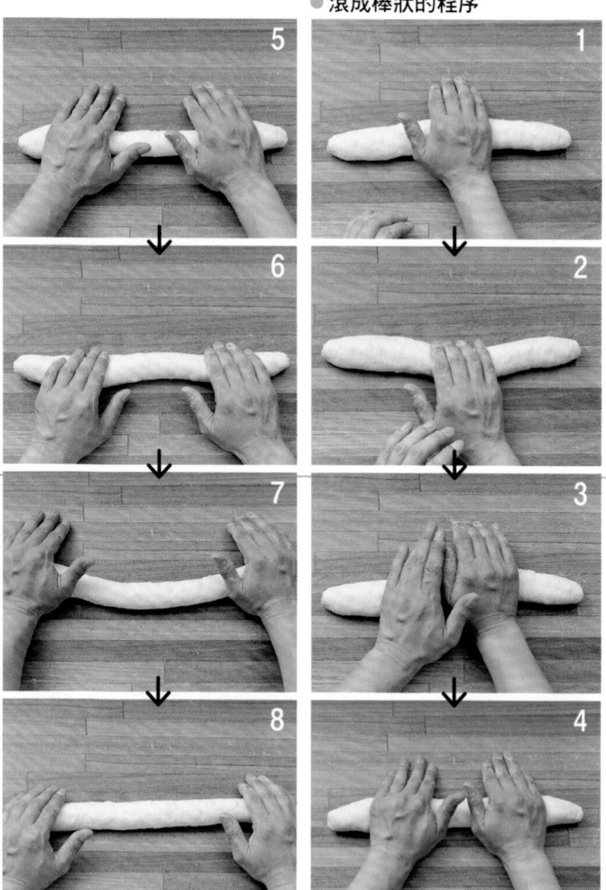

Q173 為何無法將麵團順利地滾成漂亮的棒狀？

A 將麵團先前後滾動，再將手邊移往兩端邊滾動。〈請參見右圖〉

要將麵團滾成細長狀是有訣竅的。以雙手覆蓋麵團、手掌根及指腹碰觸工作檯，再以大幅度方式將麵團前後滾動，滾向對側後稍微按住麵團，再輕輕地滾向身體側，一開始先單手置於麵團正中間，等略為滾細後再改用雙手，慢慢地朝兩端移動，滾成粗細均一的長條狀。

滾動麵團的次數盡可能控制在最小限度，因為滾動太多次，麵團的表面會產生皺褶、形成大氣泡，變得凹凸不平。

Q174 為什麼要加上割紋？

A 為了烘烤出漂亮的形狀。

Coupé是法語，意指割紋。棒狀麵包會加上數道割紋。

類似法國麵包的簡樸硬式麵包，和烘烤時會大大膨脹的軟式麵包相比，麵團的延展性並不好，所以在表面加上幾道割紋，幫助麵團延展開。

均衡加上割紋後，放入烤箱進行烘烤階段時，當麵團內部的氣體遇熱膨脹而撐大麵團時，由割紋舒壓而烤出漂亮的棒狀。

同時還有增添造型的效果。

Q175 幾道割紋為合適呢？

A 棒狀法國麵包依重量及長度決定要加上幾道割紋。

在法國，棒狀法國麵包因重量及長度而有不同的名稱（請參閱Q181），也依此決定割紋數量，在日本，並不需要嚴格遵循這樣的標準，可隨個人喜好切劃割紋。

●法國麵包的種類及割紋數量

名稱	標準麵團重量	標準長度	割紋數量
一公斤 deux livres	1000g	55cm	3道
巴黎之子 parisien	650g	68cm	5道
長棍 baguette	350g	68cm	7道
法國胖棒子 bâtard	350g	40cm	3道
細長繩子 ficelle	150g	40cm	5道

（右至左）一公斤、巴黎之子、長棍、法國胖棒子、細長繩子。

為考慮在家中也容易製作，本書法國麵包的麵團重約220g、長25cm、割紋3道。

Q176 使用割紋刀有什麼訣竅？

A 將割紋刀斜倚於麵團上，再以削切方式一口氣割開。

輕持割紋刀，刀尖斜倚在麵團上，然後快速向操作者的身體一側，咻地劃開。如削掉一層皮一般，但不需割得太深。

法國麵包的割紋數量是配合麵包的長度決定，斜斜地由麵包的一端劃向另一端，每條長度均等，前一道割紋後半的⅓處與下一道割紋前半的⅓處平行且距一定距離。

●割紋刀的拿法

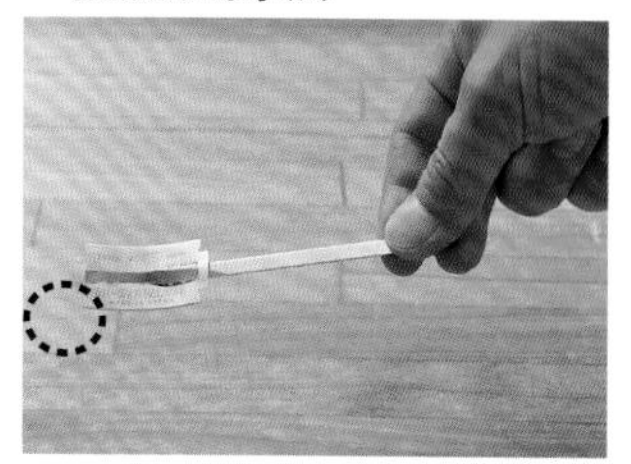

本書使用細長金屬棒裝上剃刀的款式。以拇指、食指及中指的指腹握住刀柄，如照片中標出虛線的位置切割。

●割紋的刀法

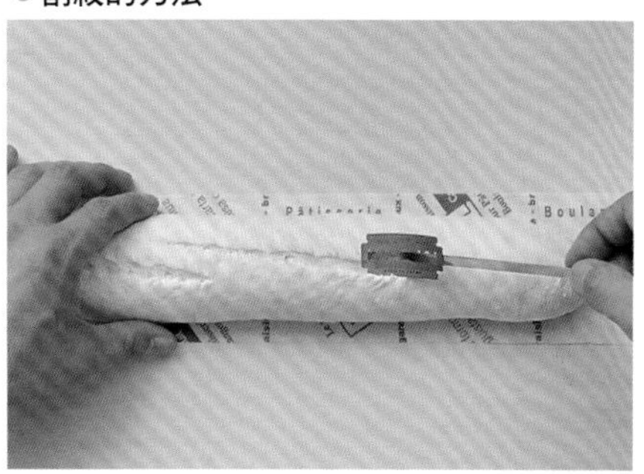

將刀子斜倚，中途不停手的一口氣劃開。

●割紋的刀法

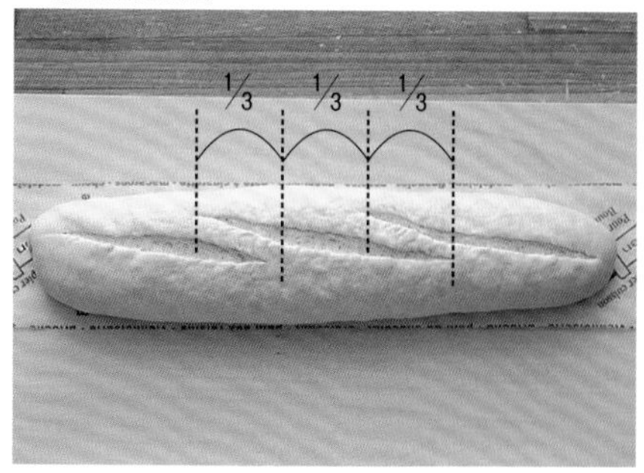

各道割紋均平行地重疊約長⅓。

Q177 割紋無法漂亮綻裂，該怎麼辦？

A 調整麵團的狀態、割紋的深度，及噴濕的水量。

烤後割紋要能漂亮綻裂，必須具備下列的條件：

①麵團在烤箱中順利膨脹

(1)麵團要能保有適度連結性。和其他的麵包相比，揉麵時間可說是短的。如果揉麵時不夠充分，團麵內便無法產生足夠的麵筋，使得麵團不易膨起。

(2)成型時麵團表面保持適度張力，讓麵團內的二氧化碳不容易跑到外面。

(3)適當的最後發酵。烘烤時當麵團的內部溫度達到60℃之前，酵母都還持續進行酒精發酵，釋放二氧化碳，因此最後發酵要在麵團膨脹到高點的前一刻停止。以便在烘烤之前保留麵團的彈性，才能夠鎖住酵母持續發酵產生的氣體。

②整理麵團表面，讓割紋刀可以咻地割劃

(1)麵團的表面不能太乾或太濕。

(2)適當進行成型與最後發酵作業，使麵團表面保有適度張力。

③割紋的深淺適中

割紋太深或太淺都無法順利綻開，彷彿像是削去一層皮般的力道割劃。

④烘烤前適度噴濕麵團

噴得太濕或不夠，即水蒸氣太多或太少，割紋都不易綻開。

成功例子（右）
失敗例子（左）割紋不夠綻開。

Q178 使用割紋刀時有何注意事項？

A 重點在切劃的角度、深度及重疊方式。

接著介紹割紋刀的成功與失敗例子。

● 依割紋的入刀方式而烤出不同紋路

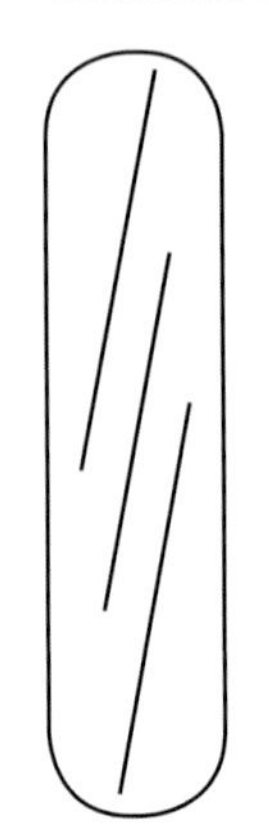

割紋的重疊部分太多。

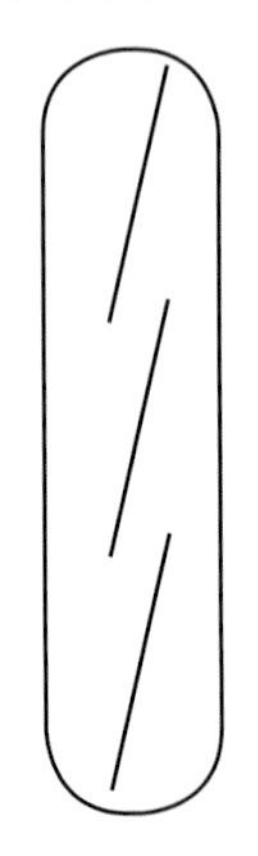

割紋的重疊部分太少。

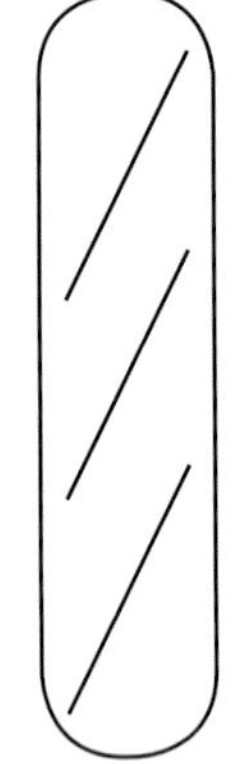

割紋的角度太斜。

割紋切口與麵團呈垂直。

成功範例
平行重疊約$1/3$，割紋切口與麵團呈斜向。

Q179 割紋沒有裂開，底部裂開了？

A 原因可能出在麵團太硬或延展性不佳。

法國麵包烘烤後底部裂開、割紋也未能漂亮綻開，原因可能是：

・麵團的水分太少、太硬。
・麵團搓揉過度、彈性太強。
・成型時沒有將收口捏緊或壓緊。
・麵團的表面乾掉了。
・排放在烤盤時，未將收口朝下。
・最後發酵不足、麵團彈性太強。
・水噴得不夠多（水蒸氣太少）。

請於下次製作時留心以上幾點。

Q180 為何同一條法國麵包有的割紋綻開，有的卻沒綻開？

A 割紋的入刀方式與成型時的動作會影響割紋的綻開狀況。

當烤出的法國麵包，割紋有的綻開有的卻沒綻開，首先想到的問題是割紋的深度與平衡感或許不佳，再者是麵團在滾成棒狀的成型階段，若力量不均滾成粗細不一，膨脹狀況就會出現差異而影響割紋綻開的程度。

Q181 法國麵包有哪些種類？

A 依麵團的形狀、重量及長度而有不同名稱。

法國麵包雖然使用相同的麵團，但依據形狀及大小，如下表有各種不同的名稱。

● 以法國麵包的麵團製作的各種麵包

形狀	名稱	意思	標準的麵團重量	標準長度
棒狀	deux livres	1公斤	1000g	55cm
	parisien	巴黎之子	650g	68cm
	épi	麥穗	350g	68cm
	baguette	長棍	350g	68cm
	bâtard	中間的	350g	40cm
	ficelle	繩子	150g	40cm
圓形	boule	圓球	350g（也有稍大的）	
小圓形	coupé	紡錘	50g（也有小的）	
	fendu	雙胞胎	50g	
	tabatière	香煙盒	50g	
	champignon	磨菇	50g	

（右自左）1公斤、巴黎之子、麥穗、長棍、中間的、繩子。

圓球

（右上順時針）紡錘、雙胞胎、香煙盒、磨菇。

Q182 為何要將奶油冷藏？

A 因為攪拌時間長，麵團的溫度會升高、奶油容易溶化。

布里歐配方中的奶油，切割成寬一公分的塊狀並事先冷卻，或以擀麵棒拍打冷卻變硬的奶油塊，一邊保冷一邊軟化後再使用。

本書介紹的布里歐，除蛋外，還添加約為麵粉50％的奶油，為濃郁的麵團。一開始先混合奶油以外的材料，但因為加了蛋及蛋黃，麵團變得非常柔軟。所以在工作檯上擦拌，在形成麵筋、產生彈性之前，和其他麵包相比，要花上較長的時間。

當形成足夠的柔軟筋性後，就可以加入奶油（請參閱Q90・詳細說明），因為奶油量多，分三次拌入，攪拌的時間被拉長，麵團的溫度隨之升高，奶油也有溶化之虞，奶油一旦變成液狀，就無法和麵團充分混合（請參閱Q43）。

基於上述理由而使用保持冷度的奶油，並需控制攪拌完成的麵團溫度不要高過目標值。

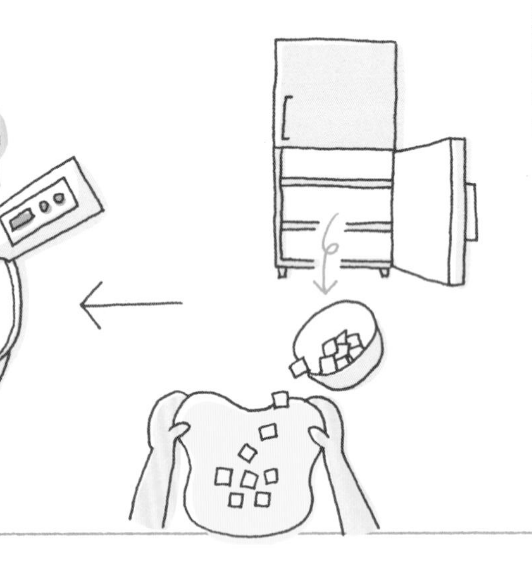

Q183 布里歐的麵團溫度高過目標值，該怎麼作？

A 不只奶油，其他材料皆需冷藏。

和其他麵包相比，布里歐的攪拌時間長，麵團溫度容易升高，所以事先將奶油冷藏，其實除了奶油之外，所有材料都冷藏後再使用，也可達到效果。

如果都這麼作了，麵團溫度還是升高時，可在攪拌途中以放入冰水的塑膠袋將麵團冷卻。

Q184 為什麼布里歐的麵團需放入冰箱發酵？

A 加了許多奶油的麵團太軟，所以需冷藏讓麵團變硬。

布里歐是蛋、砂糖及奶油用量多的濃郁麵包。在未加入奶油前的麵團，就因蛋與砂糖量多而呈現濕稠狀態，加入奶油後變得更軟更難處理，加上發酵又會使麵團溫度升高，奶油變軟，助長濕軟度，增加後續作業的困難，布里歐麵團冷藏發酵的目的是讓麵團在冰箱中冷卻變硬。

本書的作法是在28℃發酵30分鐘後，再放進5℃的冰箱冷藏12小時。請注意，酵母在4℃以下就會呈現冬眠狀態、停止活動；相反的，若冰箱的溫度太高則會加速發酵，請斟酌調整時間。

Q185 為什麼布里歐的麵團要在醒麵之前先壓平？

A 麵團厚度一致，使溫度平均升高。

許多麵包在麵團發酵後，再進行分割、滾圓、醒麵，麵團滾圓會產生彈性，醒麵能讓鬆弛麵團的彈性，後續也比較容易塑形。

但布里歐是將奶油量多的麵團冷藏發酵，發酵後的麵團變冷變硬，且失去彈力。

因此麵團處理方式及醒麵目的，不同於其他麵包，藉由醒麵，讓團麵的溫度慢慢升到18至20℃，並恢復麵團的柔軟性與延展性，以便塑型。

在醒麵前會先將麵團壓平成為厚度一致，麵團壓平變薄，表面與中心部分的溫度就不易有差異而能平均回溫。

Q186 烤出的僧侶布里歐，麵包的頭和身體界限為何不明顯？

A 原因在成型時沒有轉出頭與身體間的頸線等。

布里歐是在大的圓形麵團（身體）疊上一個小麵團（頭），若烤後頭與身體界線不明顯，原因在於成型的方法與麵團的狀態不佳。

成功範例

頭與身體的界限不明顯。

成型時，在圓形的麵團滾出一條極細的頸線，分成頭與身體大小兩個麵團而這條頸線要需細至幾乎快斷掉的程度，若頸線太粗或太短，就會在烤後無法明顯呈現頭與身體的界限。

若最後發酵的溫度升高，導致麵團中的奶油溶化，或攪拌不夠使麵團膨脹得不佳，也可能是問題所在。

Q187 為什麼烤出的布里歐，頭是歪的？

A 將頭部麵團按壓至身體麵團時的方法不當。

僧侶布里歐成型時，在圓形的麵團上滾出一條頸線，分為頭和身體大小兩個麵團。作為身體的大麵團放入烤模，而頭部的小麵團按壓在身體中間，若頭部位置不在中間點時，烤出來就會歪向一邊。

另一重點是在按壓時要深及指尖碰觸到烤模底部，若按壓得不夠深，在最後發酵時當身體的麵團膨大，頭就會被擠出去而歪向一邊。

可頌Q&A

Q188 可頌的層次是如何形成呢？

A 以麵團包住奶油、擀平後再摺三摺，反覆這樣的程序製作層次。

● 按壓的重點

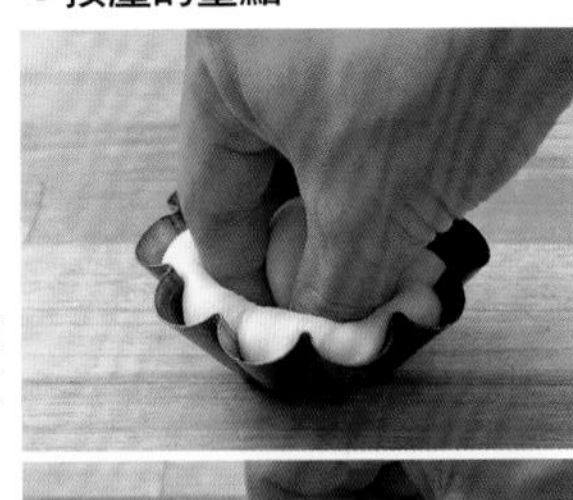

以三至四根手指抓住頸線，將頭向下按壓，直至手指觸及烤模底部。

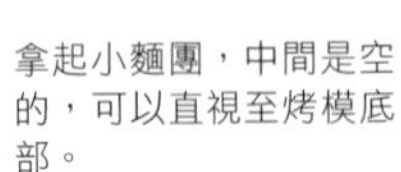

拿起小麵團，中間是空的，可以直視至烤模底部。

頭歪向一邊。

可頌是由麵團與摺入用奶油，交替摺疊數成多層次狀，擀開的奶油以麵團包住，接著再如下進行基本的三次3摺程序製作層次。

①第一次的3摺

首先將奶油擀薄成四方形，再用大一圈的麵團包住奶油，變成麵團、奶油、麵團3層。將它們擀平後摺三摺，以麵團、奶油、麵團三層為1組，重疊3組。此時，因為摺疊時相接的麵團黏貼在一起，麵團與奶油就變成7層。

②第二次的3摺

接著再將①摺三摺，變成7層的麵團為1組，重疊3組。麵團與奶油就變成19層。

③第三次的3摺

再將②摺三摺，麵團與奶油就交替疊成55層。放入烤箱烘烤，奶油層溶化不見，只剩麵團的層次留著，所以烤後變成28層。

最後將麵團擀平，再由邊端捲起成型，理論上層次還會更多，但因摺疊次數愈多層次就愈薄，導致層次斷裂未展開、或麵團與奶油融合使麵團相黏，實際的層次會比實際計算還少。

Q189 製作可頌麵團時需注意什麼？

A 注意別讓麵團變得太軟。

可頌的麵團要烤出漂亮層次，讓摺入用奶油保持冷卻狀態作業是最重要的。

室溫最好盡可能低一點，不論是準備摺入用奶油、以麵團包住奶油擀平再摺疊，或成型時，為避免麵團的溫度升高，動作都要快速，一旦覺得奶油變軟、麵團濕黏，就放入冷凍庫中冷卻一會兒。

● 三摺的次數與層次數

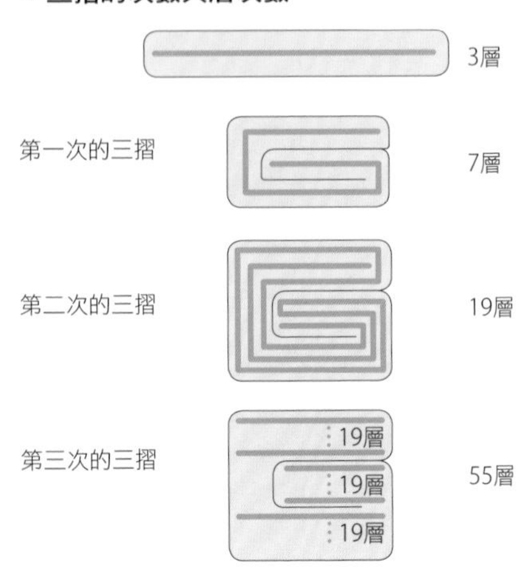

Q190 為什麼在製作一開始就將奶油加入攪拌？

A 為了弱化麵團的彈性、方便擀薄。

在反覆進行摺疊的作業中，可頌麵團會再次產生麵筋。當麵筋變多，會變得不易擀薄，烤後口感變硬，所以必需將麵筋的量控制在最小。

方法是一開始就將麵粉與奶油以擦拌方式，使奶油與麵粉的粒子結合，抑制水分的吸收，因水是形成麵筋所必需，另外，揉麵時不要摔打麵團。

Q191 為什麼可頌的麵團要放入冰箱發酵？

A 目的使摺入用奶油不會變得太軟。

本書中將可頌麵團置於26℃下約發酵20分鐘，經過翻麵後，置於5℃的冰箱中冷藏12小時再次發酵。冷藏發酵後的麵團約下降至近5℃，進行低溫發酵，酵母的活動鈍化，就需要這麼長的時間。

將麵團冷藏發酵，奶油就不會在之後摺疊時溫度升高而過度軟化，無法烘烤出漂亮的層次狀，當摺疊時，室溫及手的熱度都會讓麵團的溫度升高，將麵團放入冰箱充分降溫，可避免奶油變得太軟。

Q192 為何無法將摺入用奶油擀成四角形？

A 將奶油拍打至如黏土的軟硬，再擀成四方形。

冷藏得硬硬的奶油塊，很難以擀麵棍直接擀成四方形，作為可頌的摺入用奶油。首先以擀麵棍將奶油拍打成容易延展開的軟度，在一開始拍打時，奶油的表面會立刻軟化，但內部還是又冰又硬的，待打薄至某種程度後，摺疊後再拍打，反覆數次此動作，直到雖有點硬但已可拉長，再以擀麵棍一邊輕拍一邊擀成四方形。

以擀麵棍拍打，原本堅硬的奶油，會在某一個時點變化成可如黏土般自由延展，原因就在可塑性，奶油可發揮可塑性的理想溫度為13至18℃之間，但為了使奶油在摺入麵團時，麵團與奶油層能一起延展，溫度降至10℃會較方便作業。

Q193 奶油太硬無法拍打開，可放入微波爐稍微加熱嗎？

A 奶油實在太硬，迫不得已可以這麼作，但盡量以低溫加熱。

奶油若剛好放在冰箱中冷氣特別強的位置保存，有時會硬到連擀麵棍也拍打不開。

讓奶油回到適當硬度的最好辦法，就是移到溫度不致太低的位置。

如果希望加快作業，可置於室溫下回軟，不建議以微波爐加熱，除非是硬過頭、不得已才這麼作。

以微波爐加熱，奶油很容易一瞬間就溶化而告失敗，所以加熱時間只需很短，奶油一旦溶化變軟就會失去黏土般的延展物質（可塑性），更無法擀薄。

Q194 為何烤出的可頌沒有漂亮的層次感？

A 溫度太高或太底，都會在延展時破壞層次。

可頌要烤出清楚漂亮的層次，麵團與奶油的厚度要均一的摺疊，這點很重要。

也因為這樣，奶油必須保持適當的硬度。首先將奶油調整到可以和麵團一起延展的硬度（約10℃左右），加速摺疊作業，使奶油保持在容易伸展拉長的狀態。

若奶油太硬，那麼在拉長麵團時，摺入用奶油會無法延展而斷裂，使得層次中斷，相反的若太軟，會從收口處露出麵團外，或與麵團融合在一起，導致麵團無法和奶油整齊的交互重疊，無法產生漂亮層次，不論從哪一點來說，奶油太軟都是一個影響因素。

另一個原因可能出在麵團本身，麵團若發酵過度也無法形成漂亮層次。

成功例子（右）。
失敗例子（左）層次已崩壞。

Q195 製作可頌麵團在擀平時軟掉了，該怎麼辦？

A 請立刻放入冷凍庫冷卻。

可頌的麵團，在摺疊與成型過程之所以會變軟，是因為摺入的奶油軟化的緣故，當奶油一旦溶化，就失去如黏土般的延展性質（可塑性），可放入冷凍庫冷卻，等奶油降溫後再作業。

Q196 為什麼在最後發酵時會滲出油？

A 最後發酵的溫度太高所致。

製作可頌等摺入奶油的麵團，為預防奶油滲出，最後發酵的溫度稍低於其他麵包，約於28至30℃。一旦高於此溫度，奶油就會滲出流到烤盤上，結果不但烤不出體積感，且帶有油腥味。

最後發酵的溫度太高，導致奶油滲出。

成功例子（右）
奶油滲出烤好的樣子（左）。

Q197 摺疊次數不同，會對成品造成什麼影響？

A 摺疊的次數太少，層次會變得粗大不精緻，反之摺疊太多次，又緊密而無法呈現層次感。

製作可頌使用約為麵粉重量50％的奶油，麵皮與奶油層層交疊。如派皮一樣一口咬下的酥脆口感，則是在烘烤階段時，奶油層溶化，中間的麵皮就像以奶油炸過一般。

層次及厚度依摺疊次數而異，口感自然也跟著不同。舉例以3褶三次，烤後就是28層（請參閱Q188）。可頌是由麵團邊端捲起成型，理論上層次還會更多，但實際上因為層次太薄，麵團的層次會黏在一起，因而不會有那麼多層。

本書是採以3褶三次的方式，目的在既可吃到像派一樣層層瓦解的酥脆，又能嘗到麵包的鬆軟口感。

同樣的麵皮改為3褶兩次，烤後會有10層，從剖面來看，每一層都變得比較厚，且比較硬，有嘎扎嘎扎的口感。

若增加到3褶四次，理論上會烤出82層，但摺至此程度，麵皮和奶油都因為過薄而融在一起，層次反倒不明顯，不大有嘎扎嘎扎口感，感覺像略扁的派。

不論如何，想要摺幾層端視個人偏好，3褶三次是基本次數，再請自由增減。

●3褶不同次數的效果

3褶四次

3褶三次

3褶兩次

Q198 多餘的可頌麵皮要如何加以利用呢？

A 可以切小塊後捲入其他麵團中。

可頌的成型，是將長方形的麵皮切割成等邊三角形，左右兩端一定有多餘部分，待最後發酵後直接烘烤，一樣很好吃。另一個方法是切小塊後置於等邊三角形的麵團底部，一併捲起，只不過每個麵團的量增加，烘烤時間多少需隨之拉長，若麵團有大有小，烘後後容易顏色不均，建議將多餘麵團切成相同大小再使用。

●利用多餘麵團

將多餘的麵團切小塊後捲入其他麵團中。

●麵皮的切割方式

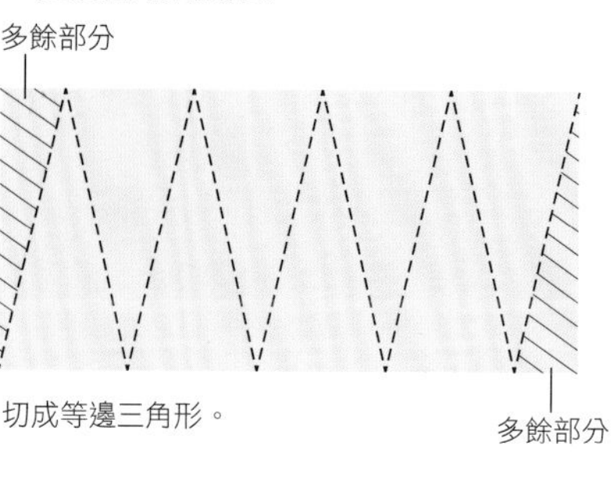

切成等邊三角形。

Q199 為何烘烤後的可頌裂開了？

A 原因可能出於麵團捲得太緊。

可頌在成型作業時麵皮捲得太緊，烘烤後容易裂開，另像是麵皮太硬、最後發酵不足，也都有可能裂開。

裂開而露出下層的麵皮。

巧克力麵包Q&A

Q200 為什麼烘烤後麵包會斜向一邊？

A 將麵包放在烤盤時沒有從上方輕壓。

以麵團包覆巧克力，收口朝下置於烤盤，再從上方輕輕按壓，是巧克力麵包在成型時的作業重點。收口是麵團重疊的部分，如果省略按壓步驟，那麼在最後發酵時，收口部分會過度膨脹，導致烤後歪向一邊。

收口部分過度膨脹而歪向一邊。

Q201 製作巧克力麵包可使用一般市售的巧克力嗎？

A 若使用市售巧克力，巧克力會在烘烤時溶出。

使用市售的巧克力製作巧克力麵包，烘烤時巧克力會溶化流到烤盤上而烤焦，甜巧克力在50℃左右就會完全溶化。

製作麵包的專用巧克力則因經過減低油脂含量等加工處理，烤時不易溶化流出或滲入麵團內，可於烘焙材料店購得。

烘焙用的片狀巧克力（右）與巧克力粒或水滴（左）。

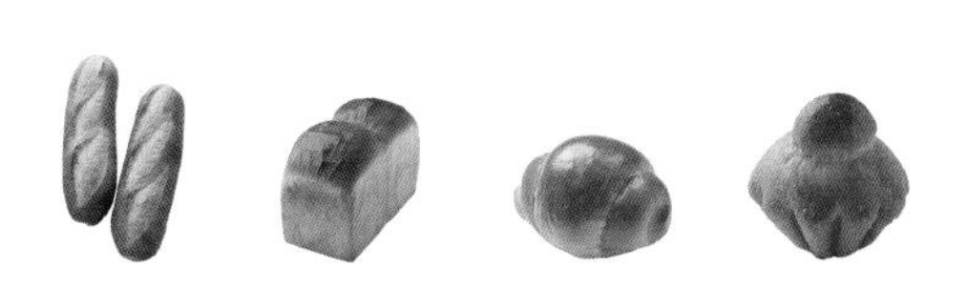